勤務獣医師のための臨床テクニック
～必ず身につけるべき基本手技30～
Basic Clinical Procedures for Generalist Veterinarians

監修 石田卓夫
一般社団法人
日本臨床獣医学フォーラム会長

チクサン出版社

ご注意

本書中の処置法，治療法，薬用量等については，最新の獣医学知見を基に記載されていますが，実際の症例への使用にあたっては，各獣医師の責任の下，用量等は必ずチェックして，細心の注意で行ってください（編集部）。

序 文

　本書は，これから開業を目指す若い獣医師と，フルサービスのできる病院づくりを目指す中堅獣医師を対象に書かれている。本書の内容は，基本的な技術が主体であり，本来このようなことは獣医大学，あるいは勤務先の病院で習う内容である。しかしながら，大学における伴侶動物医療のカリキュラムでは実践的内容はあまり教えられていないし，また勤務先の病院でも，外科系の症例が多い病院や，内科系の症例が多い病院というように，教えられることに偏りがあることも否定できない。そのような意味で，開業に際して一通り身につけていなければならない技術的な内容を本書ではリストアップしてみた。もちろんページ数の制約もあり，理論的な背景などについては省略せざるを得なかった部分もあるので，自分の弱いと思われる分野については，成書を参考に勉強を続けていただきたい。

　しかし，技術もさることながら，本当に伝えたかったことは，なぜこのような技術が必要なのか，なぜここまでの医療が必要なのか，といった伴侶動物医療の特殊性である。すなわち，街の動物病院は，何のために存在するのか，といった難しい命題について，行間でわれわれの意見を述べられるように努力したつもりである。

　動物病院の存在意義は，動物とその家族のニーズ，社会のニーズに応えることである。そのニーズとは，「伴侶動物との幸せな暮らしを望む」ということであろう。いいかえれば，獣医師がいかに最新の獣医学をふりかざしても，ニーズに合致しなければ何もならない，ということである。したがって，常に，社会のためにという気持ちで獣医学に臨まなければ，動物病院と獣医師の社会的な成功は達成されない。

　動物の家族が獣医師にまず何を望むかといえば，話をよく聞いてくれる，自分と動物にやさしい，ということだろう。それでは，獣医学はどこへ行ってしまうのだろう。これはむしろあたりまえのこととして捉えられている。動物病院なのだから，獣医学ができるのはあたりまえ，と考えられている。したがって，すべての獣医師は，その期待に応えるべく，獣医学の最新情報とテクニックは身につけておかなければならないのである。その上で，高潔な人格とやさしさを備えれば，本当に社会から尊敬され成功する獣医師になれるものだろう。

　動物病院を訪れる人たちには2種類ある。伴侶動物との楽しい生活をより楽しくするために訪れる人々，この人たちは，各種の予防，しつけ教室，健康診断，などの目的で来院する。この人たちには，もっと楽しいことがあるように，といった祈りを込めて仕事をすることが重要である。そして，第2の人たちは，伴侶動物に関する心配の解消のために来ている。すなわち病気の治療で来ている人たちである。この人たちに対しては，心配を解消してあげる努力，万が一動物を喪うようになった状況では心のケアも必要である。すなわち，獣医師は，診察室に入る前にカルテに目を通し，この人はなぜ病院を訪れたのだろう，この人のニーズは何だろうと考え，深呼吸をしてから入るのがよい。

　　　　　　　　　　　　　　　　　　　　　　　　　　　　　　　　　　　　一般社団法人
　　　　　　　　　　　　　　　　　　　　　　　　　　　　　　　　　日本臨床獣医学フォーラム会長
　　　　　　　　　　　　　　　　　　　　　　　　　　　　　　　　　　　　　石田卓夫

食物アレルギーの食事管理に

z/d® 〈犬用〉
※猫用もあります。

さまざまな食物アレルギーの犬に与えることが可能な加水分解蛋白質のz/dに、初めての缶フードがついに新登場！
ドライもおいしくアップグレードしました。

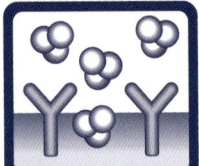

新製品
● z/d［缶］　156g　415g

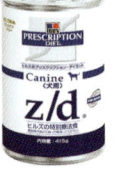

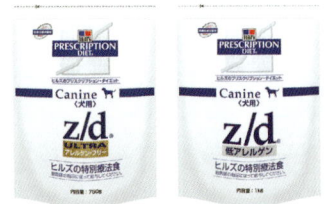

アップグレード
● z/d ULTRA アレルゲン・フリー［ドライ］　● z/d 低アレルゲン［ドライ］

それぞれのケースに、素材を厳選した療法食を。
ヒルズのプリスクリプション・ダイエット

かゆみを伴う皮膚病の食事管理に

d/d® 〈犬用〉
※猫用もあります。

皮膚・被毛の栄養補給と炎症の軽減を助けるオメガ-3脂肪酸のレベルが高いので、かゆみを伴う皮膚病の犬の療法食としてお使いいただけます。新素材の採用で、選択の幅が広がりました。

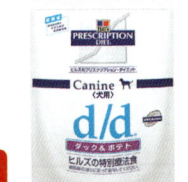
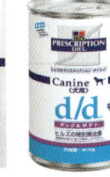
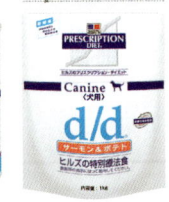

新製品
● d/d ダック＆ポテト［ドライ］［缶］　● d/d サーモン＆ポテト［ドライ］

お求めやすい価格で新登場。

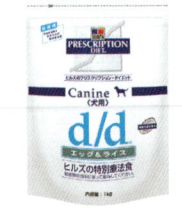

アップグレード
● d/d エッグ＆ライス［ドライ］　● d/d ラム＆ライス［缶］

ヒルズのプリスクリプション・ダイエットは、栄養学的効果の高い第一選択の療法食として安心してお薦めいただけます。

輸入元：
日本ヒルズ・コルゲート株式会社
〒135-0016 東京都江東区東陽3-7-13

販売元：
大日本住友製薬株式会社　アニマルサイエンス部
〒553-0001 大阪府福島区海老江1-5-51

獣医師専用の食事療法情報テレホン
0120-211-317
http://www.hills.co.jp

CONTENTS

	序文	石田卓夫	3
1	初診症例へのアプローチ	石田卓夫	6
2	肺と心臓の聴診の基本	松本英樹	10
3	一般症例での簡単な眼科検査	安部勝裕	14
4	一般症例での簡単な歯科検査と治療	戸田 功	18
5	一般症例での簡単な神経系の評価法	渡辺直之	26
6	動物の保定法，採血法，注射法	柴内晶子	30
7	留置針の挿入法	柴内晶子	34
8	尿道カテーテル挿入法	大村知之	38
9	尿検査と評価法	福岡 淳	44
10	血液検査と評価法	松村 靖	50
11	糞便検査と評価法	草野道夫	56
12	血液化学スクリーニング検査と評価法	竹内和義	60
13	顕微鏡の使い方の基本	石田卓夫	68
14	針吸引生検	小林哲也	72
15	細胞診の評価法	是枝哲彰	76
16	単純X線検査の基本	茅沼秀樹	86
17	造影X線検査の基本	茅沼秀樹	90
18	心電図検査	藤井洋子	94
19	術前検査	石田卓夫	98
20	器具の滅菌法	市川美佳	102
21	外科手術の基本	長江秀之	106
22	不妊手術・去勢手術	苅谷和廣	110
23	包帯法	九鬼正己	114
24	創面のマネジメント	太刀川史郎	118
25	エマージェンシーへの対応	入江充洋	122
26	入院動物のケア	柴内晶子	128
27	食事療法	内田恵子	132
28	栄養カテーテル	小林哲也	136
29	ウェルネスのガイドライン	石田卓夫	139
30	動物を喪った飼い主の心のケア	吉村徳裕	142

Appendix

I	ワクチネーションプロトコール	石田卓夫	146
II	開業時に最低限必要な薬剤リスト	竹内和義	150
III	主要メーカー別 犬・猫療法食適応表	内田恵子	162
	Index		164
	執筆者一覧		166

1 初診症例へのアプローチ

ヒストリーのとり方，問診，身体検査からイニシャルプランニングへの流れ，カルテの記入法

アドバイス

わが国の獣医学は，他の国同様，産業動物獣医学をベースに発達し，基礎獣医学の分野においては世界のトップレベルにあるものと思われるが，その後欧米先進国で急速に進歩したもうひとつの獣医学，すなわち伴侶動物獣医学への対応が国をあげてのものになっていないことから，現行の獣医学教育には正確な診断と治療，高度医療までが要求される伴侶動物獣医学が十分に取り入れられていない。また，専門分化のための講座数，大学病院の設備やスタッフ数にも限界があり，十分な臨床教育は行われていない。このことから，診察現場でのコミュニケーション法，カルテの記入法，合理的な診断の進め方についての教育は，個々の研修先で学ぶことが多いものと思われる。ここでは，初診症例へのアプローチ法を例に，POMRと呼ばれる標準的な診察や診断の手順について概説する。POMRとはProblem-Oriented Medical Recordの略で，患者のもつ重要な問題点（problem）をまず発見し，その問題がどのようなメカニズムで発現するのかを理解し，あるいは鑑別診断（除外）リストを駆使して鑑別し，最終的な診断に到達して，特異的治療により，その問題点の解決を図る医学的手法である。POMRのアプローチでは，まずデータを集める（データベース構築），問題点の発見と認識（プロブレムの特定），鑑別のための診断法や治療を計画（プランニング），データや治療効果の評価（評価および追跡）という一連の作業の繰り返しが行われる。POMRの特徴は，作業が一貫して論理的であり，後から思考過程をたどったり，誤りを探したりすることが容易なことで，一見複雑にみえるが，初学者が経験者と同じ思考過程をとれるという利点がある。

準備するもの

- POMRによる記載法に準拠したカルテ（図❶）
- ヒストリー質問票（図❷）
- 問診リスト（図❸）

手技の手順

1．初診の範囲

初診とは，初診料の時間と料金の範囲内で，
a. ミニマムデータベースをとる，
b. 問題点を列挙する，
c. 問題点の解明／解決についてのプランを提示する，
ことである。その先には治療あるいは診断のための作業があるが，それは初診に引き続き行われるものであっても，時間的にも料金的にも初診の範囲ではない。

2．ミニマムデータベースとは

全ての初診症例から必ずとらなければならない情報である。

a. 主訴：Chief complaint：CC
b. 患者情報：Patient profile：PP
c. ヒストリー：History：Hx
d. 身体検査：Physical examination：PE

3．初診症例の診察順序

a. 飼い主が受付でカルテに住所氏名と動物に関する情報を記入する。これが患者情報（飼い主の情報も含む）となる。
b. 飼い主がヒストリー質問票へ記入する。これが主訴ならびにヒストリーとなる。ヒストリーの中で質問票で聞く部分は，現病歴，既往歴，食事歴，予防歴，飼育環境である。
c. 獣医師はヒストリーに目を通した上で診察室に入り，問診に入る。問診は問診リストを使い，どの症例にも同じように行う。
d. 獣医師が身体検査を行う。これも一定のチェックリストに沿って，系統的に全身にわたる検査を行う。
e. ヒストリーおよび身体検査結果をカルテに転記し，あわせてここまででわかった問題点を列挙する（イニシャルプロブレムリスト）。
f. イニシャルプロブレムリストの中の明確な問題については，除外リストを参照し，考えられる病気を列挙する。
g. 当初の方針決定（イニシャルプランニング）を行う。これは以下の決定を含む。
　1）診断の進め方に対する方針決定。
　2）治療的な方針決定。
　3）クライアントエジュケーション（考えられる病

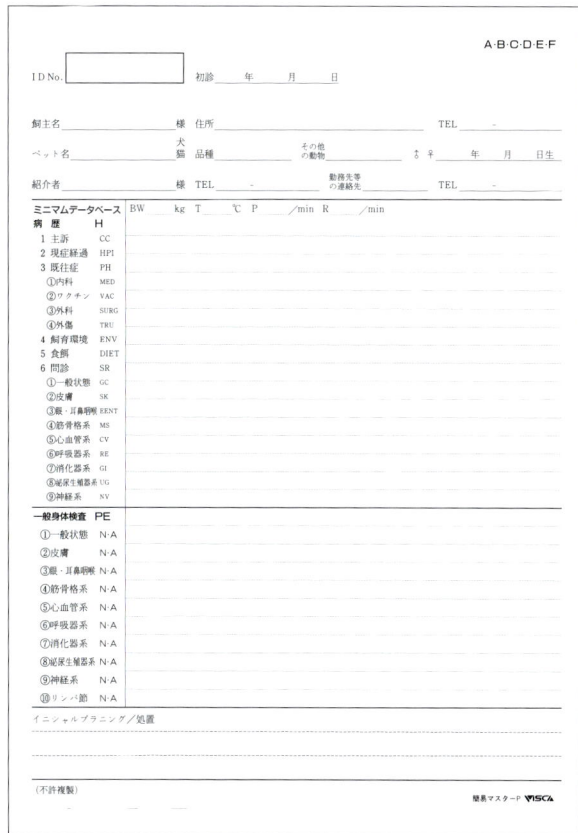

図❶ POMRシステムカルテの表紙

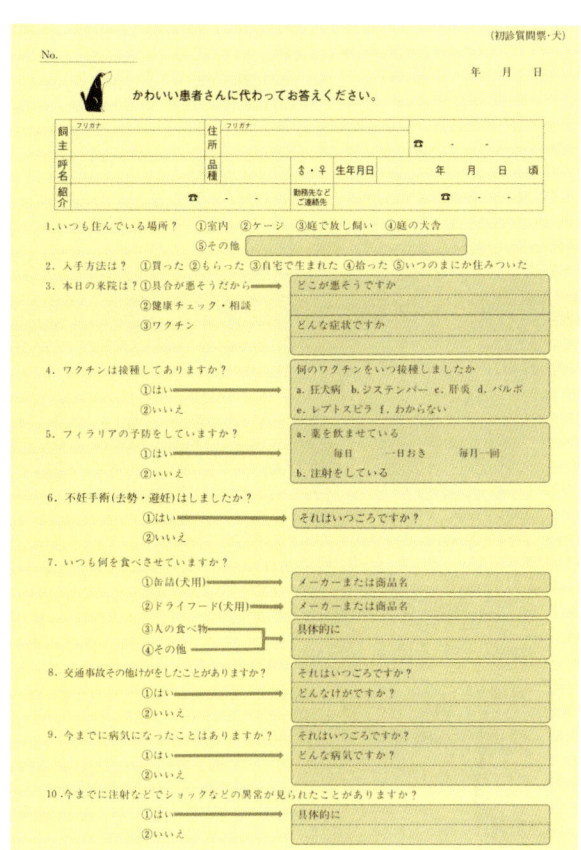

図❷ 市販のヒストリー質問票

図❸ 問診リスト

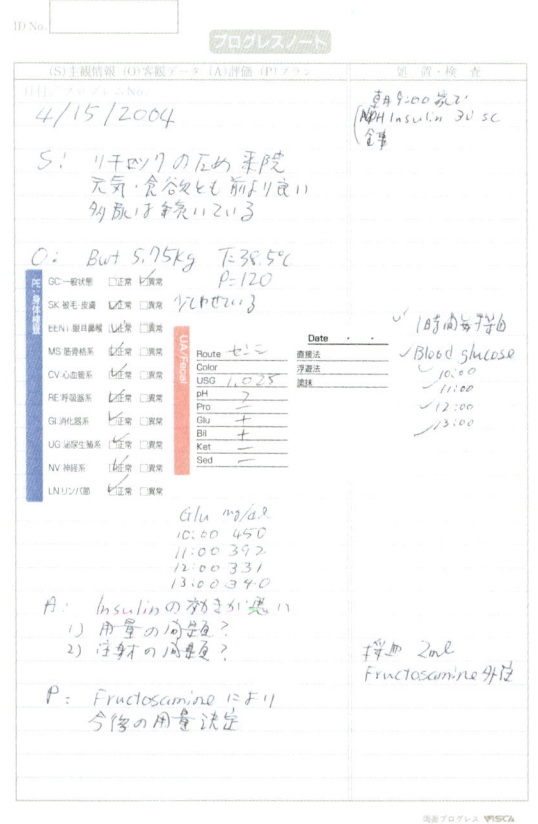

図❹ カルテのプログレスノート

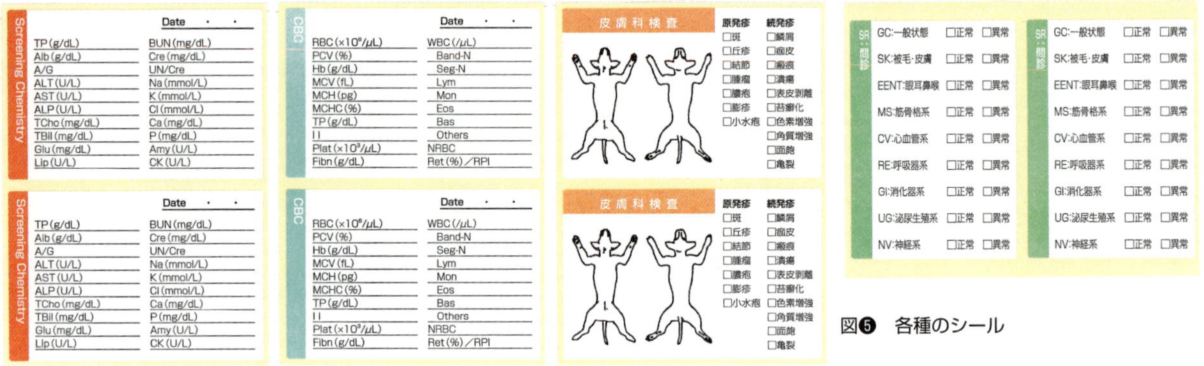

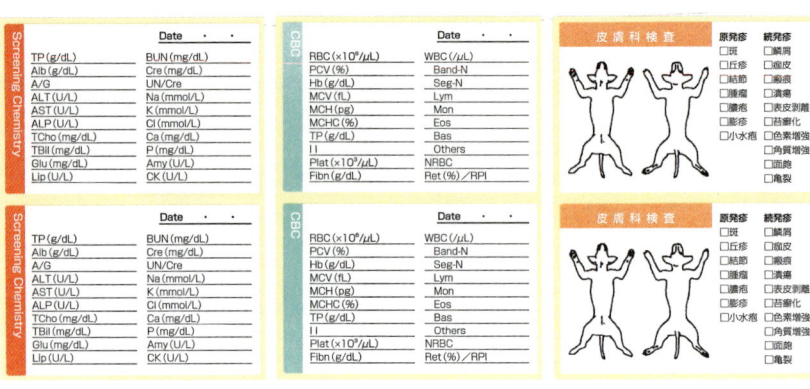

図❺ 各種のシール

気の説明など）に分けて飼い主に提示する。
h. 飼い主による方針の選択が行われる。

4．日常のカルテの記入法

a. カルテには一番上に担当者名，日付を書く。
b. 多数の問題点に対し個別に対応している場合は，問題点を書く。
c. 記入の順序はS，O，A，Pの順とする（図❹）。
d. 主観情報：Sは，飼い主の観察（問診による），入院中の動物に対するあまり客観的でない観察事項が含まれる。「今日は調子がよさそう」，「頭をもちあげるようになった」などはここに記入する。
e. 客観情報：Oはすべての検査結果である。継続診療の場合も，身体検査所見（TPR，BW，聴診など），特殊身体検査（神経学的検査など），臨床検査（CBC, UA, Chemなど），生体検査（心電図検査など），画像診断（X-ray, Echoなど）の結果を記入あるいは貼付する。
f. 評価：Aでは，上の検査結果はどう解釈されるか，診断は何か，治療経過はどうかなどを記入する。
g. プラン：Pでは，評価に基づいて，次に何をするつもりかを書く。これは，次に診断のために何を行うか（Dxプラン），次に治療として何を行うか（Txプラン），飼い主に何を話すか（CEプラン）に分けて記入する。
h. 飼い主の同意を得た上で，次の診断や治療に進む。
i. 行った手技，投薬，処方などは縦書きカルテではカルテを縦に割り，右側のスペースに書く。
j. 必要に応じ，各種のシールを使用すると記入が簡単である（図❺）。

 失敗したときの対処法

多い失敗は，問診で相手のペースにはまり，話が脱線してしまうこと，あるいは異常がわかった時点で，話がそちらに深く入っていってしまうことである。あくまでも問診は全て終わらせることを思い出す。同様に身体検査においても，異常を発見した時点で，その先の検査がストップしてしまうことがある。緊急の症例はこの限りではないが，とにかく全身をくまなく検査するために，先に進むことが重要である。なぜならば初診の前半はデータをとる時間である。データをとること，データを評価すること，その先のプランをたてることを，意識しながら分けて行うことが大切である。

器具の一覧

・POMRシステムカルテ（日本ビスカ）
　各種ステッカー，ヒストリー質問票，問診リストなども本システム内でそろっている。

石田卓夫（赤坂動物病院）

VTに指導するときのポイント

VTは受付でカルテの記入，ヒストリー質問票の記入を助けることがある。したがって，これらの内容とその意義，重要性については十分知っている必要がある。

また診察室で，TPRをとることのような基本的な身体検査を行ってもよいので，それらについても熟知しておくとよい。獣医師による身体検査の流れを知り，上手な保定を心がける。

コツ・ポイント

▶ ヒストリー質問票のつくり方

a. 大切なことは，欲しい情報を網羅しながら，カルテに転記しやすいように情報の順は一定にしておくこと，すべての情報を書いてもらえるように飼い主のわかる言葉にすることである。

b. ヒストリー質問票で聞く項目

1) 患者情報 (Patient Profile：PP)
   飼い主の情報→地理的／職業的関連
   動物に関する情報
   動物種，品種，年齢，性別，去勢不妊の有無→生殖器疾患の除外，考慮

2) 主訴 (Chief Complaint：CC)
   本日はどうされましたか？
   本日はどのような診療を御希望ですか？

3) 現病歴：HPI
   急性か慢性か，進行性，再発性，時折の発症のいずれかを聞く。
   いつ頃気がつかれましたか？
   いつもみられますか，時折ですか？
   悪くなっていますか，かわりませんか？

4) 既往歴：PH　内科的疾患 (Med)
   今までにかかった病気はありますか？
   輸血をしたことがありますか？
   注射，薬のアレルギーが起こったことはありますか？

5) 既往歴：PH　外科的疾患 (Surg)
   去勢，または不妊手術を受けていますか？
   それ以外に手術を受けたことは？

6) 既往歴：PH　創傷 (Tra)
   今までにケガをしたことはありますか？

7) 予防／ワクチン歴 (PV)
   ワクチンは接種していますか？
   ワクチンの種類がわかりますか？
   犬：5種・7種・8種・狂犬病
   猫：3種・5種・FeLV
   最後の接種はいつですか？
   ノミ予防はしていますか？
   フィラリア予防はしていますか？
   ウイルス検査は受けたことがありますか？
   FeLV (猫白血病ウイルス) (陽性・陰性)
   FIV (猫免疫不全ウイルス) (陽性・陰性)
   FCoV (コロナウイルス・FIP) (　　)

8) 飼育環境／同居動物 (Env)
   どちらから／どのような経緯でお手元にきましたか？
   現在の生活環境を教えて下さい
   散歩はどれ位行きますか？
   他に同居している動物はいますか？
   同居の動物／人間に同じような病気がみられていますか？

9) 食事 (Diet)
   食事内容 (種類，量，回数など) を教えて下さい

▶ 系統的問診 (SR) の方法

a. 各器官系を網羅しながら，どの患者にも一定の問診内容で行う。

b. このためにはチェックリストを用意するのがよい。

c. 身体検査実施時に出ていない異常，身体検査では検出しにくい異常 (多飲多尿など) を知るために行う。

d. 飼い主は異常と考えないものもあるので，「何かおかしいところはありますか」では聞き出せないことがある。

e. 問診でチェックが入った器官系が怪しいと考えられる。

f. 問診の極意は，余計なことは聞かない，余計なことは話させない，相手のペースにはまらないことである。大体5分で終了させるべきである。

▶ 系統的身体検査の方法

a. すべての初診症例に同じように，一定の順序で各器官系を網羅して行う。

b. 身体検査を行いながら，聴診中以外は話をするのがよい。これから何をするか，今何をしているか，何がわかったかを話しながら行う。

c. 身体検査用紙を使用して，検査漏れがないようにする。

d. 評価する臓器系は，全身状態，皮膚，筋骨格系，循環器系，呼吸器系，消化器系，泌尿生殖器系，眼，耳，神経系，リンパ節，粘膜など全身を網羅する。

2 肺と心臓の聴診の基本

アドバイス

聴診器は，医療従事者の単なる飾りではなく，診療にあたっては絶対に手放せない道具である。

聴診器は，心拍数を数えるだけの道具と誤解され，麻酔中に聴診器を携帯していない獣医師や動物看護師（VT）がいるが，心電図や経皮的酸素飽和度（SpO_2）などではモニターしきれない心音の相対的な強弱の変化や，肺音の異常など有益な情報を提供してくれる。また一般診療では，必ず聴診部位の触診や打診を併用すべきだと考えている。

筆者の病院では，VTと獣医師による二重の聴診チェック（ときに新人獣医師を入れると3重のチェック）を行っている（さすがに3人が聴診すると，飼い主の顔色がかわる）。時間の許す限り，長く聴診することは大切なことである。

聴診器を使用する場合，原則的にできるだけ先入観をもたないであてるように心がけている。聴診を含めて，いかなる検査も客観的な評価が基本である。

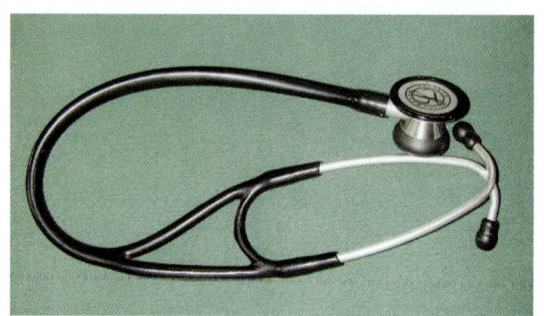

図❶　一般的な聴診器の全貌

（円形のチェスト・ピースから，チューブを通って2本のイヤー・チューブ，イヤー・ピースを通って音を伝える）

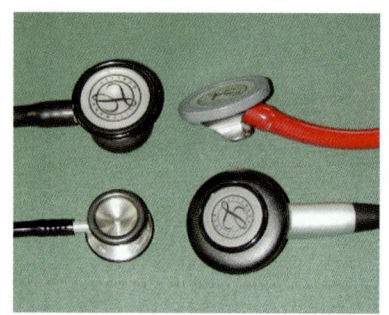

図❷　各種チェスト・ピースの形状

（その他にも，様々なタイプがある）

準備するもの

基本的な聴診において，準備する聴診器はできるだけ性能のよいものを選択する。超音波診断装置等と同様に，慣れていない人ほどよい機種（道具）を使用すべきである。私見であるが，その選定にあたり，

a. 耐久性，信頼性
b. チェスト・ピースの形状や大きさ（図❷）
c. チューブの長さ
d. デザイン性

などが問題となる。

一般診察用：動物との間合い（武道家のような）が必要最小限のチューブ長で，チェスト・ピースの大きさも適当と判断するものを使用する。動物にあまり接近するとお互いに恐怖を感じるので，筆者の場合はチューブ全長71cmのLittmannのクラシックⅡステトスコープ（小児用）を毎日の診療で好んで使用している。

小さな動物（500g以下）：チェスト・ピースの小さなものを選択するのがよいといわれている。新生児用（小児用でも可）のものが適していると思われるが，筆者は小児用を使用している。

一般診療で微妙な異常が聴取されたもの：ピンポイントでその音を聴かなくてはならない場合以外は，チェスト・ピースが小さなものは音質が劣る。音質を重視する場合は，心臓専用とされるマスターカルディオロジーステトスコープ（Littmann，チューブ全長68cm）やカルデオロジーⅡSE（Littmann，チューブ長63cm）を使用している。電子聴診器のエレクトロニック ステトスコープ4000（Littmann，チューブ全長68cm）も優れている。

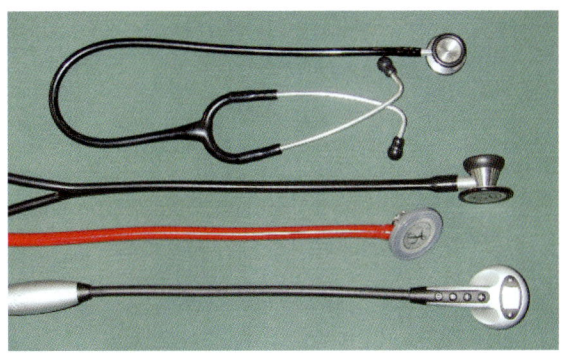

図❸ 聴診器のタイプ

(最上段：一般診察用（小児用），中段2本：心臓専用，
　最下段：電子聴診器)

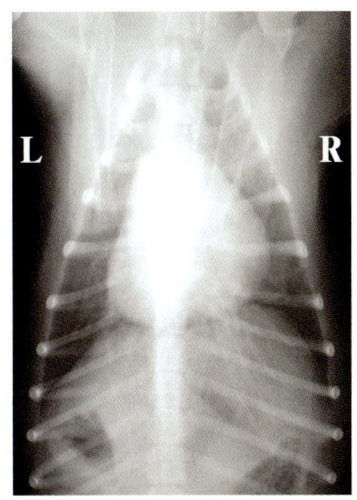
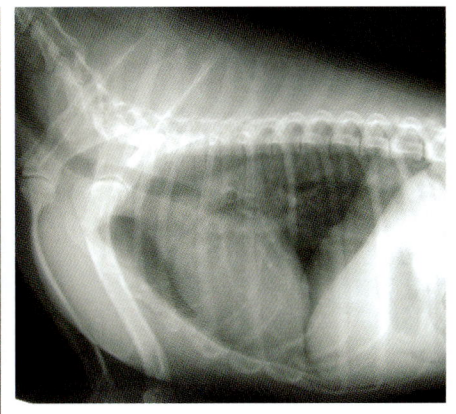
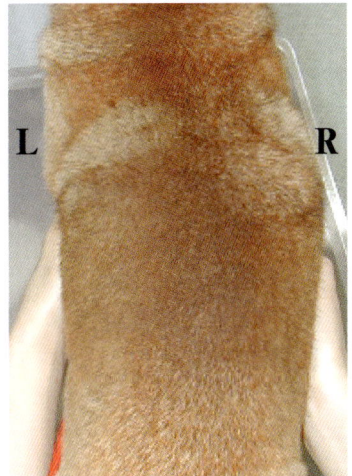
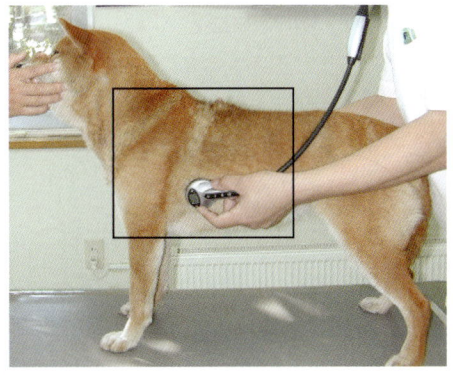

図❹ 診察する人のポジショニング

動物を四肢で起立させて背側に位置取り，写真のようにして左側と右側から診察する

手技の手順

　麻酔器の使用前の整備点検ほどではないにしろ聴診器も時々は点検を行う。とくに，イヤーチップ内のつまり（耳垢詰り），リムの損傷である。

1．聴診器をあてる前に，動物の後方から左右の胸壁を両手掌（冷たい場合は温めてから）で包み込むように触知する（図❹）。

2．触診で心臓の鼓動を一番強く感じる部位（心尖部拍動）を目がけて，やさしくもったチェスト・ピースを動物に気づかれないようにそっと近づけて体表面にあてる。チェスト・ピースが直接，皮膚に接するような動物では，チェスト・ピースを掌で温めておくとよい。

3．チェスト・ピースは，通常の最強点（僧帽弁領域）を中心として体表面上を滑らすように移動させて（移行聴診），音の変化を調べる。筆者の場合，僧帽弁の位置は第○肋間の…ということはすぐに忘れてしまう

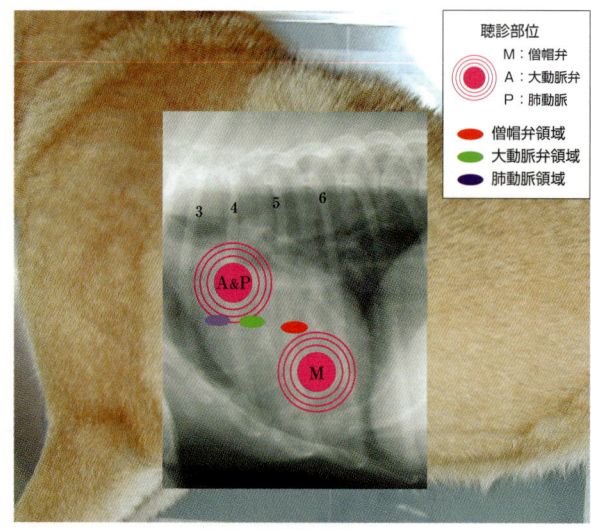

図❺　心臓の聴診部位（左側胸壁）

小型犬や猫では，各弁領域を区別することが困難であるため，写真のように心尖部領域と心基低部領域で聴診する

コツ・ポイント

▶ パンティングの犬は，聴診器をもっていない手で犬の口吻を閉じて10秒前後パンティングを止めた状態で聴診する。凶暴な犬では飼い主に適切な指示を出して短時間で実施する。

▶ いずれの部位でも心音が聴き取りづらい，または聴き取れない場合は，心臓周囲に音を遮る何かがある（胸腔内貯留液，腫瘍，横隔膜ヘルニアなど）か，または肺の重度の異常（肺炎，肺水腫など）が示唆される。この場合は胸腔の打診では響かない鈍い音がする。それに対して気胸や肺気腫などでは心音は遠く，打診部位により響きわたるような高音が聴取される。左右で著しい違いがあるものでは片側の横隔膜ヘルニアや気胸など考えられる。

▶ 心雑音が聴取された場合，その強さを通常はLevineの6段階で分類することが多い（触診を加えた以下の分類を好んで使用している）。

Ⅰ/Ⅵ：極めて微弱ですぐには存在に気づかない程度の雑音（よく聴く。かすかに聴こえる小さな音）
Ⅱ/Ⅵ：直ちに存在を認めるが弱い雑音（すぐに聴こえるが，そんなに大きくない音）
Ⅲ/Ⅵ：Ⅱ度とⅣ度の中間の雑音でスリルを伴わない雑音（すぐに聴こえる強い音だが，胸壁のスリルは感じない）
Ⅳ/Ⅵ：Ⅱ度とⅣ度の中間の雑音でスリルを伴う雑音（スリルを感じる強い音）
Ⅴ/Ⅵ：極めて強いか聴診器を胸壁から離すと聴こえない雑音（スリルを感じるかなり強い音）
Ⅵ/Ⅵ：聴診器を胸壁から離しても聴こえる雑音（静かな部屋ならば，胸に耳を近づけただけでもかすかに聴こえる）

注）LevineⅠ～Ⅱ/Ⅵとか，Ⅱ～Ⅲ/Ⅵという曖昧な表記は行わない。

ので（笑），おおまかな心臓の解剖を頭に浮かべながら，チェスト・ピースを移動している。チェスト・ピースをもつ手と，もう一方の手掌で動物の身体を優しく包みこむように心がけ，目をつぶると無心になれ，近くにいる飼い主に施行者の真剣さが伝わるように感じられる（図❺）。

4．正常な動物の心音は基本的にⅠ音（収縮期音）とⅡ音（拡張音）で構成されている。

5．心雑音は様々な病態で出現する（先天性，後天性，逆流性，駆出性，連続性，生理的＜貧血など＞，ブランコ雑音＜to and fro murmur＞，その他）。最も遭遇する頻度の高い犬の僧帽弁閉鎖不全症では，逆流する血液量によって異なるが，Ⅰ音が減弱した全収縮期性雑音が心尖部領域で明瞭に聴取される。全収縮期性雑音が弱いときや腱索断裂を疑うときに高聴音の収縮期クリック（チッという音）が聴取されることがまれにある。

　また，重度な僧帽弁閉鎖不全例や老齢犬の大動脈弁逆流例でⅢ音に引き続く短い低調音のランブル（拡張期充満性雑音，rumbleとは雷がゴロゴロ鳴るという意味）が"ゴロゴロ"と聴取されることがまれにある（ベル型で確認）。

　心雑音を認める場合，ほとんどは何らかの心疾患があると考えるが，心雑音が聴取されない（されづらい）心疾患がある。

6．心雑音ではないが，リズムの異常としてとくに頻拍時にギャロップリズム［奔馬調音第3音；第4音の亢

進（タララッ，タララッ）］が時々，聴取されることがある（心筋症，甲状腺機能亢進症，各種の高血圧など）。また，リズムの不整の場合，犬では呼吸性に連動した洞性不整脈のことが多いが，心室性早期拍動，心房細動，房室ブロックなども考えられるので，念のために心電図検査を行うべきである。

7．心音以外の音で，しばしば遭遇するのが，呼吸音（鼻腔の一部，喉頭，気管，気管支，肺胞）で，喘鳴音，湿性ラ音，握雪音として聴取される。その他，心膜摩擦音も頭の片隅に記憶しておく。

8．聴診器はダイヤフラムで主に心臓の音を聴く道具になり，左側胸壁だけの聴診が多く行われがちだが，右側胸壁からの心臓の聴診や，肺音および打診も忘れることがないようにいつも初心を忘れずに行うべきである。オープン・ベルは低音域聴取にすぐれるとされているが，筆者の場合は使用する機会はほとんどない。

9．使用後のチェスト・ピースは消毒液（筆者は消毒用アルコールを使用）で拭き取る。伝染病を疑うものではさらに消毒を厳密に行う。

失敗したときの対処法

1．ピンポイントでのみ聴取される心雑音を聴き逃すことがある。とくに，短絡血流量の少ない動脈管開存症（PDA）では，雑音のポイントが前胸部の狭い部位でしかないことがあり，いつもあてなれた聴診部位だけを聴いていると聴き逃す危険性が高い。

2．肺音粗励で呼吸音が心音に同調した場合，短時間の聴診ではあたかも収縮期雑音があるような勘違いをすることがある。すこし間をあけて，再度聴診してみる。

3．ペットショップから購入後すぐの2，3カ月齢の動物に心雑音が聴取された場合は，通常は先天性心疾患が強く疑われる。明らかな雑音であれば，その旨を飼い主に伝え，確定診断をするための各種検査を説明すべきであるが，弱い雑音で判断が難しい場合は，心雑音あり（≒心疾患あり）と診断してしまうと，今後のその動物の運命をかえる大問題となることがあるので慎重に判断しなければならない。また，前述のように心雑音の聴取されない心疾患も存在することは忘れないようにする。

 器具の一覧

・Littmann® クラシックIIステトスコープ（小児用）（3Mヘルスケア）
・Littmann® カルデオロジーII SE（3Mヘルスケア）
・Littmann® マスターカルディオロジーステトスコープ（3Mヘルスケア）
・Littmann® エレクトロニック ステトスコープ4000（3Mヘルスケア）

松本英樹（まつもと動物病院）

 VTに指導するときのポイント

1．性能のよい聴診器を自分で用意する（普通，自分だけのものは大切にする）。

2．まずは心拍数を数えることからはじめてもらう。

3．正常音を徹底的に聞いてもらう。

4．リズム異常を含めた異常音を聴いてもらう（代表的な僧帽弁閉鎖不全症のときの全収縮期性雑音，心房細動のときの不整な頻脈，心室性早期拍動のときの突然のリズム異常，動脈管開存症の連続性雑音，心筋症のギャロップリズムなど）。

5．自ら異常音症例をみつけることで，自信をつけてもらう。

3 一般症例での簡単な眼科検査

アドバイス

眼科検査を実施する上で重要なことは，身体検査を正確に実施することである。なぜなら，眼科疾患を大別すると，眼球自体に問題がある場合と，全身疾患の一疾患として眼球に異常を及ぼしている場合があるからである。例えば両眼性にブドウ膜炎がみられた場合には全身性疾患を疑うべきであり，どこかに腫瘍が存在する場合があり，眼科疾患のみに注目していると思わぬ結果を招くことがあるので注意が必要である。また，犬では疾患別の好発犬種や犬種別の眼科疾患の発生などが報告されており，これらを知っておくことも診断を進める上で重要である。検査としては直像検眼鏡と集光レンズによる検眼鏡検査とシルマー涙液試験紙，フルオレセイン試験紙があり，これらを一定の手順で検査を行うことが重要である。

準備するもの

- 光源：
  直像検眼鏡，倒像検眼鏡，ペンライト
- 集光レンズ：
  14〜208Dレンズ
- シルマー涙液試験紙
- フルオレセイン試験紙

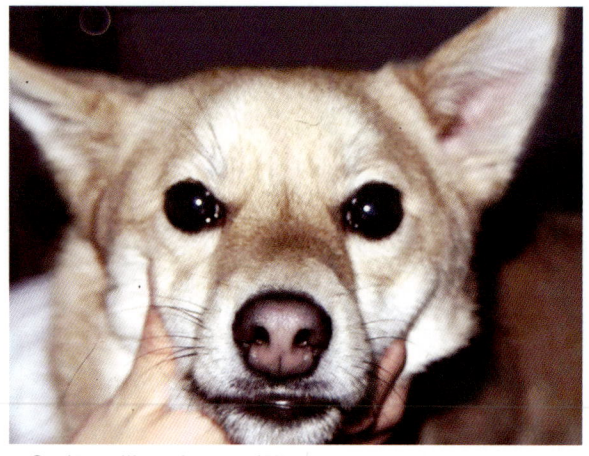

図❶ 顔面の様子を大まかに確認する

手技の手順

1．はじめに身体検査を実施する。その際，頭部および眼球の位置関係（突出，拡大），顔面表情筋の対称性，眼球表面の光沢ぐあいなどをよく観察する（図❶）。

2．シルマー涙液試験（図❷）は涙液の量的検査法であり，涙液の基礎分泌と反射性分泌を反映していると考えられている。この試験を実施する前に洗眼や薬物点眼を行ってはならない。はじめに余分な眼分泌物はコットンを用いて結膜嚢内から取り除いておく。

　使用法は，試験紙の先端より5mmのところを折り曲げ下眼瞼と角膜の間に1分間挿入する。折り曲げる際には指についている油脂で試験紙が汚染されないようにするために，袋に入った状態で折り曲げる。理想的には折り返し部分を下眼瞼耳側1/3の部位におく。試験紙を取り出し，Schirmerテスト試験紙に付属しているスケールの上に直接おき，濡れた部分を計測する。

　判定は≦5mm/minは重度涙液減少，6〜10mm/minは軽度涙液減少，11〜14mm/minは涙液の疑い，犬では≧15mm/minは正常とされている。猫では16.92±5.73mm/minが正常と報告されている（図❸）。

3．検眼鏡検査は直像検眼鏡と集光レンズを用いれば前眼部から後眼部まで観察可能である。直像検眼鏡は観察可能な範囲（視野）は狭いが拡大率がよく，角膜，虹彩，水晶体，硝子体，網膜を直立像で検眼できる。検眼鏡のレンズ回転板を回転させることで+40D〜-25Dの範囲で検眼が可能である。他の回転ノブにはスリット，小口径，大口径，格子，赤およびコバルトフィルター等が付属しているが，通常では前者3つ以外はあまり使用しない。

　前眼部を観察する場合には，直像検眼鏡のスリットビームを用いて眼球に対し斜めからあて，これをレンズで拡大して観察する（図❹）。この方法で角膜，前房の深さ，虹彩，水晶体，硝子体前部の構造等を評価できる。

　眼底を観察する場合には，検眼鏡のレンズ回転板を0にセットしておき，動物の眼から50〜60cmの位置に立ち，瞳孔の中央部に光が入るように検眼する。そのとき動物の右眼を検眼するときは検者の右眼で，同様に動物の左眼を検眼するときは検者の左眼で検眼する。瞳孔反射を捕らえながら動物の眼に徐々に近づき2.5cm位の位置で眼底がみえる。このとき，レ

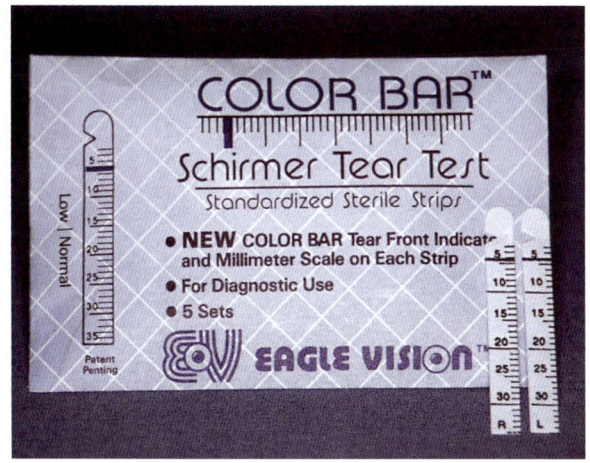

図❷　シルマー涙液試験紙

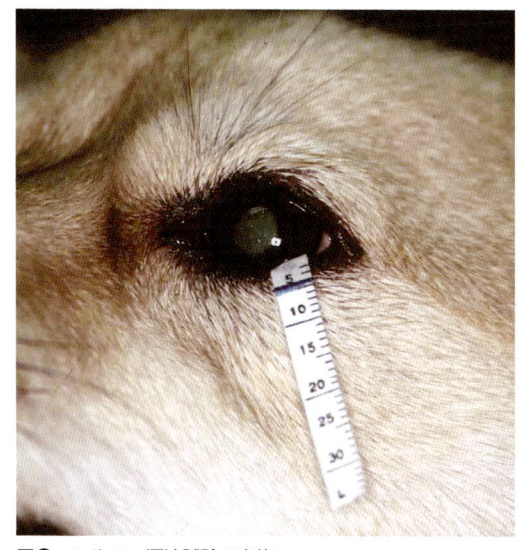

図❸　シルマー涙液試験の実施

ンズ回転板を回転させ眼底がはっきりみられるまで調節する。通常は－2D～＋2Dの範囲にあるはずである。

4．次にレンズ回転板を0にセットし，視神経乳頭を観察する。正常では眼底のレンズ回転板の位置と乳頭の中心部の血管がはっきりみられる位置は1Dの範囲内にある。乳頭を合わせた位置がマイナス寄りであれば乳頭の陥凹を示し，プラスであれば乳頭の隆起を意味する。通常3Dは1mmに相当する。

　中間透光体に混濁があると直像検眼鏡では眼底がみづらいことがある。この場合には倒像鏡検眼検査を用いる。検者は動物から50～60cm離れた位置に立ち，検眼鏡を検者の目の近くに保持しながら他方の手で集光レンズを患眼の手前4～5cmの位置に保持する。集光レンズの前後に動かしながら眼底像がみえるところまで動かす。眼底像は倒像となり，上下および左右が逆に観察される（図❺）。

5．フルオレセイン染色は無菌的な試験紙を使用するのがよい（図❻）。試験紙の色素のついていない部分を把持し，色素部分を球結膜に静かにあてる。涙液が十分であれば，人工涙液などの点眼は必要としない。色素が角膜全体にゆきわたるように数回瞬目させた後，角膜表面を検査する。さらにコバルトブルーフィルターを用いて徹照下で観察する。角膜上皮に損傷がなければ，色素が角膜実質に侵入することはない。次に余分な色素を洗い流した後，再度角膜を検査する。余分な色素を洗い流すことにより微細な傷が発見しやすくなる。角膜染色の際，色素部分を角膜にあてると，その部分の角膜上皮が一時的に色素を取り込み，あたかも傷があるかのようにみえるので注意すること（図❼）。

検眼鏡検査とその評価

　検眼鏡検査は眼瞼，結膜，角膜，前房，虹彩，水晶体，硝子体，網膜および視神経乳頭の順で行い，以下のようなことに注意する。

眼瞼：眼瞼縁と眼球との関係（内反，外反），睫毛，兎眼，眼瞼痙攣，眼瞼下垂
瞬膜：軟骨の反転，腺の反転，腺の脱出，腫瘍，第3眼瞼の突出
結膜：分泌物，充血，浮腫，結膜下出血，異物，腫瘍
鼻涙管：分泌物，涙管の閉塞
強膜：厚みの減少（牛眼），裂傷，色素沈着，炎症，紅斑
角膜：透明性（瘢痕形成，浮腫，色素沈着），血管分布，曲率半径の変化（円錐角膜，角膜潰瘍，牛眼）
前房：深さ，フレアー，セル，蓄膿，出血，フィブリン，腫瘍，異物
隅角：開放度，癒着
虹彩：形，大きさ，表面の状態，腫瘍，瞳孔反射
水晶体：形，位置，混濁度
硝子体：先天性遺残物，出血，滲出物
網膜：血管の分布状態，タペタムの変化，出血の有無，色素の変化，脈絡膜，剥離
視神経乳頭：色，生理的陥凹の有無，血管の状態，サイズ，欠損（コロボーム）

失敗したときの対処法

1．検査の手順を間違えて洗眼や薬剤点眼を先に実施した場合には，シルマー涙液検査の評価は難しくなる。この場合には，薬剤点眼のみであるのなら時間をおいて再度検査を行うか，他の日に再検査を行う

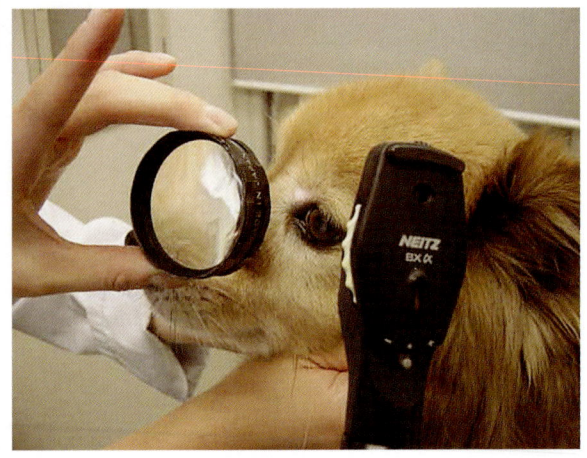

図❹ レンズで拡大して前眼部を観察する

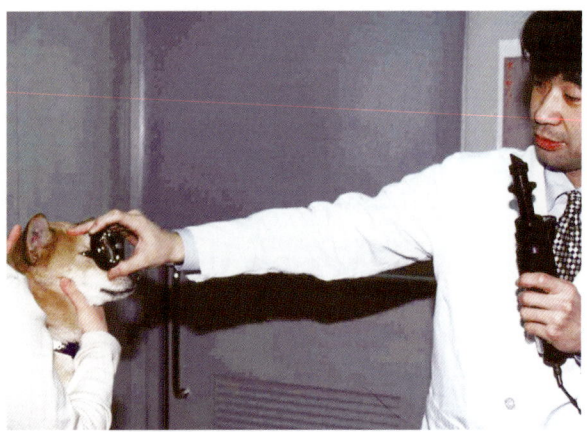

図❺ 倒像鏡検眼検査

しかない。時間をおいて検査しても，この評価はあくまでも参考値にするべきであり，この数値で評価を行ってはならない。

2．直像鏡検査で散瞳下でも眼底がみづらい場合には，中間透光体に混濁がある可能性があるので，再度直像鏡検眼鏡と集光レンズを用いて倒像鏡検眼検査を実施すれば検眼しやすくなる。

3．フルオレセイン検査で誤って，試験紙の色素部分を角膜に接触させてしまった場合には，傷があるかのように偽陽性に反応するので注意が必要である。通常フルオレセイン染色は角膜上皮欠損部を染色するので，拡大鏡でよく観察すれば偽陽性部分と陽性部分を判断することは可能である。

 器具の一覧

- シルマー涙液試験紙：color Bar（Eargle Vision）
- 直像検眼鏡：ナイツ
- 倒像検眼鏡：ナイツ
- 集光レンズ：ニコン20D
- フルオレセイン試験紙：フローレス試験紙（昭和薬化）

安部勝裕（安部動物病院）

コツ・ポイント

▶瞳孔反射，シルマー涙液試験を実施する前に，薬剤点眼・洗眼等の処置は行ってはならない。

▶シルマー涙液検査の数値を評価する場合には，1回だけで評価するのでなくできれば数回にわたり実施してから評価した方がよい。

▶検眼鏡検査は前眼部から後眼部へと行う。また，左右どちらの眼から検査を行うのかを決めておき，必ず両眼を検査することが重要である。

▶眼底検査を行う場合には必ず散瞳させて検査した方がよい。

一般症例での簡単な眼科検査

図❻　フルオレセイン染色用試験紙

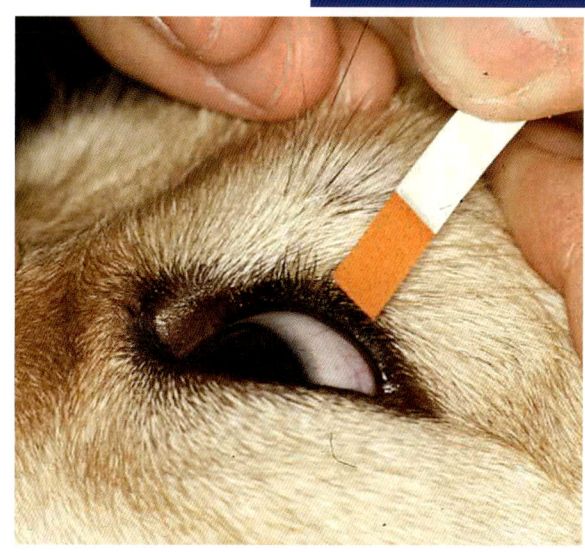
図❼　フルオレセイン染色の実施

VTに指導するときのポイント

1. 問診時に動物の目の異常に気づいても，獣医師の指示を得ないで動物の目に処置（洗眼，点眼）等を実施してはならない。これが守られないとシルマー涙液試験，培養検査および瞳孔反射などの評価に支障をきたし，ひいては再来院してもらわなければいけなくなり，飼い主に多大な迷惑をかけることになる。

2. 動物に点眼する場合には，手指をよく洗ってから点眼すること。動物の頭部を上方に向け動物の後方から点眼するとよい。点眼液は１回の点眼につき１～２滴で十分である。点眼時には点眼瓶の先が動物の目や被毛等にふれないように注意が必要である。２種以上の薬剤を点眼する場合には５分以上おいてから点眼するようにすること。なぜなら同時に点眼を行ってしまうと薬剤は眼内に吸収されずに混じり合い，眼球からこぼれ落ちるだけだからである。

4 一般症例での簡単な歯科検査と治療

アドバイス

　歯科疾患は伴良動物に最もよくみられる問題のひとつである。3歳以上の犬・猫では80％以上の割合で歯周疾患がみられ，これらが最も多い疾患と報告されている。伴良動物はこれからますます高齢化が進み，歯周疾患をもつ患者はさらに増え続けると考えられる。これからは獣医師や動物看護師（VT），受付等のスタッフ全員が，さらに歯周疾患に対しての意識を高め，予防と処置が適切に行えるようにするべきである。さらに飼い主に対して繰り返し，ホームケアを含めた予防歯科等の必要性を教育するべきである。このことにより，飼い主と伴良動物が幸せになれるだけでなく，動物病院が健康維持に積極的であるという評価と病院への信頼度が高まると考えられる。

　慢性歯周疾患は心臓，肺，腎臓等に慢性的な病変を引き起こすといわれている。また，全身性の疾患等により歯周疾患もさらに悪化する。したがって，たかが歯の病気と軽く考えずに，適切な治療と早期からの予防が必要である。

準備するもの

- 予防歯科器材（図❶〜❹）
  - a. 歯周プローブ：目盛りがついており，歯周ポケットを測定する。
  - b. エキスプローラー：歯周プローブと一対になっているものが使いやすい。歯肉縁下の歯石の存在や，破折の際の露髄などさまざまな評価に使う。
  - c. デンタルミラー：歯の裏側や，みえにくいところを観察することはもちろん，スケーラーやバーなどから舌などの組織を保護することにも役立つ。
  - d. キュレット：使用方法などは後述。両頭のものが使いやすい。
  - e. 抜歯鉗子：歯を回転させ，抜歯の際に用いる。スケーリングの前に大型の歯石を割って除去する際にも使用する。先端が曲がっていて，手の中に入るくらいの小さめのものが使いやすい。
  - f. 抜歯用エレベーター：乳歯専用のセット，一般抜歯用の様々な大きさのものが必要。
  - g. 骨膜起子：外科で使用するものでよい。幅は広くない方が使いやすい。
  - h. メス，メスホルダー：メスは先端が細く小さい物が使いやすい。No.15など。
  - i. 超音波スケーラー：後述。
  - j. マイクロエンジン（電動モーター）：単独あるいは超音波スケーラーと一体になったものが市販されている。低回転でポリッシングを行い，高回転で切削，研磨などを行う。
  - k. プロフィペースト・プロフィーカップ：ポリッシングの際に使う。ペーストは粗めのものと，仕上げ用の細かいものの2種類あれば十分。

- 歯科X線撮影関連器材（図❺）：
  歯科X線撮影装置，歯科用レントゲンフィルム：歯科専用レントゲン装置もしくは通常のレントゲン装置を用いて，口腔内フィルムにて撮影する。歯や歯周組織の状態を評価するために是非とも必要な検査である。歯周疾患の評価に加え，新生物や埋没歯の確認，歯内治療の評価などに用いる。

手技の手順

1. 動物種別の歯科検診のポイント

　犬の歯周疾患は小型犬種では中・大型犬種にくらべて発生率が高い。裂肉歯には歯石・歯垢がつきやすい傾向がある。これは大唾液腺の開口部の近くであるためと考えられる。切歯や小さな前臼歯は犬歯や裂肉歯より脱落しやすい傾向がある。猫では前臼歯に破歯細胞性吸収病巣（FORL，後述）が多発しやすい。

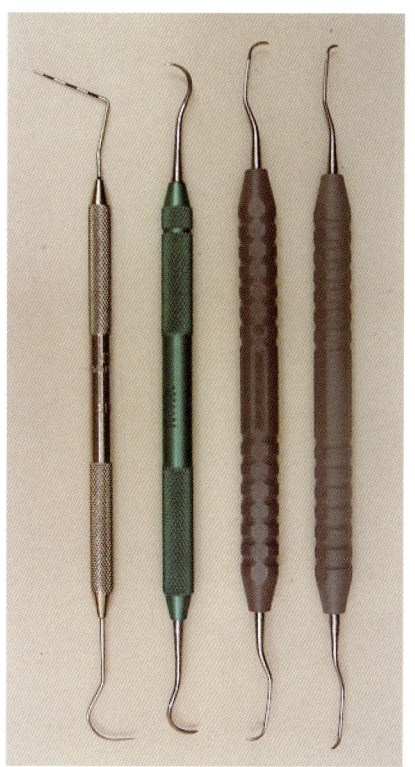

図❶ 左から歯周プローブとエキスプローラーのコンビ，ハンドスケーラー，グレーシーキュレット2本

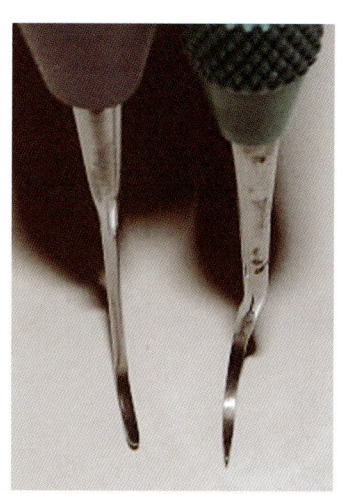

図❷ 左はキュレット，右はスケーラー

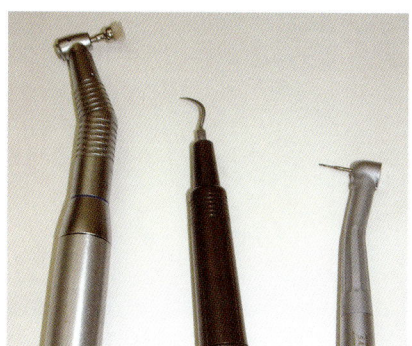

図❸ 左からマイクロエンジン，超音波スケーラー，エアタービン

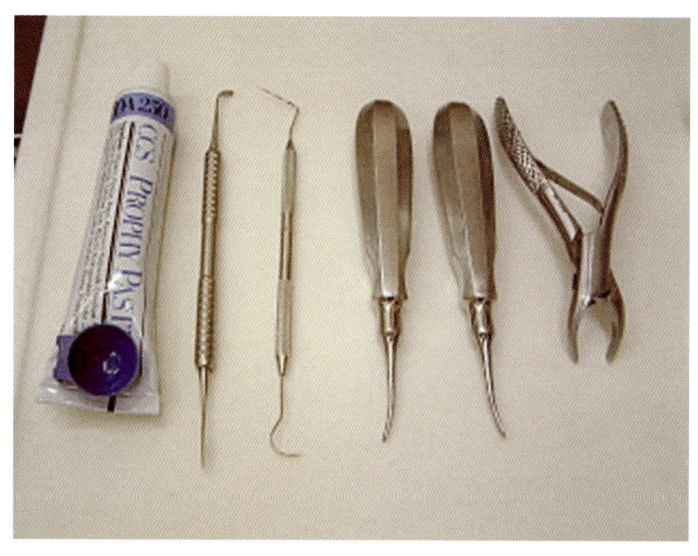

図❹ 左からプロフィーペースト，プロフィーカップ，骨膜起子，歯周ゾンデ，乳歯用エレベーター2本，抜歯鉗子

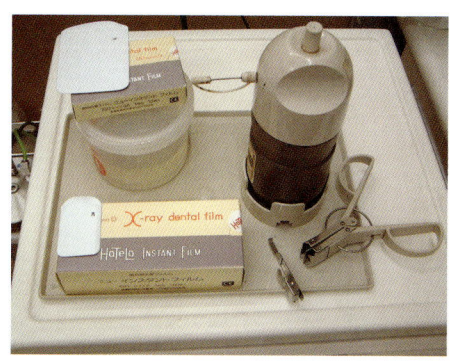

図❺ 歯科用Ｘ線フィルム，簡易現像定着セット（DQDプッシャー），フィルムオープナー，フィルムクリップ

2．ライフステージ別歯科検診ポイント

犬

1）幼犬：

　歯の交換時（4～7カ月齢）における注意点としては，上下顎の咬み合わせ，小型犬に多くみられる乳歯遺残とその障害などがある。小型犬では，乳歯が遺残することにより咬合異常が生じるケースが多い（図❻）。また，乳歯は破折しやすく，乳歯の破折は抜歯が必要なケースが多い。

2）若齢犬：（本稿では7カ月齢～2歳齢までとする）

　乳歯遺残や歯周疾患のチェックをする。また，異嗜やおもちゃの材質（とくに硬いひづめ等），ケージバイトなどによる摩耗，破折などの異常をチェックする。異嗜や硬いものを噛むことにより，犬歯や上顎第4前臼歯の破折が起こりやすい。またケージバイト，フライングディスクやボール遊びにより切歯，犬歯等の摩耗や，歯髄の露出，破折等が起こりやすい。

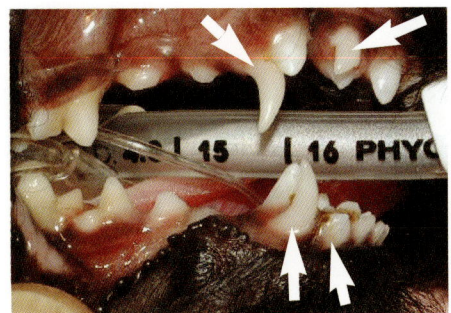

図❻　乳歯遺残による不正咬合

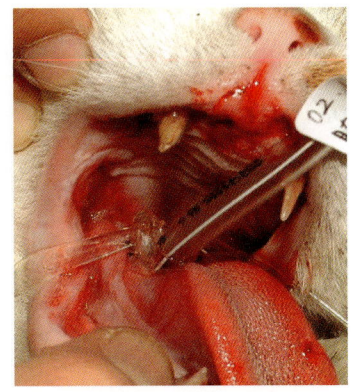

図❼　猫におけるウイルス関連の口内炎（FIV）

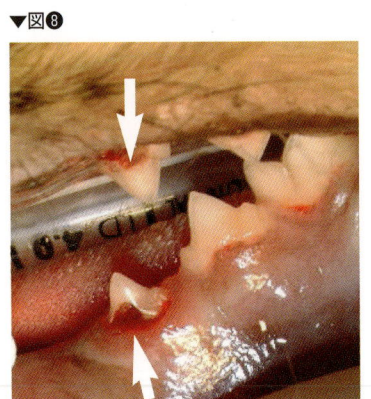

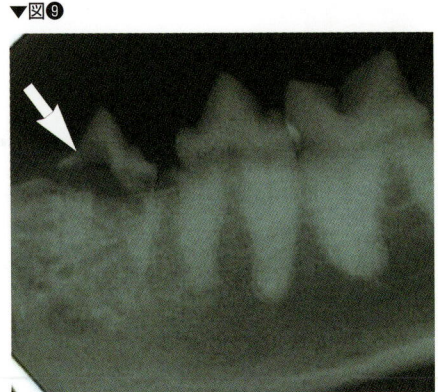

図❽，図❾の矢印のところが破歯細胞性吸収性病巣（FORL）

3）中齢犬：（本稿では2〜9歳齢まで）

　歯周疾患の発生が多くなる年代であるが，飼い主は歯周病を見落としがちである。診察時には歯科検診を行い，早期に歯周疾患をみつけ，歯科処置等をすすめる。

4）老齢犬：（本稿では10歳以降）

　この年代では歯周疾患はみた目より重度になっていることが多い。とくに臼歯はみえにくいので，丁寧に検診する。重度歯周病の症例では，診察時に保定で病的骨折を起こさないように注意する。歯の動揺の程度も注意して検診する。また口鼻瘻孔，眼窩下瘻孔，骨髄炎，口腔内腫瘍など老齢期に多くみられる疾患に注意する。口鼻瘻孔とは上顎犬歯の抜歯窩から鼻腔内に瘻孔が開口したものである。眼窩下瘻孔は眼の下に膿瘍が排出してくる瘻孔で，上顎第4前臼歯などの根尖膿瘍の際にみられる。骨髄炎は重度の歯周炎の際に歯槽骨に感染が広がり，全身性の敗血症をもたらす。

猫

1）幼猫：

　犬とは異なり乳歯遺残や過剰歯などの異常は少ない。FeLVやFIVの血清学的検査をすすめる。

2）若齢猫から中齢猫：

　口内炎（図❼）は採食時の疼痛や口臭などの症状がみられ，飼い主が認識しやすい。口内炎がみられた場合，歯周病によるものと，ウイルス関連の歯肉・口内炎やリンパ球プラズマ細胞性歯肉・口内炎によるものとの鑑別が必要である。

　破歯細胞性吸収病巣（FORL，図❽・❾）は猫に特徴的な病変で，歯頸部吸収欠損が特徴的である。外見上，一部の歯がないようにみえても，破歯細胞性吸収病巣が進行した結果，歯冠部がなくなっている場合もある。また破歯細胞性吸収病巣の初期の段階は，歯頸部にわずかな肉芽が盛りあがっているのみで，飼い主も獣医師もみつけることは難しい場合があり，十分に注意して観察する必要がある。

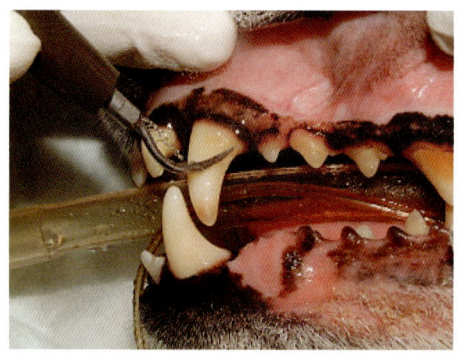
図⓾　スケーリングのチップのあて方

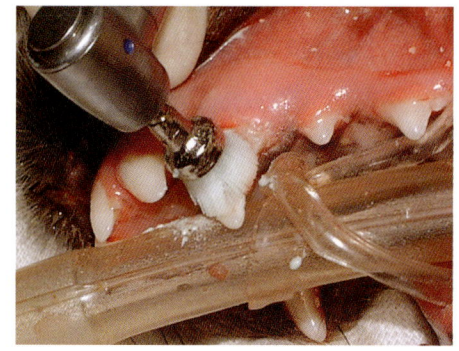
図⓫　ポリッシング

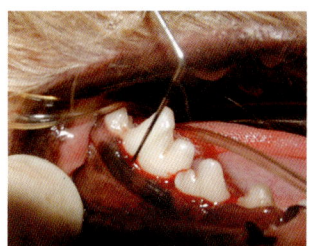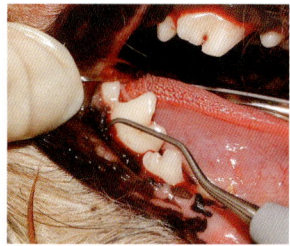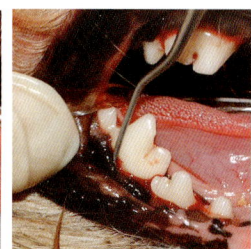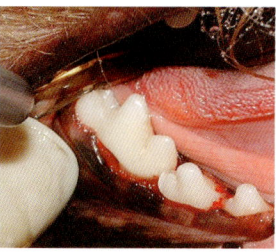
図⓬　プローブで歯周ポケットを測定し，歯肉縁下の歯石の付着を確認する。キュレットを頭側尾側方向や上下方向等の様々な方向に動かし，歯肉縁下の歯石等を除去する。エアーを吹き込み，除去の程度を確認する

3）老齢猫：

　犬同様，歯周疾患の罹患率は高くなる。注意点は犬と基本的に同様である。猫特有のものとしては，前述の吸収病巣は，老齢猫ではより多くみられる。

3．歯科疾患の予防

　歯科疾患の予防や維持管理には，動物病院での歯科処置を含めたケアと飼い主によるホームケアがあり，どちらも大切である。ホームケアなしには歯周疾患の管理は難しい。

a. 動物病院によるケア

　動物病院におけるケアには，実際に予防歯科処置や抜歯等を行うことだけでなく，スタッフによる飼い主教育を継続していくこと，スタッフが飼い主に歯科処置前に麻酔を含めた処置内容を説明することが含まれる。このうちとくに歯周疾患の予防のためには飼い主教育が重要である。そのポイントは以下の3点である。
・患者のライフステージ別の指導を実施する。
・早期からの歯科予防の必要性を説明する。
・動物病院での歯科処置の必要性を説明する。

b. ホームケア

　犬はブラッシングの習慣を受け入れやすいが，猫は受け入れにくい。動物病院のスタッフが飼い主に適切なブラッシング等の指導を行う。その際デンタルモデル等を使用しブラッシングのデモンストレーションを行う。処置後にホームケアを継続できている飼い主は少ないため，その後も繰り返し来院させ，適正に行われているか定期的にチェックする必要がある。

4．予防歯科処置

　ここではとくに歯と歯周組織の評価と予防歯科処置について述べる。予防歯科処置にはスケーリング，ルートプレーニング，ポリッシングなどの歯周病の予防処置が含まれる。

a. 歯と歯周組織の評価

　歯周病には歯肉の炎症程度，歯垢の付着程度，歯石の付着程度，根分岐部病変の程度，動揺度について評価することが必要だが，とくに歯周プローブをもちいて歯周ポケットを評価することは重要である。

　歯周プローブで歯の全周にわたり，ポケットの深さをチェックする。正常な歯肉溝は小型犬では2mm，大型犬で4mm，猫で1mmである。それ以上の場合は異

常と判断する。歯肉炎の際も仮性ポケットができ，ポケットがやや深くなる。さらに歯周ポケットが深くなることは歯周組織の消失を意味し歯周炎と考えられる。歯根部が露出している場合には歯周ポケットは深くはないが，この場合も根尖方向に歯肉の付着位置が移動し（アタッチメントロスが進み），歯周炎が進行している状態である。

例えば歯垢歯石がついていても，歯槽骨の吸収が伴っていなければ歯肉炎の段階であり，治療としては通常は以下に述べる予防歯科処置で健康な歯と歯周組織に戻すことが可能であり，処置後のホームケアで十分に口腔内を健康に維持可能である。

一方，歯槽骨の吸収がみられるような歯周組織の破壊がある場合はすでに歯周炎の段階であり，処置しても歯周組織は元には戻せない場合が多い。歯周炎の程度に応じて，予防歯科処置のみでは不十分なことも多く，抜歯や歯周外科処置が必要となる。その判断はプロービングのみでは判断できないことも多く，処置前に歯科レントゲンが必要となる。とくに根尖部の病巣はレントゲンなしに判断できない。

b. スケーリング

スケーリングとは，ハンドスケーラーや超音波スケーラーを用い，歯肉縁上の歯石・歯垢を除去することである。無麻酔で歯石を鉗子等で取るだけでは，その歯の表面はまだ歯石・歯垢が残ってしまい，歯石・歯垢は再付着しやすい。まして歯肉縁下の歯石は取れず，歯肉炎は治らない。ハンドスケーラーの先端は尖っており，エッジも鋭くなっている。ハンドスケーラーによるスケーリングは使い慣れないと時間がかかるため，超音波スケーラーの方が一般的に使いやすい。

超音波スケーラーによるスケーリングは周囲へ細菌の飛沫汚染をもたらす。処置中は獣医師並びにVTも外科用マスクを着用するべきである。また飛沫による**細菌汚染を起こすため外科手術の前にはスケーリング等の手技は行うべきではない。原則としてこの手技は，手術室で行うべきではない。**

スケーリングを行う際には，まずはじめに大きな**歯石を抜歯鉗子等で軽く除去し，次に0.1～0.2％に希釈したクロルヘキシジン等で口腔内を洗浄する。**超音波スケーラーはチップの先端から水を霧のようになるように出しながら用いる。その水により汚れを洗浄し，歯とチップの冷却を行っている。**歯面に対してチップの先端を垂直にあてないようにチップの側面で使用する（歯面に対して15度以内がよい。図❿）。**垂直にあてると歯面がかなり傷つく。超音波スケーラーの強度はあまり強くない程度に設定し，チップには**圧力をかけずに，**それぞれの**歯の頭・尾・頬・舌側の4面を意識して，ひとつの歯に連続10秒以内でスケーリングを行う。**その時間以上行うと歯髄に熱によるダメージをもたらすので，その歯のスケーリングが不十分なときは，他の歯に一旦移動し，再度戻ってからその歯のスケーリングの続きを行う。

c. ポリッシング（図⓫）

スケーリング後の歯面は細かく不整な凹凸がある。それを研磨することをポリッシングという。**スケーリングの後は必ず行わないと，歯面が粗く歯石歯垢が再付着しやすくなる。**マイクロエンジンという，電動のモーターにラバーか，ブラシのカップをつけ，研磨

コツ・ポイント

以下にあげる点以外は各項目に**太字**で記載済み。

▶ 歯周炎治療の注意点

予防歯科処置などの直前には抗生物質の投与を強くすすめたい。とくに進行した歯周炎では敗血症や骨髄炎を伴っていることも多いので，歯科処置の前後に抗生物質の投与が必要である。重要なことは，**医原性のミスをしないことである。**下顎骨折の危険があるため，下顎第1後臼歯を分割しないで抜歯をしたり，歯周炎の進んだ症例などでは頭部の無理な保定をしてはいけない。

また下顎骨折修復時に**下顎管にピンやワイヤー，ラグスクリューなどを通してはいけない。**下顎管は神経，血管の通り道であり，それらの傷害を起こすからである。ワイヤーを通す際には，歯根と下顎管をさけて行うべきである。

咬み癖のある犬の犬歯等を切ることがしばしば行われているが，いまだに，犬歯を削り露髄にさせたままにされている症例が後を絶たない。この場合，その露髄した部分から歯髄が細菌感染を起こし，歯髄壊死に進行する。さらに放置されると，根尖部膿瘍が起こる。犬歯を切る場合は生きたまま犬歯を残せる生活歯髄切断術という専門的な処置で行うべきである。

4 一般症例での簡単な歯科検査と治療

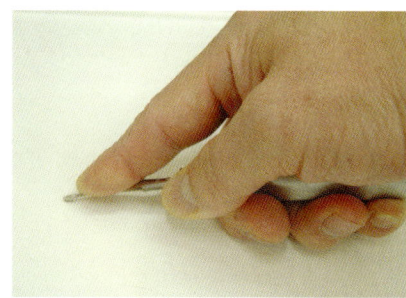
図⓭ エレベーターのもち方

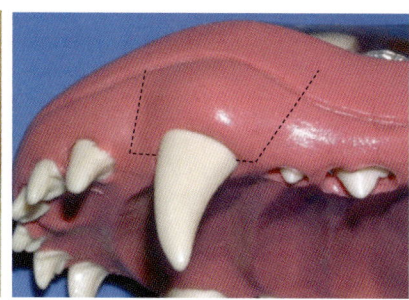
図⓮ 上顎犬歯抜歯のメス切開ライン

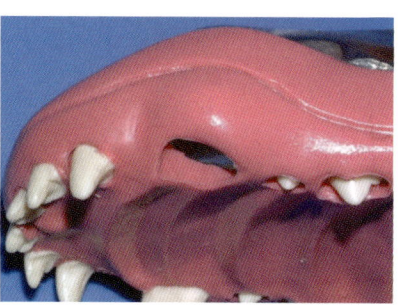
図⓯ 抜歯窩

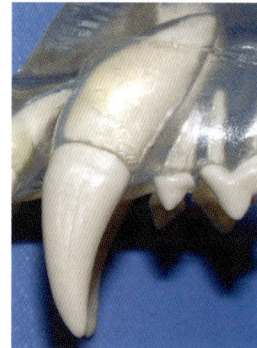
図⓰ 犬歯の歯根の方が幅が広い

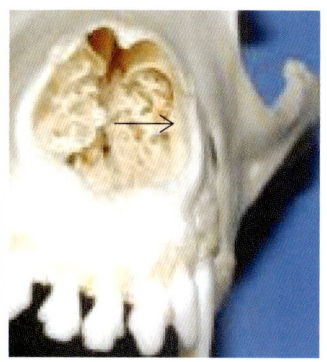
図⓱ 矢印が上顎犬歯歯槽骨の鼻腔面。1～2mm程度の厚みしかない

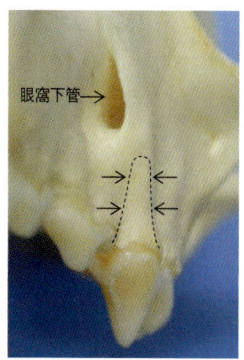
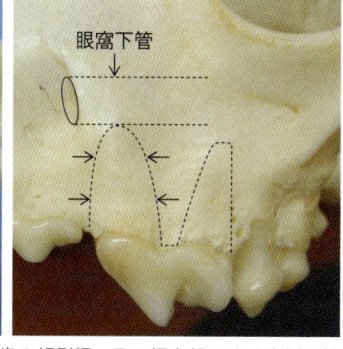
図⓲ 矢印が上顎第4前臼歯の頬側根。その根尖部のすぐ内側に神経・血管の通る眼窩下管がある

ペーストをつけ，低速にて軽い力でポリッシングを行う。ペーストはフッ素入りのものが市販されている。ポリッシング後は，余分なペーストを洗い流す。

d. ルートプレーニング

歯周ポケットが4mm以下の場合は歯肉部を切開せずに行うクローズドルートプレーニングを行う。みえにくいところを手探りで行うため，なれない場合は十分にルートプレーニングが行われていない可能性があるので，エアブローを行って肉眼で確認したり，プローブ等で確認しながら行う。とくに根分岐部は行いにくいので熟練を要する。

歯肉縁下部の歯石や刺激物を取り去り，根面を滑沢にすることをルートプレーニングという。キュレットを用いたり，歯肉縁下部用チップをつけた超音波スケーラーを用いる（図⓬）。キュレットとハンドスケーラーは似ているが，キュレットは先端が丸くなっている。キュレットをペンのようにもち，薬指等で歯に支点をとり，歯根についた歯石等をいろいろな角度から削り取り，根面を滑沢にする。キュレットが歯石等に引っかからない程度に数回行い，過度に切削しないように注意する。

5．抜歯

歯周炎が進行し，飼い主がブラッシング等で十分なケアができない場合や，予防歯科処置では健康な歯や口腔内の状態が保存できない場合には抜歯が必要となることがある。また残存乳歯，猫の口内炎等の処置としても抜歯を行う。抜歯方法は犬と猫，また切歯，犬歯，臼歯で異なる。以下に代表的な犬の抜歯方法を記載した。

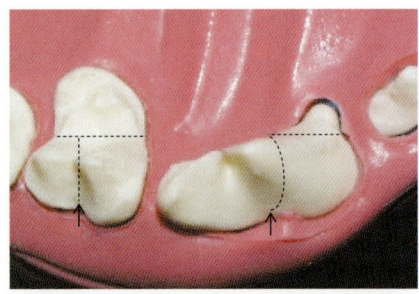
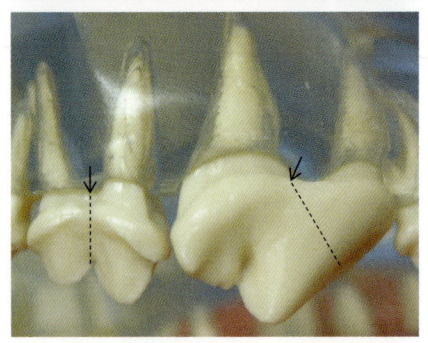

図⓲　左が第1後臼歯、右が第4前臼歯。点線が分割する線。矢印の根分基部から分割をはじめる

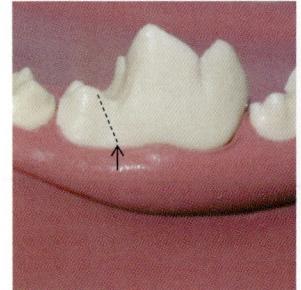
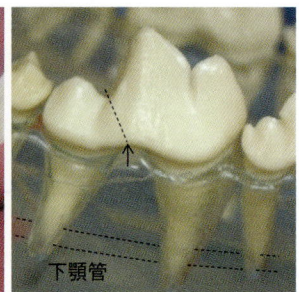

図⓴　下顎第1後臼歯も同様に分割する。根のすぐ舌側にある下顎管に注意する

1）単根歯

　まず，歯肉縁から上皮付着をメスなどで切る。必要であれば，歯肉・粘膜をメスで切開し，骨膜起子等でフラップをつくる（図⓮）。次にエレベーターを抜歯する歯に沿って挿入する。エレベーターを用いて歯根膜を歯槽骨から剥がし，それを歯の全周にわたり行い，歯の脱臼を起こし，抜歯鉗子を用いて長軸方向に回転させるようにして抜歯する。

　その際の注意点とポイントを述べる。エレベーター全体を包むようにしてもち，人差し指をのばし，エレベーターが滑らないように，歯などに支点をとる（図⓭）。またエレベーターの貫入により眼球，神経，血管等を傷つけないように十分に注意する。小型犬，猫などは骨が薄く，貫通しやすいためとくに注意が必要である。とくに上顎第4前臼歯，第1後臼歯，下顎第1後臼歯などの根尖は眼窩下管や，下顎管などの神経・血管の通路や，眼などの組織に近いため，十分に注意が必要である（図⓲〜図⓴参照）。

　エレベーターの操作で重要なことは，あわてず強く力はかけないで，じっくり挿入し，じっくり回転させ，歯根膜がはがれるように力を保つことである。無理な動作や押し込む動作をしない。歯根に沿って挿入し，歯が動揺するまで，歯の全周に行い，根の先端までていねいに行う。次に抜歯鉗子で垂直方向のみに力をためてじっくりと回転させ，ゆっくり抜歯する。十分に歯を動揺させていない場合や，曲げて抜歯した場合，歯根が折れて，残根させてしまうことになる。

　犬の上顎犬歯では歯根が歯冠部より太いため，上記の操作では抜歯は難しい。図⓮のように歯肉と口腔粘膜を切開し，フラップをめくり，バーを使って，犬歯のすぐ上の歯槽骨を削り，その後ていねいにエレベーターを使って抜歯する必要がある。上顎犬歯歯根の鼻側の歯槽骨は正常でも1〜2mm程度の厚さしかなく，その裏側には鼻腔がある。十分に脱臼をさせていない犬歯歯冠を頬側にぐいっともちあげてしまうと，犬歯の鼻腔側の歯槽骨をはがしてしまい，鼻腔内に貫通し，口鼻瘻孔をつくってしまう危険がある。まして歯周炎が進行している症例などでは，すでにこの部の歯槽骨が融解している場合もあり，十分に注意して行うべきである（図⓰，図⓱参照）。

2）多根歯

　多根歯はフィッシャーバーなどで単根に分割してから，それぞれ個々に単根歯と同様に抜歯する。分割は根分岐部から歯冠に向けて行う。とくに上顎第4前臼歯の口蓋根は根が斜めになっており，抜歯しにくい。またその根尖部周囲は，鼻腔や神経血管があり，慎重に行わなければ大出血や鼻腔貫通などの重大な事態に陥る（図⓲，図⓳参照）。

3）抜歯後処置

　抜歯後は，抜歯窩の歯槽骨の突起などはラウンドバ

4 一般症例での簡単な歯科検査と治療

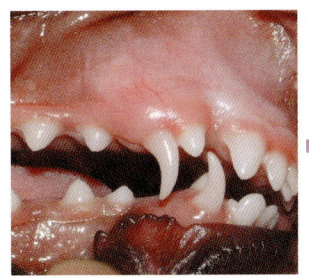 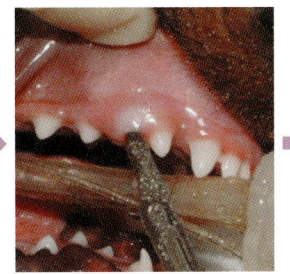 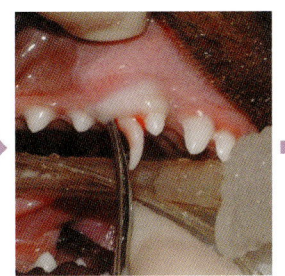 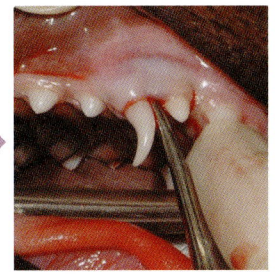

図㉑　上顎乳犬歯の抜歯　　▲メスで歯肉縁をカット　　▲遠心側から挿入をはじめる　　▲全周に渡り，挿入する

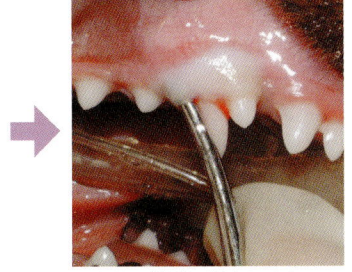 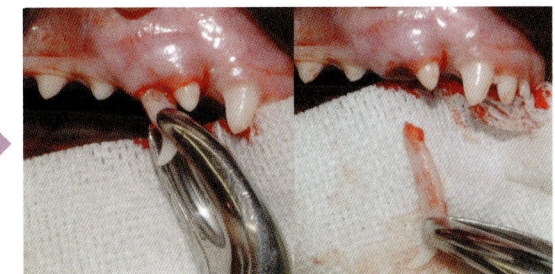

▲さらに慎重に根尖に向かって挿入する　　▲乳歯が回転するようになってから抜歯鉗子でさらに長軸方向に回転させながら抜歯する

ーやロンジュール等でなめらかに成形する。

また歯周炎で抜歯した場合などは十分に根尖まで，汚染物を取り除く必要がある。その際も，上述の様に臼歯では，神経・血管等に及ばないように**根尖部での不良肉芽除去の際に深追いは禁物**である。その後抗生物質入りの生食などで十分に洗浄する。

次に縫合に先立ち，歯肉フラップにテンションがかからない程度までメスや鋏を用いて骨から十分にはがしておく。フラップと歯肉を4－0もしくは5－0の角針つき吸収糸で縫合し，抜歯窩を閉創する。またフラップは**抜歯窩よりも大きくつくらなくてはならない**。また**縫合する位置は抜歯窩などの骨のないところの上では行わない**。つまりフラップは抜歯窩より大きくつくり縫合する。

重度歯周炎の際の抜歯窩には，歯周ポケットの部分に不良肉芽や上皮が窩の内部にまで入り込んでいるため，その部分を掻爬し新鮮創にし，フラップと抜歯窩反対側の粘膜断面同士をあわせて縫合できるようにトリミングする必要がある。

4）乳犬歯抜歯

処置前に歯科レントゲンにて乳犬歯の歯根の状態を確認しておく。

乳歯抜歯専用のエレベーターが市販されている。それを根尖まで入れ，歯根膜を切る感覚で乳歯が回転するまで全周に繰り返す。乳歯といえども乳犬歯は歯根長が歯冠長の2倍近くもあり，根尖部まではなかなか到達しにくい。また歯根はもろいため乳歯が少しずつ回転するようになるまでていねいにゆっくり行うのがコツである。十分に動揺してきたら抜歯鉗子で回転させながら引き抜く。抜歯窩は1糸縫合した方がよい（図㉑参照）。

戸田　功（とだ動物病院）

 VTに指導するときのポイント

VTには歯肉炎と歯周炎の違いを指導し，その患者の病態にあわせた歯科処置の準備をしてもらう。さらに処置後のケアやブラッシングの方法や，定期検診の必要性などを歯のモデルなどを用いて視覚的に飼い主に指導してもらう。繰り返し指導することも重要である（3．歯科疾患の予防の項目を参照）。

5 一般症例での簡単な神経系の評価法

アドバイス

　神経系の評価で最も重要なことは，その動物が神経疾患をもっているのかどうかということである。よって検査の目的は，まず神経学的異常の有無を確認することである。そして異常があった場合は，どこの神経系に異常があるのかという病変の局在を明らかにする局所診断を行うことになる。

　実際の臨床では，神経学的検査を1～10まで全て行うというよりは，簡易的なスクリーニングとして行われることが多い。そしてこの神経系スクリーニング検査は完全な身体検査の中に取り入れることで他の異常の見落としもなくなる。神経検査のスクリーニングとしては観察で評価するものと，検査を行うことでその反応や反射を評価するものとに分けられる。ここでは，詳細な検査方法や病変の診断部位および評価については成書にゆずるとして，身体検査に組み込むことができる神経スクリーニング検査法を用いて神経学的異常を検出する方法を述べることにする。

準備するもの❶

犬，猫，その他とも共通
- 鉗子
- 打診鎚
- 21G注射針
- ペンライトかトランスイルミネーター
- 暗室

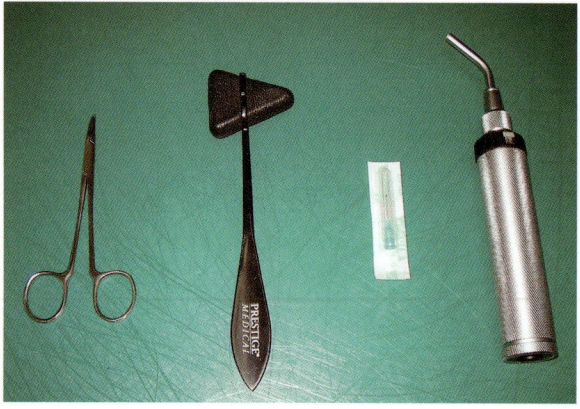

図❶　器具

1．観察と問診での評価

全身：歩様，姿勢，意識状態，けいれんや発作症状の有無
頭部：位置（斜頸の有無），顎の機能や口唇の状態，舌の動き，側頭筋の状態
眼　：視力，位置，動き（眼振の有無），瞳孔サイズ，音に対する反応
四肢：跛行，ナックリング，対称・不対称な筋萎縮
　以上のポイントを重点的に観察する。

2．各種検査

全身：痛覚過敏の有無，脊椎棘突起への刺激，肛門・尾の緊張度，会陰反射
頭部：顎の緊張度，嚥下反射，顔面の知覚，眼瞼反射
眼　：威嚇反応，瞳孔光反射，眼前庭反射
四肢：プロプリオセプション，飛び直り反応，屈曲反射，膝蓋腱反射

1）全身の観察後に各部の観察・触診と各種検査を実施して行くことになる。

2）まずは，頭部をなでることからはじめ，動物へのスキンシップで，緊張しているのか，あるいはリラックスできているかを考慮して，短時間に済ませるべきか，また，ある程度時間をかけることができるかを判断する必要がある。

3）頭部の観察と触診をしながら，顎の緊張度（上顎と下顎をもって開口させたときの緊張度をみる）と嚥下反射（顎を開口させたら人差し指を喉に挿入し嚥下の状態をみる）を行う。この検査は素早く一瞬で行う必要がある。顔面の知覚を，鉗子を使用して適度に行い眼瞼反射も観察する。次に視野からはずしておいた手を突然片側の眼前へ移動させ威嚇反射の有無を確認する。暗室を利用して瞳孔光反射を行い，そのまま眼底を観察する。また視力と音に対する反応も吟味しておく。

4）次に全身を触診にて痛覚過敏がないかどうかふれ

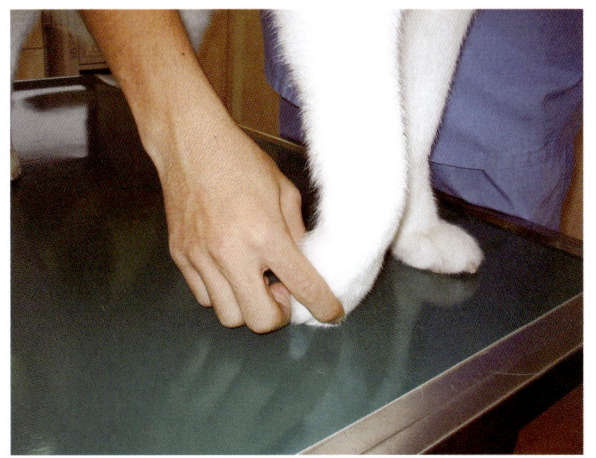

図❷ プロプリオセプション

プロプリオセプションは，体軸がまっすぐで自然な起立位にしてから行う．趾端背側を一度床にふれさせ負重した後の反応を観察する

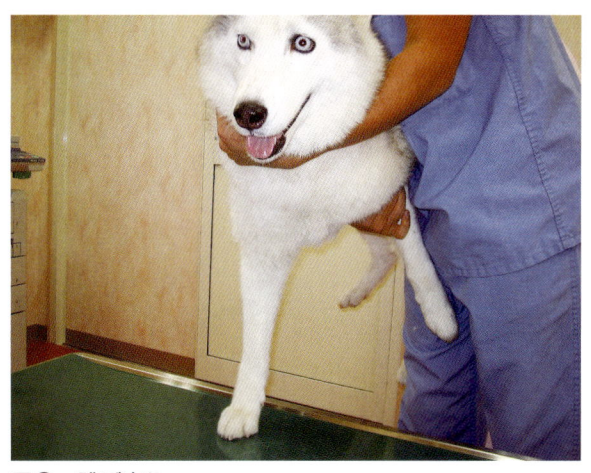

図❸ 跳び直り

小型・中型犬までなら図のように単肢での保定は可能である．着地している単肢へ外側方向への体重移動を行うことで肢の移動が起こるかどうかを観察する．大型犬〜超大型の場合には一側起立・歩行で同様の反応をみる

ながら，対称的に筋量や緊張度をチェックし，肛門と尾の緊張度もみておく．次に四肢のプロプリオセプションを行う（図❷）．

5）動物の起立している状態が，標準的な四肢の位置であることを確認する．その状態で優しく各趾端をそっと屈曲させ趾端の背側を接地させるようにする．正常ならば趾端の屈曲自体を嫌がったり，あるいは即座にパッドでの負重行為を行うのが正常である．

6）跳び直り反応は，動物が一肢で全体重を支えるように検査を行うものが保定する必要がある．この保定後，動物の体を前後左右に動かすことでその反応を評価する（図❸）．正常ならば自分の体重を支持するために一肢で跳びバランスを保つ．次に個々の肢を全て検査する．

7）最後に屈曲反射と膝蓋腱反射になるがこの場合横臥姿勢をとらせることになるため，多少動物の抵抗があるかもしれない．屈曲反射は肢のパッドや趾間部への侵害刺激（つねる，圧迫，針で刺す）によって誘発され，無意識のうちに肢をひっこめる反射である（図❹-A，B）．膝蓋腱反射は同様に横臥位で行い，膝関節を軽く屈曲させ，打診槌で軽く膝蓋腱をたたく．正常では膝蓋関節の伸展がみられる．

3．完全な神経学的検査

各検査の意義と検査名，および検査所見の表記方法を以下に箇条書きにした．そしてスクリーニング検査は**太文字**で示してある．

意識状態：大脳皮質，脳幹，および大脳−脳幹経路の障害を示唆する症状である．

記入例：清明・傾眠・昏迷・昏睡

姿勢：正常な起立時の姿勢は，大脳から末梢神経までの経路とそれらの統合によって維持される．

歩様：起立時からの運動や方向転換時の四肢の動きやバランスを評価する．姿勢と同様の意義があり，よりこれらの障害を見出せる．

触診：全身の筋肉について萎縮や緊張度を対称的に評価することで，脳神経や脊髄神経を示唆する評価を得ることができる．

姿勢反応：動物（ヒトも同じ）は異常な姿勢を強いられた場合，即座にバランスを立て直そうとするのが正常な反応である．一見正常な歩様でも姿勢反応では軽度な異常を検出できる場合がある．

・**プロプリオセプション**
・**跳び直り反応**
・姿勢性伸筋突伸反応
・立ち直り反応：頸部立ち直り反応
・**踏み直り反応**：触覚踏み直り，視覚踏み直り
・緊張性頸反応

脊髄反射：四肢の反射をみることで脊髄病変の診断部位を大きく4カ所（C1〜C6，C7〜T2，T3〜L3，L4〜S3）を絞り込むことができる．

前肢

橈側手根伸筋反射

屈曲反射：強い痛覚刺激を与えてしまうと振り向いて全関節を屈曲させてしまうという意識的な反射が起こるので注意が必要である．屈曲

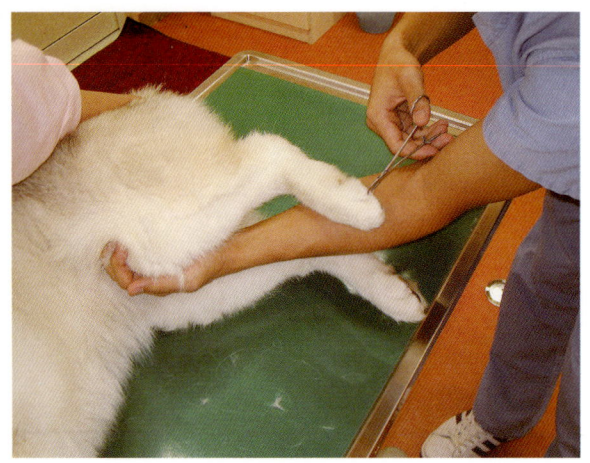

図❹-A　屈曲
横臥位の状態から鉗子を用い軽いパッドへの刺激をしているところ

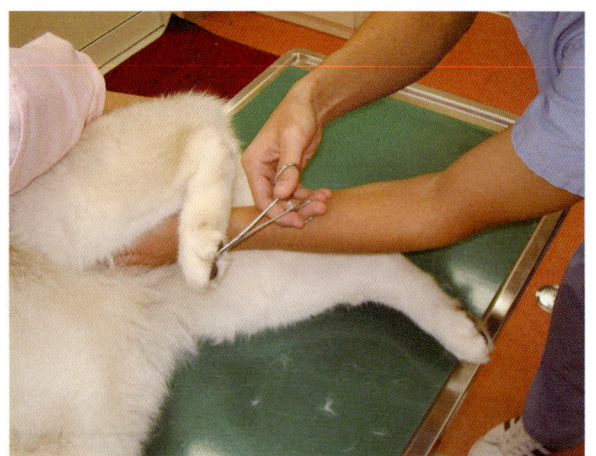

図❹-B　屈曲
刺激された肢はすぐに屈曲する

反射の低下，欠如は下位運動ニューロン障害となる。重度の上位運動ニューロン障害が存在すると対側肢は不随意性に進展し，刺激した肢は屈曲する（交叉伸展反射）。

後肢

膝蓋腱反射：大腿神経および脊髄分節L4〜L6の分布する大腿四頭筋を評価することになる。反応の低下，あるいは欠如はL4〜L6の脊髄や大腿神経の障害を意味し下位運動ニューロン徴候という。逆に反応が亢進している場合には，それより頭側に障害が存在することになり上位運動ニューロン徴候という。拮抗する屈筋群を支配する坐骨神経麻痺の存在が偽性亢進という現象を起こすことがある。この機序は膝関節の伸展に対する拮抗筋の機能消失に起因している。

前脛骨筋筋反射

屈曲反射

その他

皮筋反射

肛門（会陰）反射

脳神経検査：脳幹に中枢をもつ脳神経の異常は脳内病変の部位診断に役立つ。

嗅覚（CN.I），視力（CN.II），威嚇反応（CN.II, VII），瞳孔対光反射（CN.II, III），眼・頭部回転反射（CN.VII, III），顔面・耳介・口唇等の皮膚知覚（CN.V），角膜反射（CN.V, VI），眼瞼反射（CN.V, VII），開口時の顎緊張（V），音に対する反応（CN.VIII），咽頭反射（CN.IX, X），頸部筋萎縮（CN.XI），舌緊張（CN.XII）

知覚：知覚の障害はその程度により障害と部位とその予後の指標となる。

記載例：痛覚過敏（運動時やふれるだけで疼痛を起こす），プロプリオセプション，浅部痛覚（皮膚をつまんだときにみられる反応で噛みつきにきたり，唸ったりする），深部痛覚（指先の骨を強く摘む，ただし浅部痛覚が認められ

コツ・ポイント

▶スムーズに検査を終了するポイントとしては，動物が嫌がるような検査を先にしないことである。

▶動物が楽な姿勢でできる検査を優先し，横臥姿勢などの保定が必要な検査は最後に実施する。

▶最初に横臥姿勢をとらせるだけで後の検査ができなくなってしまったり，また，とくに脊髄疾患の患者では症状を悪化させてしまう状況を避けるということである。これは交通事故等による脊髄損傷などの疑いのある場合は搬送から注意する必要があり，保定や搬送時に脊髄への2次損傷を極力避けなければならない。

る場合には実施する必要がない，深部痛覚がない場合，障害の程度は極めて重度である）

排尿：問診による排尿状態を聞き，腹部触診により膀胱内の尿充満を評価する。さらに，圧迫排尿の可・不可のチェックにより脊髄病変の部位診断を支持する。

失敗したときの対処法

1．神経系の評価で失敗する原因としては，動物が検査に対して非協力的であることがある。

2．失敗は許されない状況の動物もいることを頭に入れておく必要がある。つまり神経疾患をもった動物に対してその症状ごとに対応がかわってくる。

3．痙攣重積状態や意識障害を伴っている場合には，バイタルサインの評価と採血やチュービング用機材の準備が必要となる。

4．緊急を要さない場合には，各動物の性格にあわせた神経学的検査が正しい反応を引き出すことになる。怖がりでおどおどしている場合は，ある程度落ち着いて緊張度を解く必要がある。攻撃的な動物の場合は逆に飼い主のもとで検査する必要がある。

5．いずれの場合においても，異常をみつけたら経験豊富な獣医師に再度詳細な神経学的検査を実施してもらうことになる。

渡辺直之（渡辺動物病院）

 VTに指導するときのポイント

身体検査時の保定法としてはなるべく動物がリラックスできるような，優しくかつ常に牽制しているような保定がベストである。

6 動物の保定法，採血法，注射法

アドバイス

伴侶動物の保定は動物のために必要な処置（注射や採血といった治療や検査など）を安全にスムーズに行うことと，獣医師や動物看護師（VT）も安全に処置を遂行するために大変重要なテクニックである。動物には，「なぜ検査や処置といった行為がなされるのか」が理解できないため，おとなしく処置を受け続けることが難しい場合もある。例えば，採血や注射を行うときに無造作に動けば，針先で皮膚を傷つけたり，血管を損傷して血腫をつくってしまったりする可能性がある。また，その場からの逃走を試みて，診察台上から落下し周辺の物品にぶつかり，自分自身を傷つけてしまう可能性もある。さらには，周囲の人間（その動物の家族，獣医師，VTなど）に傷を負わせてしまう可能性もある。

したがって，保定はその動物の種類，品種，年齢，性格とその環境への馴染み方や，獣医師，VT，家族との信頼関係などを念頭において，効果的に行うようにする。あくまで，保定は力で押さえつけるものではなく，動物にも周囲の人間にも最低限のストレスで安全にスムーズに処置が完遂できるようにするための技術である。保定がうまくできれば，採血も注射もスムーズに行える。また，その必要があれば鎮静剤などを使用して化学的保定を行ってから処置する場合もある。

準備するもの

- 必要に応じて動物の慣れた環境（診察室でも，慣れた部屋などあれば……）
- 家族が付き添った方がよい場合は家族に同席してもらう。逆もある
- 大型タオル
- エリザベスカラー（図❶）
- 口輪（必要に応じて）
- ネット（必要に応じて）
- 適切な診察台（調整されたもの）
- 駆血帯（必要に応じて）
- 保定または口輪用のガーゼひも（必要に応じて）
- 注射筒
- 注射針（採血は23Gの針）
- トレイ
- 採血管各種
- 検査依頼用紙（図❷）

手技の手順

1．逃走などの防止のために処置の行われる部屋の扉や窓を全て閉めてから，動物を興奮させないように診察台へあげる。

2．処置の内容と動物によって適切と思われる保定を行う。腹臥位，座位，横臥位などが一般的である。保定をしながら，あやしたり，声をかけたりすることは有効である。好きなおもちゃやご褒美などを使うのもよい。家族が同席の方が良い場合と悪い場合があるのでその判断も必要である。

3．保定のときに必要があれば，エリザベスカラー，ネット，口輪，大型タオル，鎮静剤などを使用する。ストレスなく保定ができる場合はできるだけ保定具は使用しない。動物が興奮する前に行えば喉をそっと上にあげるだけで採血が可能な場合もある。逆に処置前に緊張状態に陥ってしまうと同じ動物でも処置が非常に困難になることもある。その動物の性格や習性行動も理解しておくべきである。

4．採血部位は犬では橈側皮静脈，頸静脈，外側伏在静脈，猫ではその他に内側伏在静脈，大腿静脈などを使うことができる。検査の項目によっては動脈採血を必要とする場合もあるが，ここでは静脈採血について述べる。

a. 四肢の血管からの採血では保定者が採血部位の中枢側（心臓に近い方）を指で駆血するか，駆血帯を使用する（図❸）。

b. 頸静脈からの採血では，首から肢端までがまっすぐになるように腹臥位で保定する（図❹）。採血者が駆血して採血する（図❺）。

c. 採血部位は消毒用アルコールで十分に湿らせる。

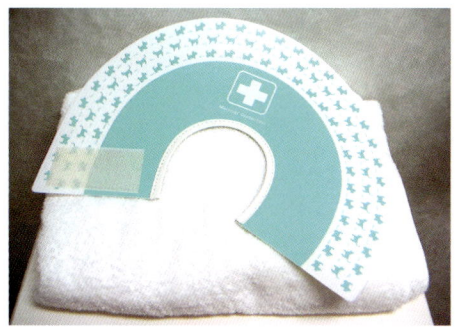

図❶　大型タオルとエリザベスカラー

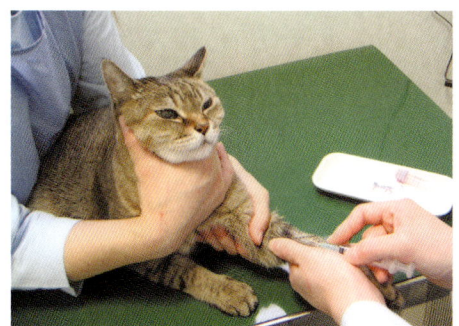

図❸　保定者が左前肢を指で駆血。採血者が静脈に左手の親指を沿わせて採血

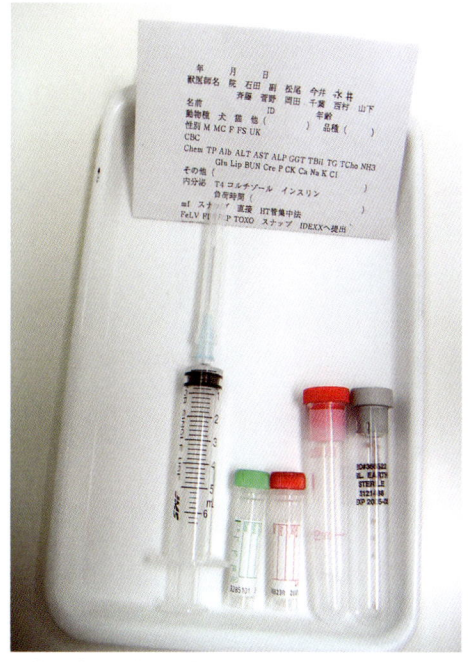

図❷　ディスポーザブル注射筒，各種採血管と依頼用紙をのせたトレー

採血者は血管の怒張や皮膚の下に透けてみえる色，温度，感触などで確認できる（頸静脈以外では利き手と反対側の親指を血管走行に沿わせて固定することもできる）。

d. 注射針を約20°の角度で静脈内に刺入し，内筒を静かに引く。目的の量まで採血されたら駆血を解除して針を抜き，30秒程度圧迫止血を行う。

e. 採血して検査を行うのであれば，採血針は23Gか，それ以上の太いものが血球を痛めないのでよい。しかし，太い針は血管の損傷も大きくするので用途によって使い分けるのがよい。

f. 注射器には通常，抗凝固剤は何も入れずに採血し，CBCにはEDTA-2K入り，血液化学検査にはリチウムヘパリン入りあるいは血清用採血管に入れる。小動物では真空採血管は使用しない。

5．注射の方法は目的によって使い分ける。静脈注射，皮下注射，筋肉内注射，腹腔内注射，骨髄内注射などである。

a. 皮下注射では，アルコール綿などで被毛の上から拭うのはかえって雑菌の混入を促すものである。被毛をかき分けて十分な量のアルコールで十分な時間をかけて消毒を行うか，アルコールを使わずに毛をかき分けて注射を行う方法がよい。後者でも雑菌の混入はないといわれている。

b. 皮下注射は頻繁に行われ，手技も行いやすい。ワクチン接種などはほとんどが皮下注射である。頸部から臀部までの背側の皮下を使うことが多いが，猫では注射部位の肉芽腫や軟部組織肉腫への対処を考えて，肩甲骨での注射は行わない（図❻）。静脈内投与を行えない場合の皮下輸液では100ml以上の投与も可能である（図❼）。

c. 静脈注射は速効性があり，組織に刺激性のある薬物なども投与が可能である。犬では橈側皮静脈，外側伏在静脈。猫では，その他に内側伏在静脈もよく使用される。持続して投与が必要な場合は，静脈内にカテーテル留置を行い72時間までは同じカテーテルが可能である。

d. 筋肉内注射は速い吸収が望まれるごく少量の薬剤の投与に選択されるが，不快感を示す動物が多い。後肢の半膜様筋，半腱様筋，腰仙椎棘突起外側などに投与可能である。後肢への投与では針先が後方を向くようにし，坐骨神経を刺激しないようにする（図❽）。

e. 皮内注射はアレルギー検査の皮内試験などに選択される。疼痛を伴うため麻酔下で行われることもある。

f. 骨髄内注射は幼若動物などで緊急性を要する場合，末梢静脈，頸静脈などにカテーテルの設置が困難な場合などに選択される。上腕骨大結節，坐骨，腸骨翼，大腿骨転子窩，脛骨近位などが使用できる。通常は15～18Gの骨髄針，新生子では18～22Gの注射針が使用されることもある。72時間ま

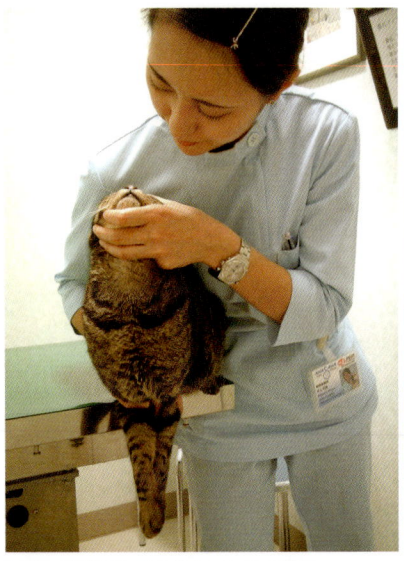
図❹　頸静脈からの採血のための保定

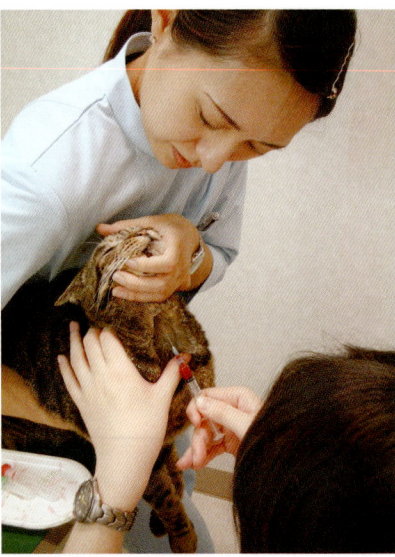
図❺　頸静脈からの採血

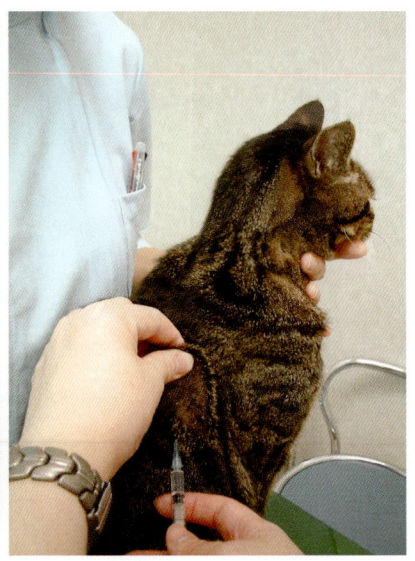
図❻　皮下注射の方法

では同一部位に留置も可能である。血漿輸血や輸液など，体重あたりの要求量を急速に注入することも可能である。

失敗したときの対処法

1．もしも保定中に動物が動いて採血や注射を失敗してしまっても決してあわてず，常に冷静に対処すること。最終的には動物が興奮して保定が不可能な状態に陥らせないことが重要であり，そのためには獣医師もVTも平常心を保ち，動物を落ち着かせるように行動すること。動物によって安心できる環境は異なるため，適切な環境かどうか，例えば犬の場合，家族が同席していることでかえって興奮したり，攻撃性が助長される場合もある。また，必要な保定具も適宜使用して，安全な処置を完遂することが重要である。

2．例えば動物が診察台上から逃走してしまった場合は，むやみに追いかけず，視線を外して行動をよく観察し，積極的な攻撃性がない場合はタイミングをみて，大型タオルなどで視界をさえぎり抱きかかえるなどの対処が有効な場合もある（図❾）。

3．注射や採血では静脈を確保できなかったり，血腫をつくってしまったら，同じ部位を使い続けず，圧迫止血を行って，止血帯を巻き他の部位で再度行うのがよい。

4．凝固系の検査のための血液は，1回の静脈穿刺で失敗なしに得られた血液以外は使用しない。

柴内晶子（赤坂動物病院）

コツ・ポイント

▶処置の前に動物を怖がらせない！　興奮させない！　声をかける，あやす。力で保定しようとしない。

▶採血，静脈内注射では針で刺入前に血管の確実な確保を行う。

▶注射は適正な選択を行い，できる限りスムースに躊躇なくやさしく行う。

6 動物の保定法，採血法，注射法

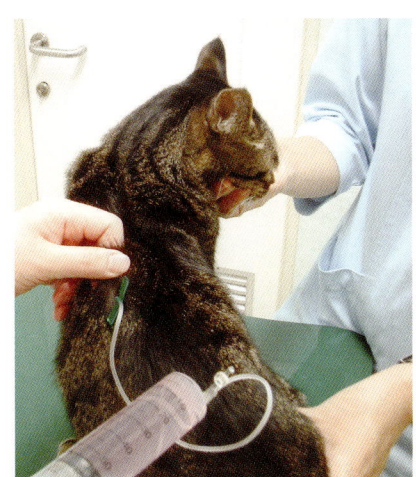

図❼　皮下輸液の方法

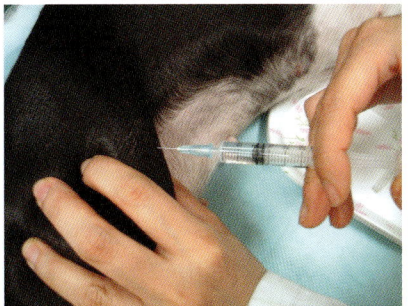

図❽　筋肉内注射の方法

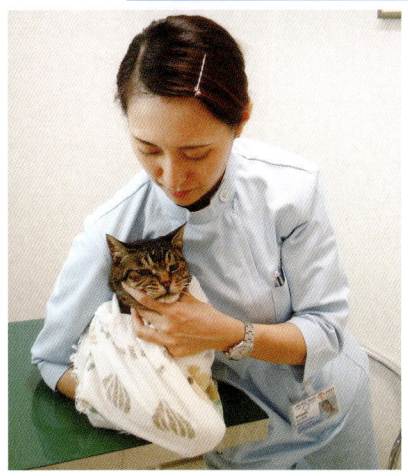

図❾　タオルで動物を包む方法

VTに指導するときのポイント

　採血も注射もその成功は保定にかかっているといっても過言ではない。よほど全身状態が悪く，動くことのできないほどの血圧の低いケース以外は，たいていの場合は保定をいかにスムースに安全に行えるかが処置の成功にかかわってくる。

　保定は動物種による行動のパターンや，社会性も理解する必要がある。初診の場合でも，その動物がとるだろう次の行動や性格を洞察する能力も要求される。さらに動物の家族の意向も聞きながら，三者（家族，伴侶動物，動物病院）が納得のいく処置がなされなくてはならない。

　処置に入る前に家族とのコミュニケーションも重要である。問診を通じて，動物の性格や今までのヒストリーを十分に聞いておくことが重要である。さらに保定に役立ちそうなツール（その動物の好きなものや，さわられると好きな身体の部位など。また，嫌がることも同様に知っておく）は知っておくとよい。多くの場合，常に声をかけたり，あやしたりすることが有効である。また，猫ではあまりしっかりと拘束してしまわない方がよい場合も少なくない。

7 留置針の挿入法

アドバイス

　治療を必要とする伴侶動物に対してできるだけ速やかな効果を期待する場合，輸液，多くの薬剤，組織侵襲性のある薬剤などは静脈内への投与を行う。とくに連続して薬剤投与が必要な場合，静脈内留置針設置がすすめられる。留置針を設置しておけば，業務上の時間的，人員的な節約になるばかりでなく，動物への身体的，精神的負担も軽くなる。さらに静脈注射のたびに血管を痛めることもなく，動物の苦痛も伴わないですむ。

　一般的に留置針は橈側皮静脈，頸静脈，伏在静脈に設置される。静脈内留置針の設置は日常の医療業務でもっとも行われる手技のひとつだが，十分な用意と適切な技術と無菌的手技が要求されるものである。また上記3つの静脈は緊急時に救命率をあげる薬剤投与経路でもある。とっさのときに速やかに設置ができるように日頃からの準備が必要である。

準備するもの

- オーバーザニードルタイプまたはスルーザニードルタイプの留置針
- インジェクションプラグ（キャップ）
- ポピドンヨード軟膏
- 毛刈りハサミ（バリカンは使用しない）
- ヘパリン化滅菌生理食塩水
- 駆血帯
- 各種テープ
- 消毒用アルコール
- 滅菌グローブ

図❶　静脈の上の毛刈りを行う

手技の手順

（以下は主として橈側皮静脈，伏在静脈への設置法）

1．あらかじめ全ての器具を準備しておく。テープ類もカットしておく。

2．インジェクションプラグ内にヘパリン化滅菌生理食塩水（ヘパリン化生食）を注入しておく。

3．動物に負担をかけない自然な体位で保定する。

4．保定者が動物を囲うように支え，留置針を設置する肢に駆血帯を装着する。

5．血管を確認し，周囲の毛刈りを行う。美観も考えながら慎重にカットすること（図❶）。

6．消毒用アルコールで2分間，最低3回洗浄する。

7．手指での血管位置の確認を行う場合は滅菌グローブを使用するか，触知後に最終の消毒を行う。

8．手技者は片手で静脈上の皮膚を緊張させ，針の刺入と血管の確認がしやすい状態を保つ。このことは同時に針の刺入時に血管を動きにくくする役割も果たす。

9．留置針（スタイレットとカテーテル）を血管内に刺入し，血液の逆流が速やかにあり，先端が血管内に入っているのを確認したらカテーテル部分だけを滑らせて根元まで挿入する。確実に腔内に入っていれば，血液の逆流がみられるはずである（図❷）。

10．キャップ（インジェクションプラグ）で蓋をして，ヘパリン化生食をフラッシュする。この時点で血管内に

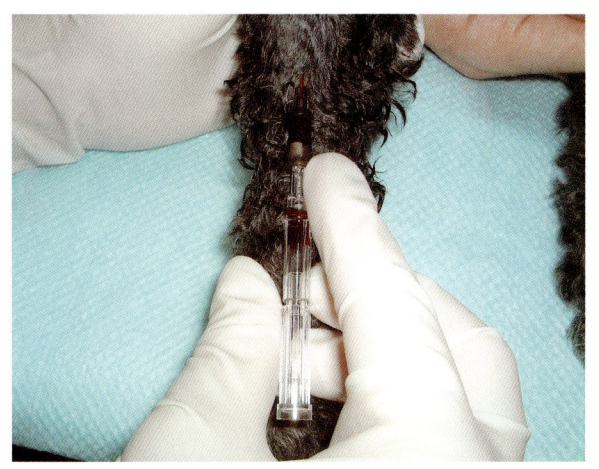

図❷　消毒後，留置針を刺入する。血液が逆流してくる

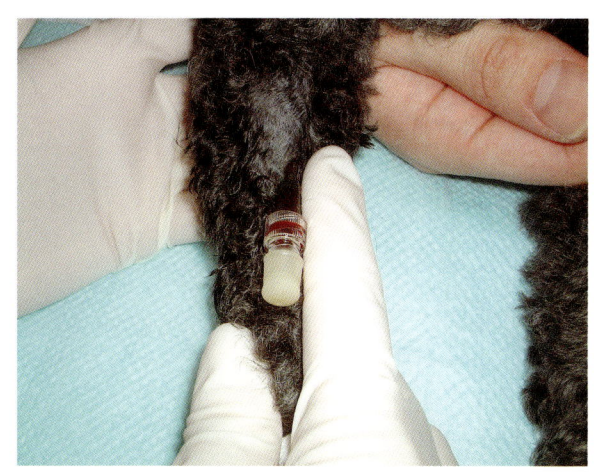

図❸　キャップをつけてヘパリン化生食を入れる

正しく挿入されていれば，ほとんど抵抗なく注入できるはずである。万が一抵抗感があったり，ヘパリン化生食を注入時に血管周囲が腫脹してきたら血管腔内に設置されていない可能性がある（図❸）。

11. カテーテルと皮膚の境界部にはポピドンヨード軟膏を塗布する。

12. カテーテル周囲には2～3cm幅の粘着性テープを巻き，さらに肢にカテーテルが固定されるようにテーピングする。

13. インジェクションプラグと皮膚の間もテープまたは包帯でカバーし，直接接触しないようにする（図❹）。

14. 四肢端の腫脹が起きないように，またカテーテルが外れないように包帯の巻きの強さを加減する。

15. 最後に防水，美観，汚れ対策として伸縮性のあるヴェトラップ（コーバン）を巻き，形を整える。様々な色があるので患者にあわせて選ぶ。留置の日付を書く（図❺）。

16. その後は毎日の薬剤の投与をする前にはプラグ部分を必ず消毒してから針を刺入する。使い終えたら血餅でかたまらないようにヘパリン化生食（0.5～1.0cc）でフラッシュする。

失敗したときの対処法

1．動物が興奮してしまった場合は，少し時間をおいて安静にして落ち着かせてから再度行う。興奮状態をおして無理に処置をすすめるのは事故につながる場合もある。

2．血管への刺入を行って血液の逆流があっても刺入がスムーズに行かない，または途絶えるなどの異常がみられる場合は，途中から血管外へ外れてしまっている可能性もある。よく確認してから，処置を中止し止血してバンデージを巻き，他の肢で再度設置を行う。

3．通常，設置は前肢から行っていくのがよい。後肢の伏在静脈も使えるが，排泄時の汚染も起こるので，前肢の橈側皮静脈を先に行うのがよい。

コツ・ポイント

▶動物に不安を与えない，よい保定をすること。

▶汚染を防ぐため，必ず毛刈りと消毒は十分に行うこと。

▶術式の途中で足りないものがないように，あらかじめテープのカットまで準備すること。

▶血管への挿入部位は可能な限り遠位から行うこと（遠位で設置がうまくいかない場合，基本は別の四肢に設置を行うが，どうしても同じ肢への設置が必要な場合，より近位へ移動させて設置することは可能である）。

留置針の挿入法

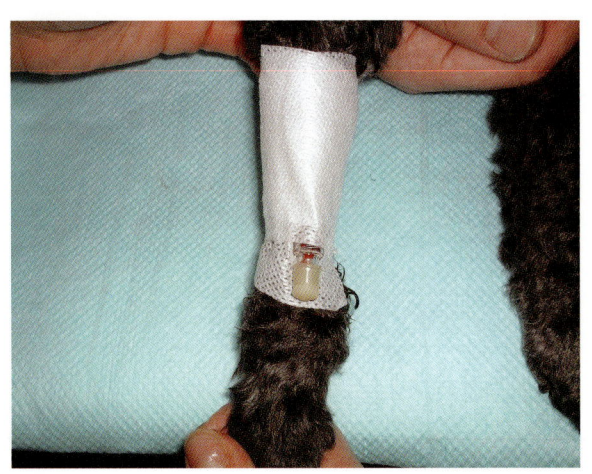

図❹　テーピングを行う

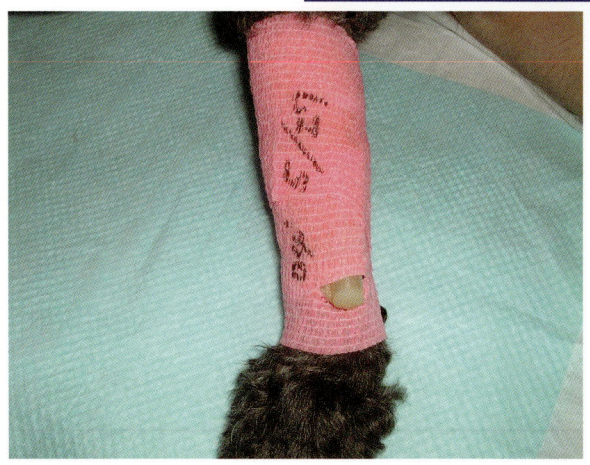

図❺　ヴェットラップで上から巻き，日付を書く

4．留置針設置後72時間以内に設置場所の周囲や趾端の腫脹がみられたら，バンデージを1回とって巻き直すか，バンデージの遠位と近位の両サイドからスリットを入れるなど状況に応じて処置をする。マッサージが有効な場合もある。

5．留置針設置後72時間以内に留置針が詰まるなどの原因で使用できなくなった場合は，一度バンデージをはずして原因を探る。インジェクションプラグ内の血餅が原因の場合は，プラグを交換しヘパリン化生食をフラッシュする。このとき留置針内に血餅がみられるときには設置し直した方がよい。留置針そのものが弯曲している場合は使用できないので，取り外し，再設置が必要である。

柴内晶子（赤坂動物病院）

VTに指導するときのポイント

1. 獣医師とVTが動物の性格をよく把握しておくことが大切である。同じ動物でも保定者と術者の動物への接し方次第で，安定した状態での留置針の設置が可能である。

2. 留置針の設置の準備は常にVTが把握しておく。診療の流れにあわせて，準備はすべて記憶しておくとよい。とくに緊急時など血管を確保する重要な役割を果たすことが多い。

3. 入院中，留置針を設置している動物たちは様々な反応を示すことがある。

4. 常に性格を把握して看護にあたる。留置針を気にして口や肢を使って取ろうとする動物の場合は，エリザベスカラーやタオルでの首周りの補強，靴下を必要とする場合もある。またバンデージや留置針そのものを異物として飲み込んでしまうリスクのある動物もいるので同様の管理が必要である。

5. 逆にカラーなどの防御具をつけることで食欲が落ちたり，精神的に落ち込んでしまう動物もいるので適切な対処が必要である。留置針をつけた状態で防御具がなくても普段とかわらない生活が送れる場合もある。

6. また，入院当初は力がなく留置針への興味がなかった動物が，元気回復とともに興味をもちはじめる場合もあるので注意が必要である。

院内血球計算器レーザーサイト

IDEXXベットラボステーションが搭載され
検査情報の一括管理が可能です

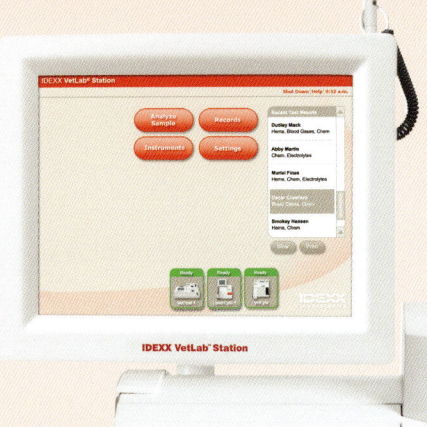

新発売！

より高精度な血液検査
より効率的な情報管理
そしてより良い医療のために
より良いケアを提供致します

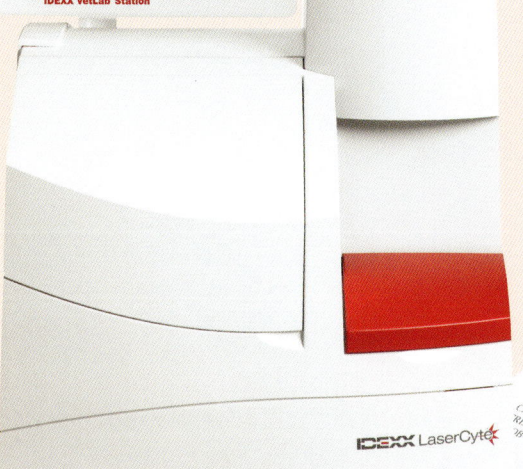

IDEXX LaserCyte®

- **白血球5分画**が測定でき、
  より正確な診断・より効果的な治療を行うことができます。

- **網状赤血球の絶対数**が測定でき、
  貧血の状態をより正確に確認することができます。

- 臨床検査施設でも用いられている**レーザーフローサイトメトリー**
  により、迅速かつ高度な診療アプローチが可能になります。

レーザーサイトに関するお問い合わせ、
デモのご要望につきましては下記

📞 **0120-71-4921**
E-mail info-jp@idexx.com
までお問い合わせください。

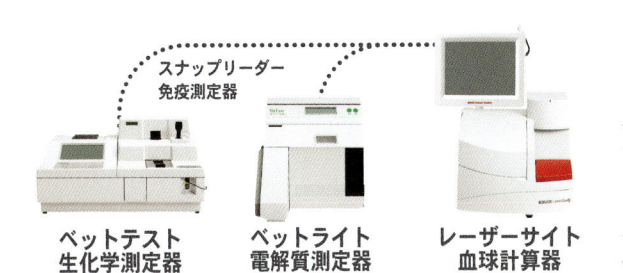

スナップリーダー
免疫測定器

ベットテスト
生化学測定器

ベットライト
電解質測定器

レーザーサイト
血球計算器

ベットラボステーションにより、
アイデックスの全ての院内検査機器
（レーザーサイト、ベットテスト、
スナップリーダー、ベットライト）の
一括管理が可能となります。

Practice what's possible®

IDEXX LABORATORIES

アイデックス ラボラトリーズ株式会社
〒181-8608　東京都三鷹市北野3-3-7
http://www.idexx.co.jp/

8 尿道カテーテル挿入法

アドバイス

尿道内にカテーテルを挿入する際に，以下のような目的に合致しているかを考える。
1. 尿の分析や細菌培養を行いたいときに，経皮的膀胱穿刺で尿が採取できない場合。
2. 膀胱・尿道（前立腺の導管を含む）に直接薬剤やX線造影剤を投与する場合。
3. 持続的導尿をさせる場合（尿量のモニターなどが必要なとき）。
4. 尿道閉塞を取り除くため。
5. 合併症として尿道，膀胱および腟の損傷，尿路感染があるので，それらに十分注意するとともに，それらのリスクを上回る利益がある場合にのみ考慮する。

泌尿器・生殖器の解剖学的位置を理解し，動物のサイズから，それらの距離を推測して操作を行うようにし，動物の消毒，器具の滅菌，無菌的操作などの感染予防を心がける。また，助手や飼い主の協力を得て，必要により鎮静・麻酔処置を実施し，安全で動物に対し苦痛のない操作が必要となる。

膀胱，尿道，腟の状態（炎症，外傷，結石の有無など）を十分に把握し，合併症を起こさないように実施する。手技は動物種，性別によって異なり，動物の性格によって保定方法，鎮静剤の必要性を検討する必要がある。本稿では，一般的な体位について記載するので，実際には症例にあわせて工夫するよう努める。

準備するもの

- 手術用消毒液（ポビドンヨードまたはクロルヘキシジン），洗浄用生食液または滅菌水
- 手術用滅菌手袋
- 滅菌潤滑ゼリー（キシロカインゼリー）
- 滅菌尿道カテーテル
- 注射用シリンジ：1 ml（局所麻酔注入用）および12 ml（尿吸引または滅菌生食液注入用）
- 加圧用（尿閉の場合）滅菌生食液
- 腟鏡
- 耳鏡
- 留置する必要がある場合は，ナイロン糸，粘着テープ

手技の手順

保定：
1. 動物を落ち着かせ，安全に清潔に操作を行うには，助手や飼い主の協力が必要である。
2. 尿道カテーテルの挿入に適した体位は，雄犬では立位か横臥位，雌犬では立位，雄猫および雌猫では横臥位が基本であるが，動物の様子をみて工夫する必要がある。
3. 動物によって，とくに雌猫は鎮静剤が必要なこともある。

準備：
1. 手術用消毒液で包皮や外陰部のまわりを十分に消毒する。
2. カテーテルを留置し，持続的に導尿させるときには，周囲の剃毛を行う。
3. 術者は，手を消毒し，必要であれば滅菌した手袋を装着する。

雄犬：
1. 助手は，術者側にある犬の後肢を外転または後引する。
2. 包皮を陰茎の基部方向にめくりあげ，陰茎を3～5 cmぐらい露出させる。
3. カテーテルに滅菌した潤滑ゼリーを塗り，尿道口から挿入する。

雌犬：
1. 動物を立位に保定し，操作の間，助手は腰を下げないように犬の腹部を支えておき，尾が長い場合は横によける。上に強くもちあげると動物がいやがり保定が困難になったり，排便したりすることがある。
2. 0.5％リドカインが0.3～0.5 ml入った1 mlの注射器（針なし）に潤滑ゼリーを塗り，腟内4～5 cmの位置

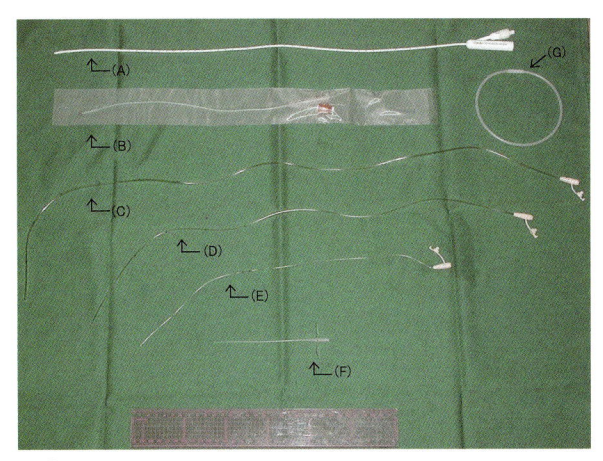

図❶　カテーテル

(A)フォーリンカテーテル（COOK VETERINARY PRODUCTS），サイズ：8フレンチ，全長：55cm
(B)フォーリーカテーテル（富士システムズ），サイズ：6フレンチ，全長：33cm
(C)アトム多用途チューブ（アトム），サイズ：8フレンチ，全長：80cm
(D)アトム多用途チューブ（アトム），サイズ：6フレンチ，全長：60cm
(E)アトム栄養カテーテル（アトム），サイズ：3フレンチ，全長：40cm
(F)トムキャットカテーテル（日本シャーウッド），サイズ：3.5フレンチ，全長：14cm
(G)ワイヤーガイドスタイレット

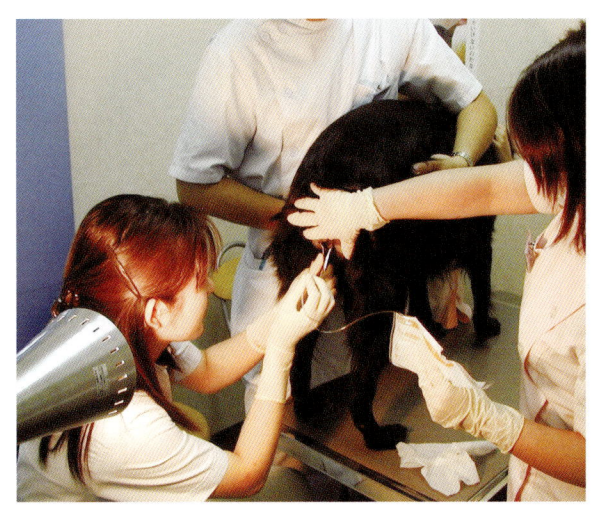

図❷　雌犬外貌

に局所麻酔を注入する。
3．腟鏡とカテーテルに潤滑ゼリーを塗り，腟鏡の先端を背側に向けながら陰核窩を避けるように腟に挿入し，骨盤に入ったら水平方向にする。
4．腟鏡を通し外陰開口部から3〜5cm奥の腹側にある尿道口にカテーテルを挿入する。また，術者が触診にて尿道乳頭が十分に確認できる場合には，用手法によって行う。
5．滅菌手袋をはめ，十分に潤滑ゼリーをつけた人差し指を腟内に挿入し，3〜5cm入った腟床にある尿道乳頭を触診する。指を尿道乳頭に乗せておきながら，指の下からゆっくりカテーテルを乳頭に向かって進め，尿道へ挿入する。

雄猫：

1．閉塞性や短期挿入の場合，カテーテルはオープンエンド（先穴）を，留置目的の場合はクローズドエンド（横穴）を使う。
2．術者が右利きの場合は，助手は猫を右横臥に保定し，尾を背側にそらさせる。
3．術者は陰茎を包皮から十分に露出し，左手で陰茎を保持して潤滑ゼリーを塗ったカテーテルを挿入する。
4．尿道が砂粒状の結石などで詰まっている場合は，まず陰茎先端に閉塞がないかを確認し，ある場合には親指と人差し指で遠位方向に軽くマッサージする。
5．これがうまくいかない場合に，カテーテルが容易に挿入できるところまで入れた後，尿道口をカテーテルごと指でつまんで尿道口とカテーテル接続部の隙間をふさぎカテーテルの根元に注射器を取りつけ，滅菌生食液を加圧注入して尿道を洗浄する。
6．このときに過度な圧力や流入量で尿道損傷や膀胱破裂を起こさないように注意する必要がある。この操作は，血管留置針の外筒を利用して行うこともできる。

雌猫：

1．雄猫と同様の体位で保定し，雌犬で行ったように0.5％リドカイン（0.2〜0.3ml）の入った1mlの注射器（針なし）に潤滑ゼリーを塗り，腟内2.5cmの位置に局所麻酔を注入する。
2．耳鏡のスペキュラーに潤滑ゼリーを塗り腟に挿入し，尿道口の位置，状態を観察する。
3．次に術者は陰唇を後方に牽引しながらカテーテルの先端を腟の腹側に沿わせながらゆっくり挿入し，腟内0.7〜1cmの所にある尿道口に滑り込ませる。
4．猫の腟は，腟鏡を挿入するには小さすぎるため，カテーテル挿入は盲目的方法で根気よく繰り返し挑戦することで挿入できる。

カテーテルの操作：

1．尿道に挿入するときにカテーテルを汚染しないように，カテーテルの根元は袋から出さずにおくか，軽く巻き宙に浮かせた状態で操作する。

図❸　雌犬腟鏡

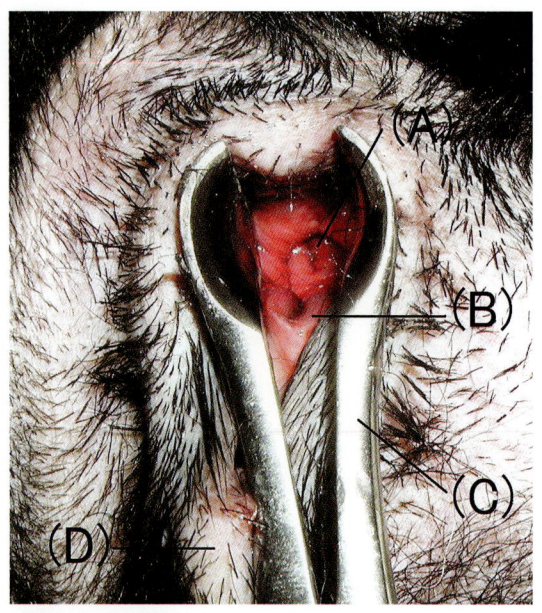

(A)尿道口
(B)陰核窩
(C)腟鏡
(D)陰唇

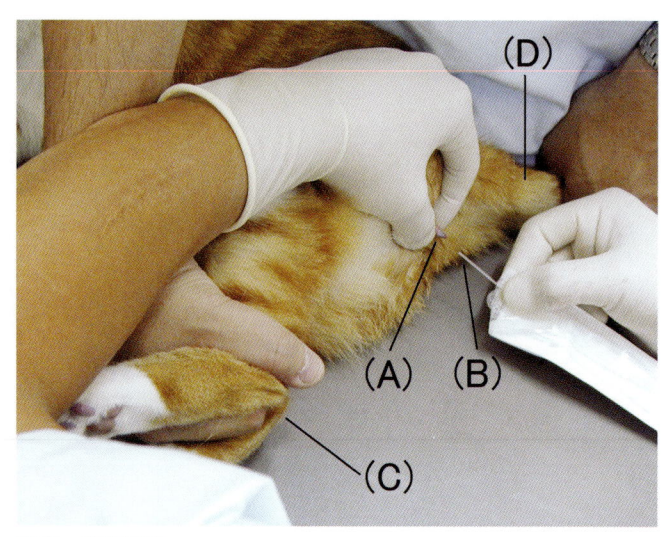

図❹　雄猫挿入

(A)陰茎を包皮から露出
(B)尿道カテーテル
(C)猫の後肢
(D)猫の尾

2．カテーテルをゆっくり抵抗なく膀胱まで挿入し，カテーテル内に尿が流出することを確認する。
3．膀胱内に尿が貯留しているにもかかわらず出てこないときは，カテーテルを2～3cm出し入れして位置をかえるか，カテーテル基部に注射器をつけ，強い陰圧をかけずに吸引する。
4．採尿後ゆっくりとカテーテルを引き抜く。

逆行性尿路造影を行う場合：

1．腹腔内マス陰影と膀胱との位置関係をみるときや，膀胱憩室，膀胱粘膜面の肥厚，腫瘍などを観察するときなどに，陰性造影，陽性造影，2重造影を行うため尿道カテーテル挿入が必要になる。
2．膀胱内にヨード系造影剤を注入した後は，医原性膀胱炎を予防するため滅菌生食液で洗浄する。
3．尿道，前立腺尿道を観察したい場合には，カテーテルを陰茎から少し入れたところに留め，陰茎をカテーテルごと指で圧迫し，造影剤を入れた瞬間にX線撮影を行う。

持続導入をする場合：

1．カテーテル挿入後，ナイロン糸でカテーテルを編みあげるように縫合したり，2枚の粘着テープでカテーテルをはさみ，翼状の「バタフライ」テープをつくる。
2．次にその部分を利用したりして，包皮や外陰部入り口の皮膚および周囲の皮膚に固定し，滅菌したチューブ（静脈内輸液セット）を用いて閉鎖導尿を行う。
3．フォーリーカテーテルを挿入固定するときにはカフが膀胱内にあることを確認し，カフをふくらませる。トムキャットカテーテルの付属アダプターを利用すると容易に縫合ができる。
4．動物の状態や性格にもよるが，気にする場合はエリザベスカラーをつける。
5．尿道とカテーテルの隙間から尿が漏れることもあるので，1日2回尿道口とカテーテル接続部を消毒し，周囲の被毛も清潔に保つ。

失敗したときの対処法

通常，注意深く操作を行うことで安全に尿道カテーテルの挿入は可能であるが，起こりうる合併症としては，器具による腟，尿道乳頭の損傷，カテーテルによる尿道，膀胱の損傷および泌尿器，生殖器への感染症が考えられるので，事前に尿道カテーテル挿入の必要性とリスクを飼い主に十分に説明することが大切である。また，逆に失敗すると重篤な障害を引き起こすため，失敗しないことをまず心がける。さらに膀胱，尿道，腟などに炎症，外傷などがある場合には，損傷や感染を起こす危険性が高くなるので注意が必要である。

操作による損傷は，「どんな器具を使い，何をしているときに起こったのか」を理解すれば，何が起きているかが推測できるはずである。腟鏡を使用しているときの

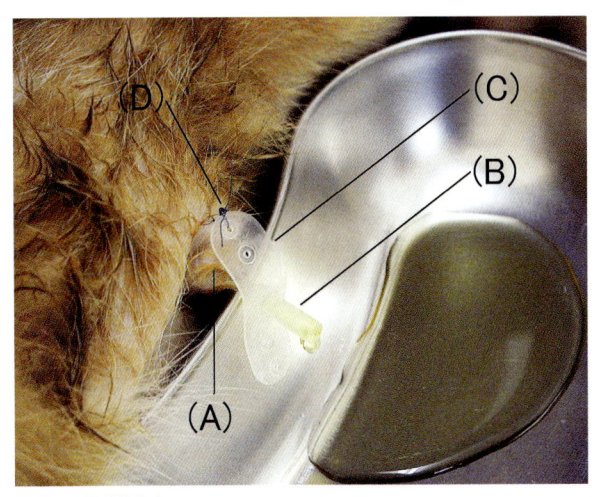

尿道カテーテル挿入法

図❺　雄猫縫合

(A)包皮
(B)尿道カテーテル
(C)尿道カテーテルアダプター
(D)包皮基部に縫合

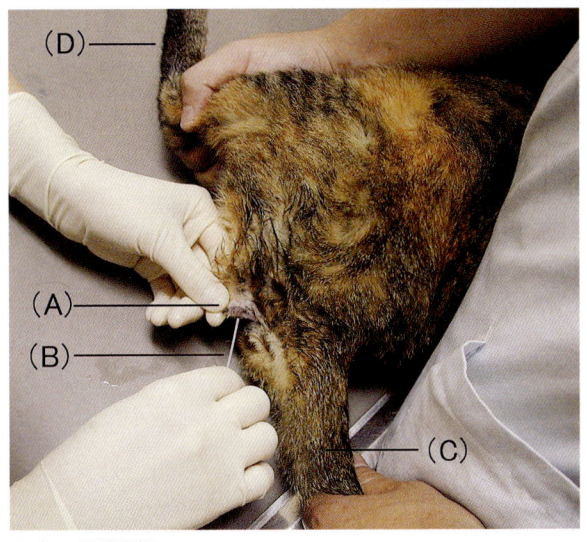

図❻　雌猫挿入

(A)陰唇を後方に牽引
(B)尿道カテーテル
(C)猫の尾
(D)猫の後肢

損傷出血は，腟鏡を抜くと通常すぐに落ち着くはずであるが，必要ならば圧迫止血を行う。尿道カテーテル挿入時に抵抗を感じたり，動物が痛がったり，出血をしたら挿入をすぐに中止し，カテーテルがどれぐらい入っているかを確認する。それによって損傷の部位を推測できる。また，必要であればX線検査（造影を含む）や超音波検査を行う。そこで，障害の程度を評価し，重篤でない場合はゆっくりカテーテルを抜き，そのときにも抵抗がある場合には再評価する。重篤な場合には外科的処置が必要になる。

感染症は，操作前の器具の滅菌，動物および術者の消毒，無菌的な処置で防げるが，その失敗がわかるのは処置後（場合によっては数日後）である。感染を起こしている部位と程度により対処は多少異なるが，抗生物質の全身投与と，必要であれば抗生物質を含んだ滅菌生食液による洗浄を行う。また，細菌培養による抗生物質の感受性試験が必要な場合もある。

器具の一覧

・アトム栄養カテーテル（アトム）
　材質：ポリ塩化ビニール
　　サイズ：3, 4, 5, 6フレンチ　全長：40cm
・アトム多用途チューブ（アトム）
　材質：ポリ塩化ビニール
　　サイズ：4, 6, 7, 8フレンチ
　　全長：40, 60, 70, 80cm

・フォーリーカテーテル（富士システムズ）
　材質：シリコーン
　　サイズ：6, 8, 10フレンチ　全長：33cm
・フォーリンカテーテル
　　　　　　　（COOK VETERINARY PRODUCTS）
　材質：シリコーン
　　サイズ：5, 6, 8, 10フレンチ
　　全長：30, 55cm
・トムキャットカテーテル（日本シャーウッド）
　材質：ポリプロピレン
　　サイズ：3.5フレンチ　全長：11, 14cm

尿道カテーテルサイズの指標

犬：アトム多用途チューブまたはフォーリーカテーテル
体重＜10kg　　　　　雄：3〜5フレンチ
　　　　　　　　　　雌：3〜5フレンチ
　10〜20kg　　　　　雄：5〜8フレンチ
　　　　　　　　　　雌：5〜8フレンチ
　＞20kg　　　　　　雄：8〜10フレンチ
　　　　　　　　　　雌：8フレンチ

猫：トムキャットカテーテル
　　雄：3.5フレンチ　雌：3.5フレンチ

・腟鏡
・耳鏡

大村知之（おおむら動物病院）

尿道カテーテル挿入法

コツ・ポイント

▶ 操作前に泌尿器・生殖器の解剖学的位置を理解し，動物のサイズから陰茎または外陰部から膀胱までの距離，外陰部入り口から尿道乳頭(尿道口)までの距離を推測する。

▶ 動物の消毒，器具の滅菌などの感染予防を心がける。

▶ 動物の苦痛を避けるように保定し，必要により鎮静・麻酔処置を利用することが安全な操作につながる。

▶ 尿道カテーテルの挿入は尿路系の結石の存在，尿道の狭窄がなければ抵抗なく行えるはずである。挿入時に抵抗があった場合には一旦中止し，カテーテルのサイズ，解剖学的距離などを再検討する。

VTに指導するときのポイント

　包皮や外陰部周囲および術者の手の消毒を十分に行い，カテーテル，腟鏡および耳鏡のスペキュラーの滅菌を実施して感染を予防する。

　安定している保定は，安全に尿道カテーテルを挿入するのには不可欠であるが，それにはできるだけ動物に苦痛を与えないことが必要で，そのために動物の性格にあわせて数人の助手によってやさしく保定したり，飼い主に声をかけてもらったり，鎮静剤や麻酔を利用したりして行うようにする。

　動物の大きさ，目的などによって，適切な尿道カテーテルの種類，太さ，長さを選択して，使用前にカテーテル表面がざらざらしていたり弱っているなどの欠陥がないか，通過障害がないかを確かめる。次に陰茎や外陰部から膀胱までの距離を想定して，膀胱内にカテーテルを挿入するのに必要な長さを見積もる。硬いカテーテルを膀胱に入れすぎると膀胱が収縮する妨げになったり粘膜を傷つける可能性があり，逆に柔らかいカテーテルを入れすぎると，折れ曲がって通過障害を起こしたりカテーテルで結び目をつくってしまう危険性がある。

　硬いカテーテルを使用するときにはとくに保定に注意し，尿道が直線に近くなるように心がける。また，挿入ガイドのためのスタイレット利用は，横穴カテーテルを使用し雌犬で腟鏡を利用して行うときに限り，尿道口に少し挿入できた時点でスタイレット挿入はやめ，以後カテーテルだけを挿入する。

　操作は，解剖学的形態や位置および距離を十分理解した後に行い，スムーズに挿入できなかったり，挿入距離がイメージと矛盾している場合は，腟，尿道および膀胱を傷つける危険性があるのですぐに挿入を中止する。組織に損傷がないかを評価し，カテーテルのサイズ，長さがあっているかを再検討する。尿道カテーテルを留置する場合は，毎日周囲の消毒を行うようにし，その期間は二次感染のことを考え最小限にとどめる。

ワクチンすんだ？
ウンすんだ

健康づくりには、確かなルールがある。

伴侶動物の生涯にわたる健康設計、そのルールをつくるのは、それぞれのホームドクター。先生とペットオーナーとの強いきづなは、これからの新しい時代にますます望まれていることです。

健康へのスタートは、ワクチン接種から。接種率の高い欧米諸国に比べ、まだまだ低いのが日本の現状です。

『ペットのげんきは家族のげんき』。元気がいっぱい！の基礎づくりのために、有効性の高い 高品質ワクチンをお届けしています。

絵：和田 誠

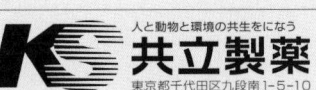

動物用医薬品

高品質 犬用総合予防ワクチン
デュラミューン®

デュラミューン5
- 犬ジステンパー
- 犬伝染性肝炎
- 犬アデノウイルス（2型）感染症
- 犬パラインフルエンザ
- 犬パルボウイルス感染症

デュラミューン6
- 犬ジステンパー
- 犬伝染性肝炎
- 犬アデノウイルス（2型）感染症
- 犬パラインフルエンザ
- 犬パルボウイルス感染症
- 犬コロナウイルス感染症

デュラミューン8
- 犬ジステンパー
- 犬伝染性肝炎
- 犬アデノウイルス（2型）感染症
- 犬パラインフルエンザ
- 犬パルボウイルス感染症
- 犬コロナウイルス感染症
- 犬レプトスピラ病

高品質 猫用総合予防ワクチン
フェロバックス®

猫用コアワクチン フェロバックス3
- 猫ウイルス性鼻気管炎
- 猫カリシウイルス感染症
- 猫汎白血球減少症

フェロバックス5
- 猫ウイルス性鼻気管炎
- 猫カリシウイルス感染症
- 猫汎白血球減少症
- 猫白血病
- クラミドフィラ フェリス感染症

高品質ワクチンをお届けして半世紀　人と動物と環境の共生をになう **共立製薬**
東京都千代田区九段南1-5-10

9 尿検査と評価法

アドバイス

　尿は全身を循環する血液から腎臓の糸球体濾過と尿細管の吸収・分泌機能を経て産生され，膀胱に蓄積され，尿道を通って排泄される。このため腎機能や尿路系の異常，そして糖尿病など全身性の異常のスクリーニング検査として有用である。尿は自然排尿，カテーテル尿，膀胱穿刺によるものが使用されるが，とくに自然排尿の採取では動物にまったく負担をかけず，カテーテルによる導尿も侵襲性は少ない。スクリーニング検査ではこれらが利用しやすい。もし異常所見がみられ，正確な性状検査や細菌検査を試みる場合には，尿道や外陰部からの混入物を避けるためカテーテル採尿または膀胱穿刺を考慮する。ただし，重度の膀胱炎では膀胱穿刺を控えたほうがよい場合もある。

準備するもの

- 遠心管：10〜15 ml の尖底管。スピッツ管が適当
- 遠心分離器：上記の遠心管にあったもの
- 尿試験紙：一般検査には pH，蛋白，潜血，糖，ケトン体，ビリルビンを測定できるものが適当
- 屈折計：尿比重用目盛りが備わったもの
- パスツールピペット：尿沈渣採取用。スポイトや小さなシリンジでも代用可
- スライドグラス：尿沈渣用
- カバーグラス：尿沈渣用。18mm×18mm
- 顕微鏡：尿沈渣観察用

手技の手順

1．一般性状

　尿の色調，清濁度，臭気などを確認・記録する。それぞれ異常がみられた場合には，尿中の異常成分の増加が疑われる。

2．尿試験紙検査

1）ストップウォッチあるいは時計をあわせる。
2）試験紙をケースから取り出し，尿中に短時間浸す。この時点から時間を計測する。
3）余分の尿を振ってはらう。
4）指示された正確な時間で，ケースの色調表とあわせる。
5）試験紙の色に相当する色調表の表示を記録する。

3．遠心分離

　1,500 rpm，5 分間遠心分離する

4．比重

　屈折計に尿の上清を1滴とり，血漿蛋白を測定する要領で行う。尿比重用の目盛りを読む。

5．尿沈渣

1）遠心後のスピッツ管から上清を捨てるか別の容器にとった上で，倒立させて立てておく。
2）そのままの状態で管口に付着した尿を濾紙またはティッシュに2〜4秒間吸い取らせ，上清尿が約0.1mlになるまで捨てる。
3）スピッツ管を通常通りに立て，数分間放置して管壁についている上清尿を下に落とす。
4）スピッツ管の底を軽く叩き，沈渣と上清を撹拌させる。
5）1滴（約15μl）とり，スライドグラスに落し，カバーグラス（18mm×18mm）をかける。
6）コンデンサーを絞り，鏡検。
　—100倍で沈渣の種類を概略検索する。円柱の数を記録（数は/LPFで表す）。
　—400倍で円柱の種類を確認。赤血球，白血球，上皮などの種類と数を記録（数は/HPFで表す）。

失敗したときの対処法

　例えば，遠心分離して沈渣を得たが，上清を捨てる前に撹拌してしまった場合などは，再度遠心分離すればよいが，尿検査の多くは，尿の取り扱いにミスが生じた場合，尿の採取からやり直さなければならないため，慎重に進めることが大切である。

器具の一覧

- 尿試験紙；Ames マルチスティック（バイエル・三共）
- 屈折計；卓上蛋白計 T2-SE（アタゴ）

コツ・ポイント

▶ 尿試験紙

a. 試験紙は湿度および直射日光に弱いため，容器に密封して保存し，検査直前に容器から取り出す。

b. 多量の尿と試験紙との接触は反応液を溶出させてしまうため，試験紙を尿に浸すのは一瞬で行い，過剰に付着した尿は速やかに取り除く。

c. 試験紙上に尿をのせて反応させてはならない。試験紙を節約しようと縦に2枚に切ったりしてはならない。

d. 検査項目によって反応時間や反応後の安定性に違いがあるため，指定の時間を守って評価する。

e. 色調を比較するため，明るい場所で評価する。

▶ 遠心分離

a. 低速遠心となるため，ブレーキ機能のついた遠心器はブレーキをOFFにする。ブレーキがかかると沈んだ沈渣が拡散してしまう。

b. 遠心後，遠心管を一気に逆さにし上清を捨てる。ゆっくりと傾けると沈渣も一緒に流れてしまう。

▶ 尿沈渣

a. 円柱は非常に壊れやすいため，沈渣の扱いはていねいに行う。

VTに指導するときのポイント

1. 尿はなるべく新鮮なものを用いる。pHの上昇やそれに伴う結晶の析出，細菌の増殖など様々な変化が生じてしまう。

2. 尿比重は尿の濃縮度を検査するため，遠心分離後の上清で測定を行うのが理想的であるが，混濁度が重度でなければ，遠心前と遠心後上清との数値に大差はない。

3. 細胞の損傷を最小にとどめるための遠心分離は2,000 rpm 以下，5分間であるが，円柱をなるべく壊さないように1,500 rpm，5分間が用いられる。

4. 尿沈渣にかかわらず湿潤標本は18mm×18mmのカバーグラスを用いる方がよい。大型のカバーグラスではしばしば顕微鏡の標本ステージに液体がこぼれてしまう。

5. 尿沈渣には様々な染色法があるが，染色液による沈渣の希釈や染色液内の不純物（結晶や細菌）の混入を防ぐため，まず無染色標本で評価する。この場合，所見に応じて適切な染色法を選択することもできる。

尿検査の評価

1．一般性状

　正常な尿の色調は藁黄色〜淡黄褐色であり，濃さは濃縮程度により変化する．赤色尿は尿路系の出血を示唆し，この場合，遠心分離により上清は透明となる．ヘモグロビン尿やミオグロビン尿はやや茶色がかった赤色を呈し，遠心後の上清も同様の色を呈する．ビリルビン尿では濃黄色〜茶色を呈し，緑色を帯びることもある．その他薬剤によって色調が変化することもある．尿の混濁は結晶，白血球，上皮細胞，粘液，細菌，脂肪滴，円柱，精子などに関連する．尿は独特の臭気を発し，これは濃縮程度や食事内容によって強弱がある．このため臭気の評価は困難であるが，ウレアーゼ産生菌増殖によるアンモニア臭やケトン尿に伴うアセトン臭などは異常所見ととらえられる．これらの異常に対する性状や詳細は続く試験紙検査や尿比重，沈渣検査にて確認することとなる．

2．尿試験紙

pH

概　要：肉食動物の尿pHは酸性を呈する．生体の酸-塩基平衡状態や尿細管機能，食事内容や食後，膀胱内の細菌増殖に伴いpHが変化する．

正常値：5.5〜7.0

異　常：酸-塩基平衡異常は全身徴候を伴うため，血液検査や血液ガスなど他の検査とあわせて評価することとなる．スクリーニング検査で問題となるのはアルカリ尿で，ストラバイト結晶および結石形成のリスクや膀胱内細菌増殖が考慮される．また結晶を評価する場合，尿pHが参照される．

蛋白

概　要：アルブミンより大きな分子量の蛋白は糸球体から濾過されない．尿中に有意なアルブミンが検出される場合，糸球体疾患が示唆される．

正常値：尿比重1.020以下では陰性．1.035以上では＋を示すことはあるが2＋以上になることはない．

異　常：軽度の陽性では尿路系の炎症や出血に伴うことが多い．尿沈渣もあわせて評価する．炎症所見がみられなかったり，高量の蛋白が出現する場合，尿蛋白／尿クレアチニン比を測定し，有意なものであるかを判定するとともに，腎臓の詳細な検査を実施する必要がある．また試験紙はアルブミンを測定しているため，Bence Jones蛋白などアルブミン以外の蛋白尿には反応しにくい．これらが疑われる場合には他の蛋白測定を考慮する．

潜血

概　要：尿中のヘモグロビンを検出する．陽性の場合，血尿とヘモグロビン尿との鑑別が必要となる．血尿の場合，尿路系の出血を示唆し，ヘモグロビン尿では血管内溶血性疾患が示唆される．

正常値：陰性

異　常：血尿とヘモグロビン尿との鑑別は尿沈渣で赤血球の有無を調べる．さらにヘモグロビン尿では血漿は赤色を呈し，CBCなどで基礎にある血管内溶血性疾患の所見が得られる．また試験紙はミオグロビンにも反応する．ミオグロビン尿では尿は赤色だが，血漿は黄色を呈する．正確には特異的検査が求められる．ミオグロビン尿は重度の筋肉損傷を示唆する．

糖

概　要：糸球体濾過はグルコースの通過の妨げにはならない．しかしながら，ほとんどが尿細管により再吸収されるため，尿中にグルコースは出現しない．尿糖がみられる場合，尿細管再吸収の閾値を上回るような持続性高血糖（糖尿病など），もしくは尿細管機能異常に由来する．

正常値：陰性

異　常：陽性がみられた場合，血糖値を測定し，高血糖によるものかを判定する．この場合，犬で180mg/dl以上，猫280mg/dl以上を示す．血糖値がそれより低い場合，尿細管の再吸収を阻害するような疾患に対するアプローチが求められる．

ケトン体

概　要：陽性はケトーシスを示唆する．試験紙はアセト酢酸に対する感度が高く，アセトンはその約1/10，β-ヒドロキシ酪酸には反応しない．

正常値：陰性

異　常：検出されれば異常．試験紙はβ-ヒドロキシ酪酸を検出しないため，重症度とは相関しない．飢餓や糖尿病で検出されることがある．とく

に糖尿病の評価において尿糖とともにケトアシドーシス併発の検出が重要。

ビリルビン

概　要：血液中のビリルビンの増加を示唆する。ビリルビン尿は臨床的な黄疸に先立って認められる。尿中に出現するビリルビンは抱合型であり，肝胆道系疾患が示唆されるが，多量の非抱合型が循環すれば，肝臓で抱合型が形成されること，さらに犬では腎臓でも抱合能を有し，腎臓の閾値も低いことから溶血性疾患でもビリルビン尿が認められる。

正常値：犬で尿比重1.020以上では＋を示すことがある。猫では陰性。

異　常：猫で陽性，犬で有意な陽性が示されたならば，肝胆道系疾患や溶血性疾患に対するアプローチが求められる。

ウロビリノーゲン

概　要：腸管内に排泄された胆汁中のビリルビンは腸内細菌の分解を受けて，ウロビリノーゲンとなる。これは腸管から吸収されて尿中に排泄される。

正常値：0.1〜1.0 Ehrlich unit

異常値：本来胆管閉塞の指標であるが，犬や猫では感度，特異性ともに十分ではないので評価しない。

比　重

概　要：糸球体濾過による原尿は等張尿であるが，生体の水和状態により尿細管での再吸収の調節を受けて，尿比重は変動する。

・低張尿：1.001〜1.007
・等張尿：1.008〜1.012
＊1.012〜1.030（犬），1.012〜1.035（猫）は臨床的には等張尿と同様の意義をもつ
・高張尿：1.030＜（犬），1.035＜（猫）

異常値：脱水があるのに高張尿でないなど持続的に不適切な比重を示す場合，異常と考ええられる。

・持続性低張尿：尿崩症など
・持続性等張尿：腎機能低下
・持続性高張尿：脱水，尿石症のリスク

3．尿沈渣

赤血球

尿路系の出血を示唆する。膀胱穿刺尿では〜3/HPF，カテーテル尿では〜5/HPF，自然排尿では〜7/HPFまでは正常でも認められる。出血後時間のたったものでは細胞内容物が溶出し，無色の赤血球の輪郭として確認される（赤血球ゴースト）。

白血球

尿路系の炎症を示唆する。自然排尿の場合，外陰部や包皮の炎症に由来することもあるため，必要に応じて，カテーテル採尿や膀胱穿刺による再検査を行う。標本中にみられる円形細胞が白血球であるかの確認は，風乾塗抹標本を作製し，細胞診用の染色を施すとわかりやすい。この場合，細菌の貪食像など細かな評価もできる。Sternheimer-Malbin染色では生きた細胞と死んだ細胞を区別することができる。

上皮細胞

扁平上皮，移行上皮，腎尿細管上皮などが出現する可能性がある。組織損傷，過形成，剥離に関連して認められるが，所見は他の検査所見とともに評価する。異常な集塊や多数の上皮がみられる場合には腫瘍との鑑別のため，新たに風乾塗抹標本を作製し，細胞診用の染色を施し評価する。

結　晶

生体内の代謝異常や膀胱内環境の増悪による結晶促進因子と阻止因子との平衡失調，そして尿濃縮による飽和の亢進によって結晶が析出する。結晶の存在により，尿石症のリスクの配慮，また結石を有する症例ではその成分が推測される。重要なものとして以下の結晶があげられる。

・リン酸アンモニウムマグネシウム：ストラバイト尿石症
・尿酸アンモニウム：肝不全（門脈体循環シャントや肝線維症など），ダルメシアン
・シュウ酸カルシウム：シュウ酸カルシウム尿石症，エチレングリコール中毒

円　柱

円柱は血漿成分と尿細管分泌蛋白が結合して寒天状物を形成したもので，尿細管傷害を示唆する（尿中に流出する性質上，ヘンレ係蹄より遠位）。その基本形態は

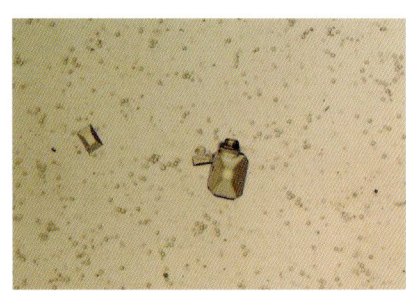

図❶　リン酸アンモニウムマグネシウム 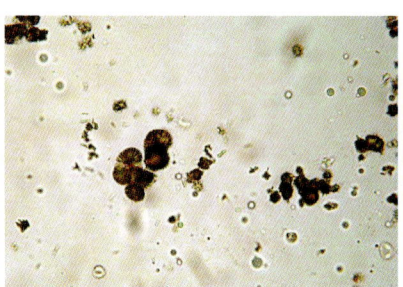　　図❷　尿酸アンモニウム 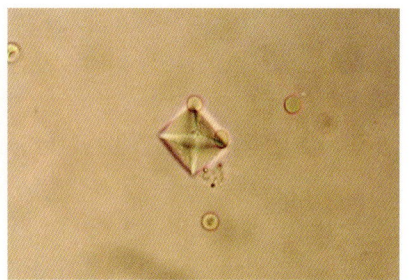　　図❸　シュウ酸カルシウム（二水和物）

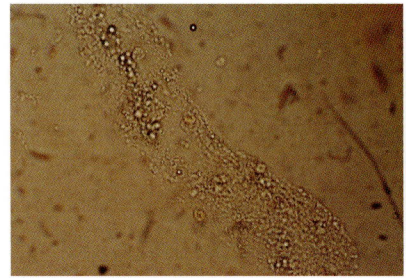

図❹　少数の顆粒を含む硝子円柱（硝子顆粒円柱） 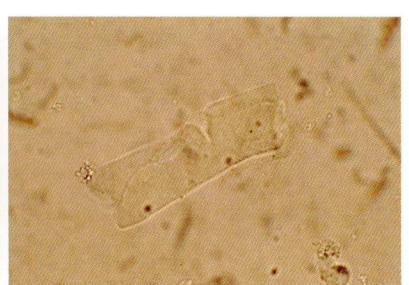　　図❺　蝋様円柱

硝子円柱で，内部に細胞を含有する場合，その細胞によって赤血球円柱，白血球円柱，上皮円柱などと呼ばれ，それぞれ尿細管内の出血，炎症，組織損傷などを示唆する。顆粒円柱の内容物は細胞の変性物や血漿蛋白に由来するが，細胞の変性による場合，12時間で粗顆粒円柱となり，48時間で細顆粒円柱となる。さらに数日を経ると蝋様円柱となる。蝋様円柱がみられた場合，円柱による長期の尿細管閉塞があったことが示唆される。円柱の存在により傷害の重症度は推測できるが，所見が治療の選択や変更，予後判定などに反映されるわけではない。他の検査所見の補助として用いられる。

細　菌

　尿路系の細菌感染を示唆するが，自然排尿では外陰部や包皮の炎症または体外での混入の可能性もある。通常，体外での細菌混入では，尿中に白血球反応を伴わないが，糖尿病や副腎皮質機能亢進症の尿では白血球反応なしに細菌の異常増殖がみられることがある。細胞崩壊物や無晶性結晶などの小顆粒と球菌と区別できない場合には風乾塗抹標本を作成し，細胞診用の染色を施すと鑑別しやすい。

福岡　淳（西荻動物病院）

QOLを考慮した信頼のブランド。
製品ラインナップ

協和のアガリクス茸とサメ軟骨

動物用栄養補助食品
アガリーペット® サメ軟骨
協和アガリクス茸/サメ軟骨パウダー

動物用栄養補助食品
アガリーペット®
協和アガリクス茸パウダー

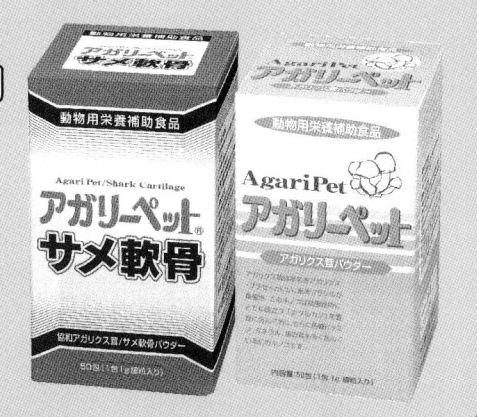

犬の外耳道炎治療薬

動物用医薬品
動物用十味敗毒湯エキス錠シンワ

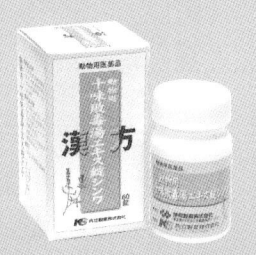

ヘルスカーボン

動物用健康補助食品
ネフガード協和

動物用健康補助食品
ネフガード協和 粒

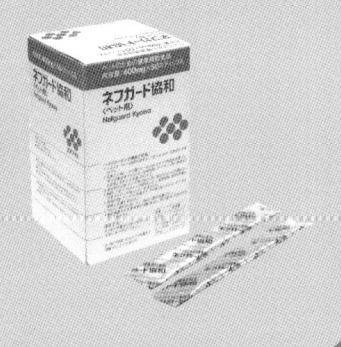

スキンケア用クリーム

動物用 **AHYP Cream** アイプクリーム
アセチルヒドロキシプロリンを2.5%配合

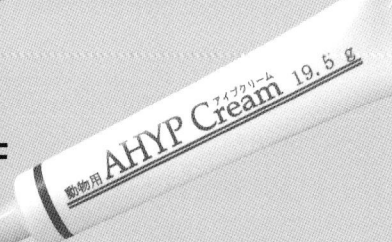

協和発酵工業株式会社
東京都千代田区大手町一丁目6番1号

共立製薬株式会社
東京都千代田区九段南1-5-10

10 血液検査と評価法

アドバイス

　血液検査は何らかの病気が疑われる症例以外にも，健康診断や麻酔実施前検査など多くの場面で実施される。動物の状態を把握するためには非常に有用であるが，その結果により診断や治療が異なってくる可能性があるため，手技および結果の解釈には正確さが必要である。また，正常範囲や基準値は検査機器により変動するので，自分の環境における特性を理解しておく。

　塗抹標本は少量の血液で大きな情報を与えてくれるので，血液検査時には必ず作製し，評価を行う。ただし，適切な塗抹標本作製には習熟が必要なので，開業までにしっかり身につけておく。

　血液検査が多くの情報を与えてくれるのは確かであるが，数値のみで全てのことがわかるわけではないので，検査実施の際にも主訴およびヒストリーの確認，身体検査は省略せずに十分に行う。

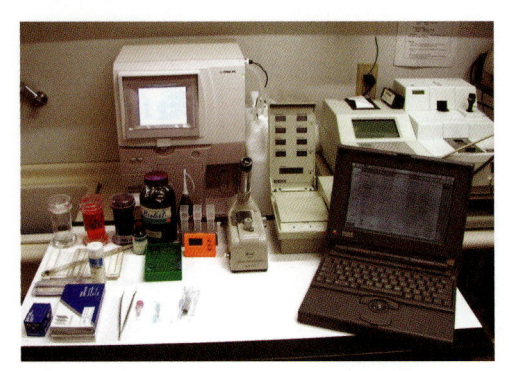

図❶　血液検査用の器材一式

準備するもの

- 採血用注射針筒と針，必要なら駆血帯
- EDTA-2K入り採血管
- ヘマトクリット用キャピラリー（プレイン），パテ，スケール，遠心機
- スライドグラス（塗抹標本作製用には薄手で平坦性に優れた脱脂済みがよい）
- カバー・グラス（サイズにより価格が異なるが通常は24×24㎜）
- 固定液（メタノール，キシロール）
- 染色液（ライト液，ギムザ液，迅速染色液），緩衝液
- 封入剤
- ピンセット
- 屈折計
- 黄疸指数スケール
- 血球分類用カウンター
- 血球計算機またはユノペット
- 自動血球計算機以外の場合，ヘモグロビン測定装置，血球計算盤
- フィブリノーゲン測定の場合，恒温水槽

手技の手順

1．塗抹を作製する

a. カバーグラスを用いた方法

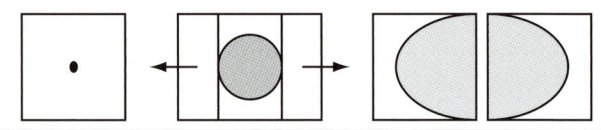

図❷　カバーグラス塗抹のつくり方

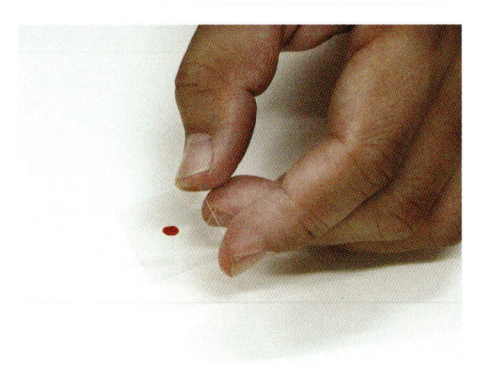

図❸-1　血液を1滴，爪楊枝の頭などでとる

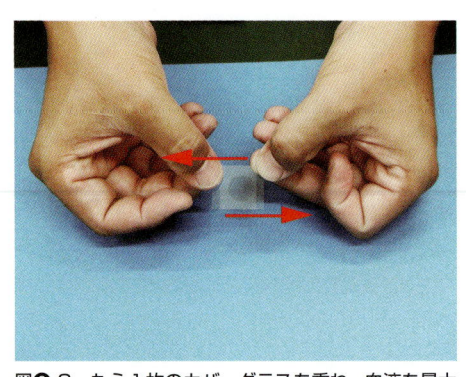

図❸-2　もう1枚のカバーグラスを重ね，血液を最大限に広げる

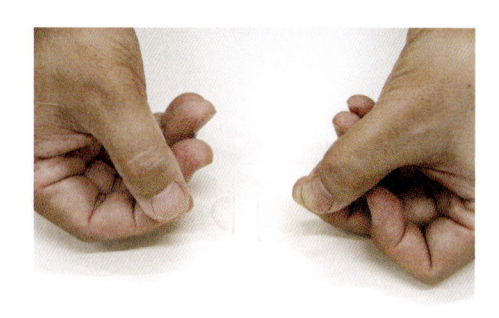

図❸-3 広がりが止まる直前に両方のカバーグラスを水平に引き離し，よく振って風乾する

b. スライドグラスを用いた方法

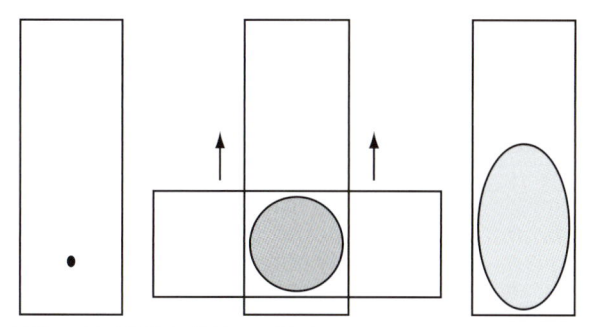

図❹ スライドグラス塗抹のつくり方

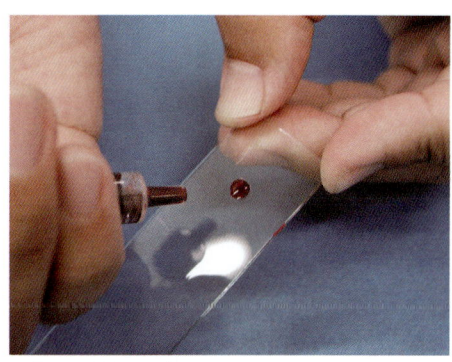

図❺-1 血液を1滴とる

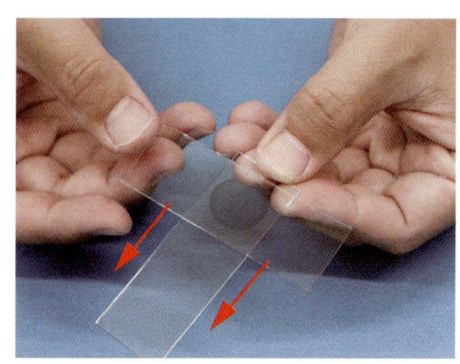

図❺-2 もう1枚のスライドグラスを静かに十字に重ね，血液を広げ上にのせたスライドグラスを水平にひく

2. 血液による測定を行う

a. 希釈作業が必要な自動血球計算機の場合はここでRBC，WBC (Plat)，Hbの希釈を行う。
b. ヘマトクリットキャピラリー遠心。
   （11,000～12,000 rpm，5分間）
c. 塗抹染色をはじめる。
d. Fib測定が必要な場合はヘマトクリットキャピラリーを恒温水槽に入れる。
e. 遠心後のキャピラリーでHt，II，TP測定。
f. Fib用のキャピラリーのTP測定。
g. RBC，WBC，Plat，Hb測定。
h. 染色後の乾燥した塗抹を封入し，鏡検。

3. 血液検査の評価

a. 白血球系の評価

・数的評価は必ず絶対数で行う（白血球各成分を％表示するのではない）。
・形態異常（中毒性変化，反応性変化，腫瘍性変化）はないか？
・通常みられない細胞が存在していないか？

1）炎症はあるのか？
   —桿状核好中球の有意な出現
   —単球増加症
   —好酸球増加症
   —成熟好中球も一般に25,000/μlを超えていれば慢性炎症が考えられるが，腫瘍性や免疫疾患による増加もあるので注意する

2）ストレス／コルチコステロイドの影響はあるのか？
   —一般に犬でも猫でもリンパ球減少症（＜1,500/μl）はストレスを示唆する所見

3）壊死はあるのか？
   —単球増加症

4）過敏症はあるのか？
   —好酸球増加症

5）血球減少症はあるのか？
   —好中球減少症
   —リンパ球減少症

コツ・ポイント

▶ 塗抹時
a. 塗抹に必要な血液の量の目安は，カバーグラスの場合はマッチ軸1滴，スライドグラスの場合はシリンジの先1滴。
b. カバーグラスは平坦で脱脂済みだが，スライドグラスは脱脂済みでないものもあるので，注意。脱脂済みではないものは，カバーグラスを張りつけるには使用できるが，塗抹作成には不向き。
c. 塗抹後は標本のでき具合を確認する前に，とにかくすぐに風乾する。ドライヤーをかけてもよい。
d. 塗抹標本はホルマリンガスを避けて保存すれば未固定のまま数日は保存可能。

▶ 染色
a. 染色に問題がある場合は新しい固定液を使用。固定にはビンの中にメタノールを入れて長い間使う方法はよくない。常に新しいメタノールを塗抹にかける。緩衝液（pHの変動に注意），染色液にも注意。
b. スライド表面を濡らしたり，さわったりしない。

▶ 血球計算時
a. 血液は放置すると採血管内で血球成分が沈澱するため適度に撹拌して検査に用いる。
b. MCV値：秋田犬は正常でも約60（55～60）flで小球性。プードルは貧血がなくても80fl以上の大球性のこともあり。

▶ 鏡検時
a. 白血球分類は40倍の対物レンズで行う。
b. 初学者ほどよい顕微鏡が必要。
c. 網赤血球，ハインツ小体はニューメチレンブルー染色がみやすい。
d. 安定して塗抹標本が作製できるようになり，使用する顕微鏡の特性を理解すると，塗抹で概略の白血球数，血小板数が推測できる。
e. 軽度な失血や溶血時はそれほど強く網赤血球が増加しないので，非再生性に分類されたり気づかれないことがある。

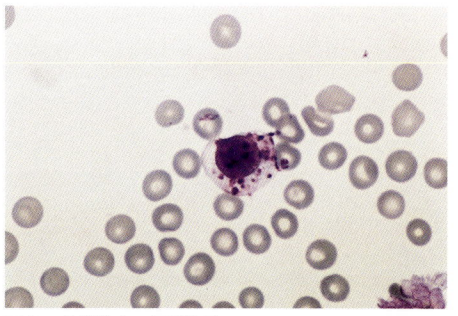

図❻　末梢血中の肥満細胞

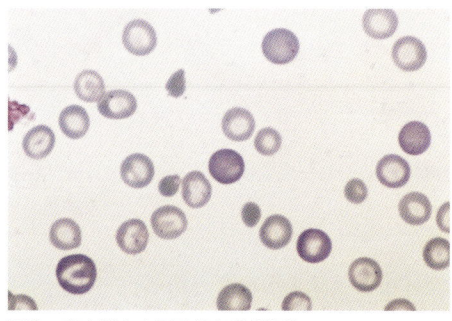

図❼　赤血球大小不同および多染性

表❶　網赤血球実数と貧血に対する再生反応

再生の程度	網赤血球数（凝集型）	
	犬	猫
なし	＜60,000	＜15,000
軽度	150,000	50,000
中程度	300,000	100,000
高度	＞500,000	＞200,000

表❷　MCVとMCHCによる貧血の分類（その1）

MCV	MCHC	形態学的分類	貧血の性状
↑	↓	大球性低色素性	再生性貧血
→	→	正球性正色素性	非再生性貧血
↓	→↓	小球性低（正）色素性	鉄欠乏性貧血*
↑	→	大球性正色素性	赤血球熟成異常*

* これらも通常，非再生性であるが赤血球のサイズが通常の非再生性貧血と異なる。

6）異常な細胞の出現は？
　―成熟リンパ球増加は免疫刺激あるいは慢性リンパ球性白血病を示唆
　―芽球の出現，分類不能細胞。その出現は血液腫瘍性疾患を示唆
　―肥満細胞の出現は一般に異常所見（図❻）
　―プラズマ細胞の出現は多発性骨髄腫を疑う所見

b. 赤血球系の評価
・RBC，Hb，PCVのいずれか，あるいは全ての低下は貧血。
・再生性貧血（図❼および表❸）か，非再生性貧血かを分類し，次に原因について検討。
　―網赤血球数％を出し，赤血球数にかけて実数を得る（表❶）

血液検査と評価法

表❸ 貧血の鑑別診断リスト

再生性貧血
1. 急性出血性
2. 溶血性
   a. ヘモプラズマ症（猫）
   b. バベシア症（犬）
   c. ハインツ小体溶血性貧血
   d. 免疫介在性溶血性貧血
   e. 肝疾患による溶血性貧血
   f. 低リン血症による溶血性貧血
   g. その他の溶血性貧血

非再生性貧血
1. 軽度から中等度の正球性正色素性
   a. 炎症性疾患による貧血
   b. 慢性腎不全による貧血
   c. 甲状腺機能低下症による貧血
2. 骨髄赤芽球系の低形成・無形成による重度の正球性正色素性
   a. 赤芽球系低形成
   b. 赤芽球癆
   c. 骨髄癆
   d. 再生不良性貧血
   e. 赤芽球系腫瘍化
3. 菲薄赤血球の出現を伴う小球性
   a. 鉄欠乏性貧血

表❹ MCVとMCHCによる貧血の分類（その2）

小球性低色素性	鉄欠乏性貧血，鉄代謝障害，慢性失血による鉄の消費 ノミ・ダニ濃厚寄生 消化管出血 腫瘍など まれに門脈体循環シャント，慢性炎症
正球性正色素性	赤血球産生の抑制 慢性炎症 慢性腎不全 肝疾患 内分泌性障害 腫瘍 骨髄低形成 急性出血 FeLV感染症 鉄欠乏の初期 再生が起こる前の急性出血直後
大球性正色素性	FeLV関連疾患 骨髄増殖性疾患 栄養（ビタミンB_{12}／葉酸）欠乏（まれ） プードル（健康なプードルでみられ，貧血ではない）
大球性低色素性	急性失血（数日前から） 溶血 ヘモバルトネラ（猫） バベシア（犬） ハインツ小体 IHA（免疫介在性溶血性貧血） VCS（大静脈症候群） レプトスピラ症 中毒

- 網赤血球実数の計算式

  網赤血球絶対数（/μl）
  ＝網赤血球(%)×患者の赤血球数($\times 10^6/\mu$l)

  猫では通常，凝集型のみカウントする。

  ―MCV，MCHCから大球性低色素性，正球性正色素性，小球性低色素性など貧血の形態的分類を行い，除外リストに進む（表❷，表❹）

- MCV，MCHCの評価は，再生産および非再生産の鑑別には有用だが，網赤血球測定で骨髄の反応をみることも重要。網赤血球の寿命は約1日なので，増加は造血の活発さを反映する。
- 猫ではFeLV，FIVを検査する。
- 赤血球増加症について検討。
- 血小板の消失や異常形態（大小不同，巨大血小板）の有無。

c. 血小板の評価
- 血小板減少症。

  検査エラーの有無，検体が不適ではないか？
  200,000～100,000/μlの場合，フォローアップし，再評価。
  100,000/μlを下回ったら診断のアプローチ開始，骨髄穿刺を考慮。

失敗したときの対処法

基本的には，おかしいと感じたら再測定・再評価。

1. ヘマトクリット管のPCVと機器のPCVが一致しない

検査時血液の撹拌不足，または希釈および測定エラーが考えられるので，血液を十分に混ぜてPCVを再検査する。

2. ヘモグロビン値がおかしい

通常はPCV：Hbの比は大体3：1。
溶血およびハインツ小体の有無を確認し，必要なら再測定。

3. 塗抹標本上の白血球数の概算と測定したWBC数が一致しない

不適切な検体での塗抹（撹拌不足など），塗抹の失敗（白血球が塗抹の辺縁部に偏在など，WBC測定エラーが考えられるので，再度塗抹作製とWBC再測定）。

血液検査と評価法

4. 塗抹標本が異常に染まる（赤血球まで青〜緑，異常に赤いなど）

染色時間を長短する，洗浄を十分にする，薄めの塗抹を作製する，固定液を新しくする，染色液や固定液のpHをチェックするか新しいものにかえる，固定前に十分風乾する，新しいスライドまたはカバーグラスを使用，封入前に完全に乾燥させる。

過剰に染色された場合，95％のメタノールで脱染色して再染色。

5. 血小板数の異常

猫の血小板数は自動血球計算機では正確に出ないので，異常値が出た場合や塗抹上で明らかに少ない場合はユノペット（No.5855）やIDEXX QBC Autoreaderなどで再測定する。

血液塗抹の油浸レンズ1視野に血小板10個あれば血小板数は概算で2500,00/μl。

器具の一覧

- 採血管：EDTA-2K入りのもの
- スライドグラス：MICRO SLIDE GLASS 76×26㎜（MATSUNAMI）
- カバーグラス：MICRO COVER GLASS 24×24㎜（MATSUNAMI）
- ヘマトクリット管：テルモキャピラリー　プレーン
- 毛細管用シールパテ：テルモシール
- 屈折計：ERMA Clinical Refractometer
- 自動血球計算機：日本光電，シスメックス，フクダ・エムイーなど各社より自動機器が販売されている。またバフィーコート分析機器として，IDEXX QBC Auto-readerが販売されている。
- 白血球分類用カウンターソフト：MKSのマック用セルカウンター
（http://www.yo.rim.or.jp/~mks/4V/MKSdown.html）
- 染色液：
国際試薬；ディフ・クイック（品番16920）
メルク；ライト染色液 50ml　Q6251
メルク；ギムザ染色液 50ml　3Z073
ムトー化学；M/15リン酸緩衝液（pH6.4）　500ml
- 封入剤：応研商事　Bioleit
- メタノール（試薬）
- キシレン（試薬）
- 歯科用ピンセット

松村　靖（稲員犬猫香椎病院）

VTに指導するときのポイント

1. 数値（とくに白血球）が変動するので，採血時になるべく動物を興奮させない。
2. 抗凝固剤を間違えないこと（CBCにはEDTA以外は使用しないこと）。
3. 血球測定前に血液を十分に撹拌すること。
4. 異常値がみられたときは獣医師に報告し，再測定など指示をあおぐこと。
5. 塗抹標本は封入まで塗抹面をさわったりせず，またゴミがのらないようにすること。
6. 塗抹標本のチェックポイント
   a．血小板の有無と数（白血球1個につきどの位あるか），形態は？
   b．赤血球の凝集や連銭形成がないか？
   c．赤血球の大小不同はないか？
   d．やや青く染まる赤血球（多染性赤血球）がないか？
   e．形の異常な赤血球（奇形，菲薄，標的など）はないか？
   f．赤血球上に異常な物（ハインツ小体，封入体，寄生虫など）は存在しないか？
   g．白血球の数は多すぎたり少なすぎたりしないか？
   h．異常な形の白血球は存在しないか？
   i．赤芽球（有核赤血球）が出現していないか？
   j．白血球の分類を行い，異常な数値はないか？
   k．犬の場合，ミクロフィラリアが存在しないか？

Size does Matter

Sysmex

動物用
多項目自動血球計数装置
pocH-100*iV*
動物用医療用具承認番号
15消安第1678号

●パンフレット、資料は下記にご請求ください。

製造販売元
シスメックス株式会社　FUTURISTIC PULSE

本　　社　神戸市中央区脇浜海岸通1丁目5番1号　〒651-0073　TEL(078)265-0500(代)
URL=http://www.sysmex.co.jp
営業推進本部　神　戸(078)992-6124

発売元
トーアメディカル株式会社
神戸市西区室谷1丁目3番地の2　〒651-2241
TEL(078)992-6921　FAX(078)992-6922

この写真はイメージです。

マネジメントシステム認証取得
Certified Management System
・ISO 9001, JIS Q 9001
・ISO 14001, JIS Q 14001
・ISO 13485

11 糞便検査と評価法

アドバイス

　糞便検査は下痢等の腸疾患の診断に有益な検査であり，肉眼検査，顕微鏡検査，生化学検査，培養検査，免疫学的検査等がある。このうち，通常院内でよく行われるのは肉眼検査，顕微鏡検査であろう。肉眼検査は主に病変が小腸性か大腸性かの判定に重要である。顕微鏡検査は寄生虫検査と細胞診，スダンIII染色試験，ルゴール染色試験に分けられる。寄生虫検査は成犬，成猫の健康診断，子犬，子猫の初診時のスクリーニング検査としても行われる。定期的な駆虫プログラムを行う際にも重要である。細胞診は腸内の炎症，腫瘍の存在，消化不良等を調べるために有用である。スダンIII染色試験は便中の脂肪の検出に，ルゴール染色試験は便中の澱粉の検出に用いられ，かつては膵外分泌不全の診断補助として有用と考えられていたが，現在では，血中のトリプシン様免疫反応物質（TLI）の測定にとってかわられている。

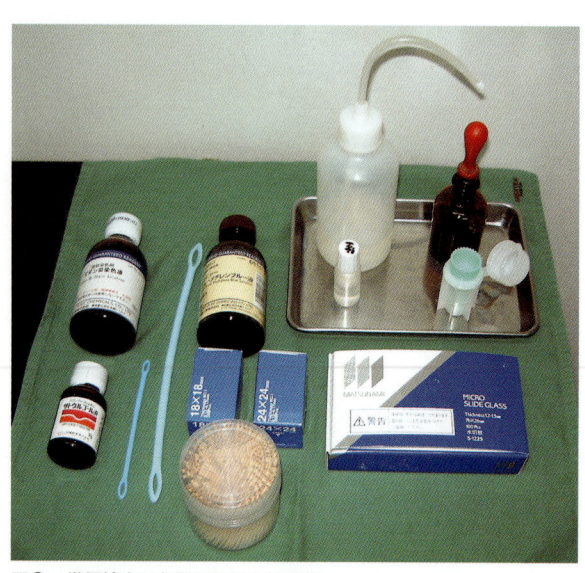

図❶　糞便検査に必要な器具と検査薬

準備するもの❶

- 顕微鏡
- 採便棒
- スライドグラス
- カバーグラス（18mm×18mm）
- 検査用グローブ
- 生理食塩水（点眼瓶に分注）
- 飽和食塩水（洗浄瓶内に作成）
- ニューメチレンブルー染色液
- 50%（W/W）硫酸亜鉛水溶液
- 10ml試験管
- キャピラリーピペット
- 爪楊枝
- フェカライザー
- バッド（金属製あるいはプラスチック製）

手技の手順

1．肉眼的検査

以下の項目をチェックする
1）糞便量
2）固さ
3）色
4）臭気
5）粘液付着の有無
6）血液成分の混入・付着
7）寄生虫の虫体の出現

2．寄生虫検査直接法，細胞診

1）爪楊枝を用いて少量の糞便をスライドグラスの上に2カ所のせる。
2）生理食塩水，ニューメチレンブルー染色液を少量糞便の上に滴下する。
3）再び爪楊枝を用いて，糞便を希釈する（図❷）。
4）カバーグラスをのせて，鏡検する。
5）または便の塗抹を作製し，ニューメチレンブルー染色，あるいはライトギムザ染色を行う。

3．寄生虫検査，飽和食塩水浮遊法

1）フェカライザーの内筒を用いて糞便をすくって，外筒に軽く差し込む。
2）飽和食塩水をフェカライザーの外筒の三角の目印の頂点まで注ぐ。
3）内筒を左右に動かし，糞便をよく撹拌する。
4）内筒を外筒がカチッと音がするまで差し込む。
5）飽和食塩水を表面張力で水面が盛りあがるまで徐々

図❷ 生理食塩水，ニューメチレンブルー染色液を滴下し，糞便を希釈する

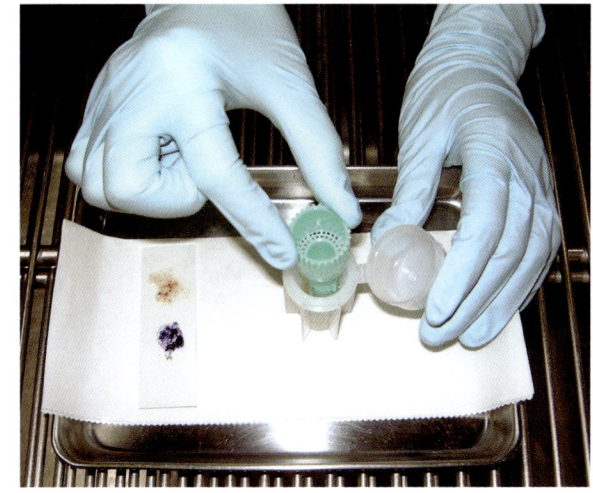

図❸ 糞便検査はグローブを装着し，パッドの上で行う

に注ぐ。
6）カバーグラスをのせ，15〜20分静置する。
7）静置後，カバーグラスを取り，スライドグラスにのせて鏡検する。

4．硫酸亜鉛遠心浮遊法

1）この方法では，一般の寄生虫卵に加え，ジアルジアの検出感度が非常に高くなる。
2）水100mlに硫酸亜鉛50gを溶解し，50％(w/w)硫酸亜鉛（比重1.112）を作製する。
3）糞便0.5gを水2〜3mlに10ml試験管で溶解する。
4）水を加えて全量を10mlにする。
5）ガーゼでろ過する。
6）ろ液を2,000rpmで2分間遠心する。
7）上清を捨てて，沈渣と50％硫酸亜鉛水溶液で溶解する。液量は試験管の上から1〜2cmにしておく。
8）2,000rpmで2分間遠心する。
9）液面からピペットで採取し，スライドグラス上にのせて鏡検する。

評価法

1．肉眼的検査

個々の項目で以下のように判定する。
a．便量；多い場合は小腸性，少ない場合は大腸性
b．固さ；固すぎる場合は便秘，軟らかすぎる・水様性の場合は下痢
c．色；茶褐色；正常，暗赤色の血便；胃・小腸からの出血，赤色の血便；大腸からの出血，脂肪便（明るい色調で油状）；小腸性，白色便；胆管閉塞。
d．臭気；強い場合は小腸性の場合が多い
e．粘液；粘液が付着している場合ほとんどが大腸性

2．寄生虫検査直接法，浮遊法

虫卵，コクシジウムのオーシスト，ジアルジアの有無を確認。

3．細胞診

a．回転運動を行うらせん形の菌の有無を確認する。出現した場合にはカンピロバクターの存在が疑われるが，形態学的には胃のヘリコバクターと区別はつかない。したがって診断には培養が必要となる。
b．大型の桿菌，芽胞桿菌等の出現，桿菌と球菌の出現の割合を確認し，どちらが多めかを記しておく。正常では桿菌・球菌ともに認められ，桿菌のみ，球菌のみということはない。大型の芽胞桿菌が多く認められることもない。
c．ニューメチレンブルー染色標本で出現している細胞を判別する。赤血球の多数出現は消化管の潰瘍を，白血球の多数出現は大腸炎を示唆する。異型性の強い細胞が出現すれば腫瘍の可能性も示唆される。
d．未消化の筋線維も染色標本の方で確認する。
e．芽胞桿菌の存在だけで，クロストリジウムパーフリンゲンスの感染と診断してはならない。診断には培養ならびに，血中のエンテロトキシン（ELISA）陽性結果が必須である。

失敗したときの対処法

糞便を直接手でさわってしまった場合は，すぐに手術

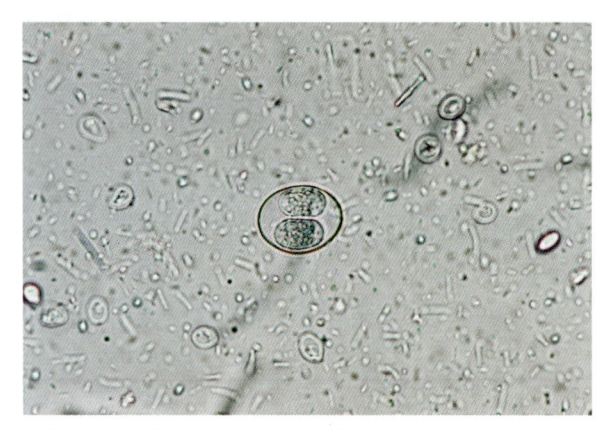

図❹ コクシジウムのオーシスト（×400）

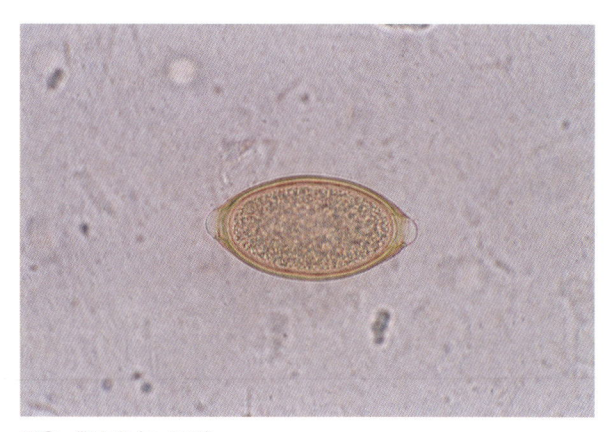

図❺ 鞭虫卵（×400）

用の手指消毒剤で洗浄する。糞便で周囲を汚してしまった場合は速やかにふき取り，塩素系消毒薬で消毒する。これらのようにならないためにも作業はグローブを装着し，バッドの上で行う（図❸）。

器具の一覧

・顕微鏡
・スライドグラス，カバーグラス（松浪硝子）
・フェカライザー（販売元 フジタ製薬）
・ブレヒャーニューメチレンブルー染色液（武藤化学）
・検査用グローブ：グロベックス　ニトリル（販売元 テルモ）

草野道夫（くさの動物病院）

コツ・ポイント

▶糞便検査には新鮮な糞便を用いる（時間が経過すると寄生虫卵形態の変化等が認められ，鏡検が困難になるため）。

▶作業はバッドの上で行う（周囲への汚染を避けるため）。

▶顕微鏡を汚さないように注意する。

▶糞便の希釈等を行う際には検査用グローブの装着をすすめる。人獣共通感染症に注意。

▶1回の検査のみでは虫卵が検出されないことがあるため，場合によっては浮遊法を複数行う必要がある。

▶下痢等の消化器症状のときだけではなく，皮膚疾患，呼吸器疾患時にも必要なことがある（例；鉤虫感染）。

糞便検査と評価法

📖 VTに指導するときのポイント

1. 顕微鏡の使い方をしっかり理解させる。たとえばコントラストをつけた方がみやすくなるが，コンデンサーを下げすぎて，壊すことがある。実際にはコンデンサーを下げる必要はなく，開口絞りを絞るだけでよい。顕微鏡は精密機器であるため，汚れた手で操作しないように指導する必要もある。

2. 主な虫卵，菌体の顕微鏡像をおぼえてもらう。顕微鏡のそばにアトラスなどを貼ると効果的である。

3. 少しでもわからないときは獣医師に確認してもらうように指導する。

4. 人獣共通感染症の存在を理解させる。検査後の検体の処理についても指導する。

5. 下痢を主訴にする来院の問い合わせがあった場合，あらかじめ新鮮便を飼い主に持参していただくことを伝えるように指示する（診察時に採便不可の場合があるため）。

12 血液化学スクリーニング検査と評価法

アドバイス

　血液化学スクリーニング検査は動物病院の最も重要な業務のひとつである。人医領域の開業医なら外注検査で十分であるが，物言わぬ動物を相手とする獣医学では，微妙な体調の変化を的確に把握するためには，院内検査が不可欠となる。また，健康診断や潜在的な病気の検出，治療効果の確認および入院または手術後の動物の病態を的確に把握し，飼い主にリアルタイムの状況を説明する場合でも，臨床検査は絶大な威力を発揮する。

　新人獣医師や動物看護師（VT）も検査手技になれてきたら各血液化学検査の診断的意義を十分理解する必要がある。各検査項目の意義を理解することにより，「検査」という単純な作業が単なる業務の一環ではなく，やり甲斐のある重要な仕事であることを実感するはずである。

　また，院内検査の利点は，即座に結果が出ること，動物の状態にあわせてオーダーメードに追加検査がすぐできること，少ない採血量で済むことなど外注検査にくらべ多くの利点を動物病院にもたらしてくれる。

準備するもの

　院内検査の利点のひとつは少量の採血量で済むことである。ほぼ1mlあればほとんどの血液化学スクリーニング検査が実施できる。

1．準備する器具機材
・注射器（1〜5ml）
・注射針（26〜22G）
・ヘパリンリチウム処理試験管（生化学検査全般用：グリーンのキャップ）
・EDTA処理試験管（血液学的検査用：うす紫のキャップ，CBCを同時に行う場合）
・血清分離用試験管（赤のキャップ：血清検査用，T4検査など）

　血糖値の繰り返しの測定の場合など，少量の血液でよい場合は26Gの細い注射針を使用することもできる。細い針の利点は，採血後の出血が少なく，動物も痛みも少ないことであるが，「溶血」が起こりやすいので，急激に吸引しないよう注意する必要がある。細い針は採血直後でも，静脈留置針（点滴針）などが挿入可能なくらい血管を痛めない利点がある。

手技の手順

1．はじめに

　血液化学検査の測定手技は検査機器のメーカーにより様々である。したがって本稿では，採取した血液の取り扱いについて解説する。実際の検査手技はそれぞれの検査機器マニュアルにしたがって欲しい。

　人間と違い動物は一般的に採血手技に対して非協力的であるので，動物を興奮させないよう上手に保定して採血を行う。とくに猫は興奮するだけで血糖値が糖尿病と誤診するくらいまで上昇する。また，正確な検査結果を得るためには，空腹時に測定することが原則で，とくにトリグリセライドは，食後に検査したのでは誤った高値を示し，乳び血清・血漿（血清・血漿が不透明のミルク状を呈す）となり，その他の検査データにも影響が出る。真の乳びは糖尿病やコレステロールの代謝異常を示す疾患時に重要な意味があり，この場合は空腹時の正しい評価が必要となる。

　動物の血液は人間のものとくらべ壊れやすいため，急激に吸引したり，試験管に移すときに針をはずさないで勢いよく注入したり，激しく試験管を転倒混和させると「溶血」を起こし，正確な結果が得られない。同様に，人医用の「真空採血管」も急激に吸引され，溶血を起こしやすいので真空での採血は行わない。

　採血後は針を外し，速やかに試験管に移し，軽く転倒混和させる（図❶）。ヘパリン血，EDTA血は混和後すぐに遠心分離してかまわないが，血清はしばらく斜め

図❶　試験管への注入

血液を試験管に移すときは必ず針を取ってゆっくり試験管に沿って注入すること

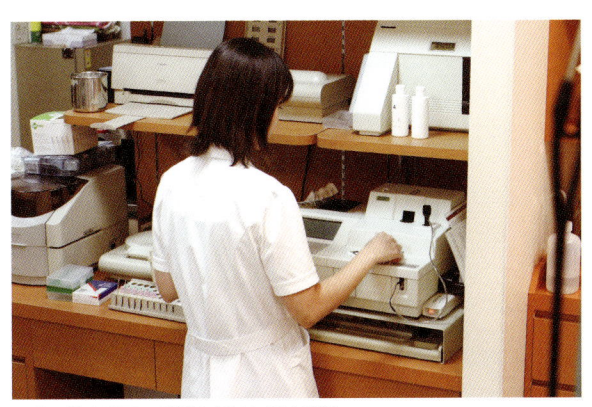

図❷　検査機器に試薬を挿入し測定開始

に静置し，凝血してから遠心分離を行う。抗凝固処理済みの試験管は，その試験管の最適量の血液を入れないと結果が不安定になる。試験管のラベルに明記されている量に近い血液を入れるように注意すること。

2．手順

1）採血（橈側皮静脈・頸静脈）
2）速やかに試験管に移す
3）試験管をソフトに転倒混和
4）遠心分離
5）検査機器の手順にしたがって検査実施（図❷）

失敗したときの対処法

　検査上の失敗は，採血時，検体操作，機械操作，検査忘れなどが考えられる。

1．採血時の失敗

　これは採血技術の問題と動物が非協力的でうまく採血できない場合などが考えらる。採血を何度も失敗すると，飼い主に不快感を与えたり，両手・両足（サフェナ）等の血管を全部だめにしてしまい，その後の静脈留置や点滴が不可能なってしまう。とにかく，あまり手こずる場合は，早めに採血の上手な人にかわるか，しばらく休憩して冷静になって再挑戦することが大切である。

2．検体操作の失敗

　コツ・ポイントで述べたように，検体を注意深く取り扱い，アーティファクト（溶血などの人為的ミス）を最小限に抑える。

3．機器操作の失敗

　検査機器は非常にデリケートにできている。機器の操作に十分習熟することが大切であるが，エラーメッセージなどが出たら，勝手に操作せずベテランやメーカーに問い合わせるか，機器のマニュアルを参考にする。

コツ・ポイント

　検査手技の項で注意すべきポイントを述べたが，以下にその要点を箇条書きに示す。

▶ 空腹時の採血が最適（乳びおよび誤った高TG値）。

▶ 採血で動物を興奮させない（とくに猫の血糖値に影響）。

▶ 採血後は凝固しないうちに速やかに試験管に移す（放置すると凝血）。

▶ 血液を試験管に移すときは，必ず注射針を外して管に沿ってゆっくり注入する（図❶）。

▶ 試験管は溶血しないようにゆっくり転倒混和させる。

▶ 試験管には必ず日付，検体名を明記しておく（検体の間違え，追加検査時に重要）。

▶ 遠心分離後は溶血・乳び・黄疸・大まかなPCV値などを肉眼で確認する。

▶ 検査は遠心分離後速やかに行う（血糖値などは放置すると低値になる）。

4. 検査忘れ

院内検査のよい点は，検査後も必要に応じて追加検査ができることである。またルーチン検査項目で特定の検査をし忘れることもよくある。検査後の検体を常に再検査をするかもしれないとことを念頭に置いて大切に保管する。試験管には必ず日付・検体名を明記し，検査後は一定期間，冷蔵・冷凍保存するよう心がける。

> **VTに指導するときのポイント**
>
> 血液化学検査の検査手技自体は単純な作業の繰り返しであるが，正確な操作が大切である。例えば，機器に挿入する前に一定期間のインキュベーションが必要な検査では，正確にその時間を守らないと正しい結果が出ない。したがってこのような作業は，どちらかといえばVT（とくに女性）の方が向いている仕事なのである。VTは初期にていねいに検査法を指導すれば，煩雑な仕事で忙しい獣医師より正確な検査が期待できる。
>
> VTが検査手技に慣れてきたら，検査項目の意義を徐々に教育してあげるとよい。単なる検査作業から次第に検査の意義を知るようになると，重要な検査部門を任されていることを自覚し，仕事に熱が入るようになる。実際筆者の病院では，定期健康診断時の諸検査はVTが主体となって行い，飼い主向けの最終報告書作成までのほぼ90％の仕事を任せている。こうすることによって，獣医師は家族への口頭説明や獣医師免許がなくてはできない手技だけに専念すればよいようになる。

血液化学検査とその関連臓器・疾患

どの検査項目がどんな病気のときに変化するのか，新米獣医師やVTが知っておくべき項目の概略を以下に列記する。全ての血液化学検査項目を網羅しているわけではないが，ほぼ以下の検査項目について検査意義が理解できれば十分と考える。

検査結果の正常基準値は検査機器（検査法）によってかなり相違がある。結果を判断するときは教科書や成書のデータをそのまま参考にするのではなく，自院の機器のリファレンスレンジを参考にした方がよい。

下表の正常基準値は一般的な成書に記載されている正常基準値とIDEXX社のVetTestの正常基準値をのせてある。マイラボの項に自院の機器の正常基準値を書き入れておくと，とても便利な早見表になるので是非活用していただきたい。

竹内和義（たけうち動物病院）

<腎臓>
- BUN （尿素窒素）
- Cre クレアチニン
- P リン

<肝臓>
- ALT （GPT）アラニントランスフェラーゼ
- AST （GOT）アスパラギン酸トランスフェラーゼ
- ALP アルカリフォスファターゼ
- GGT γグルタミルトランスフェラーゼ
- TBil 総ビリルビン
- NH₃ アンモニア
- TBA 総胆汁酸

<膵臓>
- Amy アミラーゼ
- Lipase リパーゼ
- TLI トリプシン様免疫反応物質

<血漿蛋白>
- TP 総蛋白
- Alb アルブミン
- Glob グロブリン

<脂質>
- TCho 総コレステロール
- TG トリグリセライド

血液化学スクリーニング検査と評価法

<糖尿病関連>
◆ Glu　血糖
◆ フルクトサミン

<電解質>
◆ Na　ナトリウム

◆ K　カリウム
◆ Cl　クロール

<その他>
◆ Ca　カルシウム
◆ CK　クレアチニンキナーゼ

<腎臓>腎臓を評価するときの検査指標

BUN　血中尿素窒素

	犬 mg/dl	猫 mg/dl
正常値	10〜25	10〜30
IDEXX-VetTest	7〜27	16〜36
マイラボ		

◆高窒素血症：窒素性老廃物の血中濃度の増加

尿素窒素の上昇の原因
1. 腎前性：心機能障害，脱水，ショック，副腎皮質機能低下
2. 腎性：腎機能の様々な障害
3. 腎後性：尿道閉塞，膀胱破裂，尿道破裂

Cre　クレアチニン

	犬 mg/dl	猫 mg/dl
正常値	1〜2.2	0.8〜2.0
IDEXX-VetTest	0.5〜1.8	0.8〜2.4
マイラボ		

- 筋肉代謝の代謝産物
- BUNより食事の影響を受けにくく，腎臓の機能を比較的正確に反映
- 糸球体濾過の減少でBUNと一緒に上昇する

P　リン

	犬 mg/dl	猫 mg/dl
正常値	2.2〜5.6	2〜6.5
年齢1歳以下	5〜9	6〜9
IDEXX-VetTest	2.5〜6.8	3.1〜7.5
マイラボ		

【上昇の原因】
- 食事に影響される
- 腎不全
- 溶血（赤血球は多量のPを含んでいる）
- 上皮小体機能低下症
- 栄養性二次性上皮小体機能亢進症
- ビタミンD過剰症
- 猫甲状腺機能亢進症

【低下の原因】
- アルカローシス
- 上皮小体機能亢進症
- 悪性腫瘍の高Ca血症

<肝臓>肝臓を評価するときの検査指標

ALT（SGPT）アラニンアミノトランスフェラーゼ

	犬 U/l	猫 U/l
正常値	<100	<80
IDEXX-VetTest	10〜100	12〜130
マイラボ		

- 肝細胞の細胞質に多量に存在する酵素
- 肝細胞障害や破壊が起こると血液中に放出
- 数日間血中に存在
- 正常の3倍以上の上昇は2〜5日以内の肝障害の証拠

AST（GOT）アスパラギン酸トランスフェラーゼ

	犬 U/l	猫 U/l
正常値	<90	<80
IDEXX-VetTest	0〜50	0〜48
マイラボ		

- とくに肝臓と横紋筋に高濃度，その他の組織にもある
- 細胞のミトコンドリアに認められる
- 骨格筋壊死で上昇
- 肝細胞壊死で上昇（壊死の場合のみ上昇）
- 溶血と脂肪血症でみかけの上昇

ALP　アルカリフォスファターゼ

	犬U/l	猫U/l
正常値	<200	<200
IDEXX-VetTest	23〜212	14〜111
マイラボ		

- 主に肝臓と骨に分布
- 胆汁うっ滞性肝障害
- 犬ではステロイド誘発性アイソエンザイムがある
- ステロイド誘発性肝障害
- 骨の成長・疾患・腫瘍
- 猫はALP活性が低く，半減期も短いので軽度の上昇でも胆汁うっ滞の可能性

GGT　γグルタミルトランスフェラーゼ

	犬U/l	猫U/l
正常値	<10	<10
IDEXX-VetTest	0〜7	0〜1
マイラボ		

- 胆管系疾患に特異的
- 骨には認められない
- コルチゾール過剰でも上昇（犬）
- 胆汁うっ滞の猫ではALPよりGGT上昇

TBil　総ビリルビン

	犬mg/dl	猫mg/dl
正常値	<0.6	<0.2
IDEXX-VetTest	0〜0.9	0〜0.5
マイラボ		

- 赤血球の破壊亢進（わずかに上昇）
- 原発性肝・胆道疾患
- 肝臓外の胆汁流出障害（胆管閉塞・胆泥・破裂）
- 犬・猫では抱合型・非抱合型の区分はあまり意味なし

NH3　アンモニア

	犬μg/dl	猫μg/dl
正常値	<120	<100
IDEXX-VetTest	0〜98	0〜95
マイラボ		

- 先天性・後天性門脈シャントで上昇
- 肝硬変末期で上昇
- 小肝症の鑑別

TBA　総胆汁酸

	犬μmol/l	猫μmol/l
食前	<10	<5
食後	<25	<15
重度の肝不全	>35	>35

- 食前（絶食時）食後2時間のセットで診断
- 先天性・後天性門脈シャントで上昇
- 肝硬変末期で上昇
- 小肝症の鑑別
- 外注検査

＜膵臓＞膵臓を評価するときの検査指標（犬）

Amy　アミラーゼ

	犬U/l	猫U/l
正常値	<3,000	<2,000
IDEXX-VetTest	500〜1,500	500〜1,500
マイラボ		

- ◆ 正常時の2〜3倍の上昇
- 膵臓の炎症・壊死（膵炎）
- 膵管の閉塞
- ◆ 普通の上昇
- 上部消化管の炎症
- 腎臓排泄の減少
- 膵炎の確定診断にはならない

Lip　リパーゼ

	犬U/l	猫U/l
正常値	<800	<250 U/l
IDEXX-VetTest	200〜1,800	100〜1,400
マイラボ		

- ◆ 正常時の2〜7倍の上昇
- 急性膵壊死・膵炎（48時間以内に上昇）
- アミラーゼより長時間高値持続
- ◆ 普通の上昇
- 上部消化管障害，吸収増大
- 腎不全（排泄減少）

血液化学スクリーニング検査と評価法

TLI　トリプシン様免疫反応物質

膵外分泌機能不全の有用な検査法(外注または院内検査キット)

区分	μg/l
正常犬(絶食時)	>5.0
膵外分泌機能不全	<2.5
要再検査	2.5~5.0
急性膵炎	>35.0

<血清蛋白>

TP　総蛋白

	犬g/dl	猫g/dl
正常値	5.5~7.8	5.5~7.9
IDEXX-VetTest	5.2~8.2	5.7~8.9
マイラボ		

- ◆ アルブミンとグロブリンの総和
- ◆ 血液の粘稠度の目安(脱水の目安)
- ◆ <低下>
  - ➢ 糸球体疾患，肝疾患，飢餓，吸収不良
- ◆ <増加>
  - ➢ 重度脱水，リンパ腫，骨髄腫，感染症

Alb　アルブミン

	犬g/dl	猫g/dl
正常値	2.5~3.5	2.1~3.4
IDEXX-VetTest	2.7~3.8	2.6~3.9
マイラボ		

<役割>
1. 肝臓で合成(肝機能低下で減少)
2. 浸透圧維持
3. 脂肪・薬物・ホルモン・カルシウムなど結合・運搬

<減少>
- ➢ 飢餓，寄生虫感染，慢性吸収不良性疾患，蛋白漏出性腸炎
- ➢ 慢性肝疾患
- ➢ 糸球体腎炎

<グロブリン正常アルブミン低下>
- ➢ 肝生成低下(肝臓疾患)
- ➢ 喪失増加(消化管，腎臓より)
- ➢ うっ血

<アルブミン・グロブリン両方低値>
- ➢ 出血(消化管出血など)
- ➢ 浸出(腹膜炎など)
- ➢ 希釈(点滴など)

Glob　グロブリン

	犬g/dl	猫g/dl
正常値	2~4	2~5
IDEXX-VetTest	2.5~4.5	2.8~5.1
マイラボ		

- ◆ 免疫に関連した蛋白
- ◆ 慢性炎症(慢性口内炎など)

<多クローン性>
- ➢ 猫伝染性腹膜炎など

<モノクローナル性>
- ➢ 多発性骨髄腫，リンパ腫など

<血清脂質>

TCho　総コレステロール

	犬mg/dl	猫mg/dl
正常値	120~255	90~200
IDEXX-VetTest	110~320	65~225
マイラボ		

主に肝臓でつくられ胆汁に排泄

<高値>
- ➢ 閉塞性胆管疾患(胆石，胆泥症など)
- ➢ 甲状腺機能低下症
- ➢ 副腎皮質機能亢進症
- ➢ ネフローゼ症候群
- ➢ 原発性リポ蛋白異常症

<低下>
- ➢ 肝細胞疾患
- ➢ 糖尿病
- ➢ 食欲不振

<コレステロール分画>外注検査
- ➢ HDLChol　善玉コレステロール
- ➢ HDL/LDL　比率(ヒト→動脈硬化，犬→甲状腺機能亢進症，クッシング)

TG　トリグリセライド

	犬 mg/dl	猫 mg/dl
正常値	＜150	＜60
IDEXX-VetTest	10〜100	10〜100
マイラボ		

- ◆ 食後高脂血症（乳び）→食後12時間まで出現
- ➢ カイロミクロン試験：冷蔵庫に6時間
- ➢ 上部にクリーム層→食事の影響
- ➢ 血清不透明→（脂質：LDL）→病的高脂血症
- ◆ 絶食時高脂血症
- ➢ 糖尿病
- ➢ 甲状腺機能低下症
- ➢ 高コルチゾール
- ➢ 胆汁うっ滞
- ➢ ミニチュア・シュナウザーの特発性高脂血症

＜糖尿病関連＞

Glu　血糖

	犬 mg/dl	猫 mg/dl
正常値	60〜120	75〜160
IDEXX-VetTest	77〜125	76〜145
マイラボ		

＜高値＞
- ➢ 糖尿病
- ➢ 食後
- ➢ 猫のストレス性
- ➢ 内因性・外因性グルココルチコイド

＜低値＞
- ➢ インスリノーマ（非膵腫瘍の場合もある）
- ➢ 飢餓
- ➢ アジソン病
- ➢ 下垂体機能低下
- ➢ ショック

＜アーティファクト−解糖＞
- ➢ 血清分離しないで放置（即時分離すること）
- ➢ フッ化ナトリウム入り試験管で取らなかった場合（外注検査）

フルクトサミン　外注検査

	犬 μmol/l	猫 μmol/l
健康時平均	310	260
正常上限	370	340
糖尿病初診時	320〜850	350〜730
ラボ健康時平均		
ラボ正常上限		
ラボ糖尿病初診		

- ◆ 過去2週間の血糖値の目安
- ◆ 食事，日内変動に影響されない
- ◆ 糖尿病のモニタリングに最適
- ◆ その他の糖尿病関連検査
- ➢ 尿糖
- ➢ 尿ケトン

【フルクトサミン評価のガイドライン】
- ■ 健康犬；187〜366（平均312）μmol/l
- ■ 治療成功犬；216〜474（平均251）〃
- ■ 糖尿病犬；325〜745（平均476）〃
- ■ 治療失敗犬；382〜745（平均476）〃

＜電解質＞

Na　ナトリウム

	犬 mmol/l	猫 mmol/l
正常値	140〜152	146〜155
IDEXX-VetTest	144〜160	150〜165
マイラボ		

＜低下＞
- ➢ 下痢・嘔吐
- ➢ 腎疾患（再吸収障害）
- ➢ 糖尿病
- ➢ アジソン病
- ➢ 尿腹症（尿管・膀胱破裂）
- ➢ 高ナトリウム食（みそ，醤油の誤食）

＜高値＞
気道・尿管・消化管からの水分喪失による脱水

血液化学スクリーニング検査と評価法

Na：K 比

正常	＜30
疑い	24〜27
アジソン病	＜23

K　カリウム

	犬 mmol/l	猫 mmol/l
正常値	3.6〜5.8	3.7〜4.6
IDEX-VetTest	3.5〜5.8	3.5〜5.8
マイラボ		

＜血漿から細胞内へ取り込み：低下＞
- 急性アルカローシス
- インスリン介在グルコース細胞内取り込み
- 低体温
- 慢性腎不全猫，老齢猫

＜喪失による低下＞
- 下痢・嘔吐・多尿
- 慢性腎不全猫，老齢猫(Tumil—K)

＜上昇＞心臓に負担→心停止の危険
- 腎不全
- 尿道閉塞
- 脱水
- アジソン病
- アシドーシス（血漿：高，細胞内：低），糖尿病性ケトアシドーシス

Cl　クロール

	犬 mmol/l	猫 mmol/l
正常値	105〜115	117〜123
IDEX-VetTest	109〜122	112〜129
マイラボ		

＜低値＞
- 嘔吐（Clの喪失）
- アジソン病

＜高値＞
- 塩化物摂取
- 脱水
- 高塩素血症性アシドーシス（原発性上皮小体機能亢進症　Cl：K＞33：1）

＜その他＞

Ca　カルシウム

	犬 mg/dl	猫 mg/dl
正常値	8〜12	8〜12
IDEXX-VetTest	7.9〜12	7.8〜11.3
マイラボ		

＜高値＞
- 骨溶解性骨病変（敗血性骨髄炎，骨腫瘍）
- 偽性上皮小体機能亢進症（リンパ腫，PTHrP関連，肛門周囲腺腫瘍など）
- 上皮小体機能亢進症，腎不全
- ビタミンD過剰症
- アジソン病
- 血液濃縮，高蛋白血症

＜低値＞
- 壊死性膵炎
- 低アルブミン血症
- 甲状腺摘出手術（上皮小体）
- エチレングリコール中毒
- 産褥性テタニー
- EDTA処理（アーティファクト）

＜カルシウム・アルブミン補正（犬のみ）＞
- 高Ca，低Kでは補正が必要
- 補正Ca値＝Ca（mg/dl）－アルブミン（g/dl）＋ 3.5

CK クレアチニンキナーゼ

	犬 U/l	猫 U/l
正常値	＜120	＜120
IDEXX-VetTest	10〜200	0〜314
マイラボ		

＜上昇＞
- 筋肉の細胞膜を傷害する全ての状態で上昇（非特異的）
- 筋肉の壊死（骨格筋の外傷または筋炎，心筋障害）
- まれに中枢神経系の疾患

13

顕微鏡の使い方の基本

アドバイス

顕微鏡は肉眼ではみることができないような小型の構造を観察するための精密光学機器である。激しい衝撃を与えれば光軸が狂い，正しい像はみられなくなる。またレンズに傷をつけたり，食塩水をつけたりすれば，像はぼやけて何もみることができなくなる。しかしながら，正しく使用すれば，一生使い続けることもできるほど，しっかりできた機器である。

準備するもの

- 顕微鏡[*1]
  臨床検査用顕微鏡の必要条件
    a. 重みがあり，安定していること
    b. 双眼であること
    c. 4倍～100倍の油浸対物レンズまで使用可能なこと
    d. 標本ステージは可動であること

- あれば便利な機能
    a. 3眼タイプで上にカメラ（ビデオカメラ，35mmカメラ，デジタルカメラ）が装着できるもの
    b. 双眼の視野は広いもの（スーパーワイド）
    c. 光源は十分に明るいもの
    d. 対物レンズはプランという周辺ボケのない写真撮影用で，4倍，10倍，20倍，40倍，100倍

- 油浸オイル
  合成の専用オイル

- 掃除用品
  ごみとり用ブロワー（ゴム製あるいは圧搾空気の入ったスプレー）
  レンズクリーニングペーパー
  キムワイプ
  エーテル・無水エタノール（1:1）

[*1] Olympus生物顕微鏡BX41，BX45，BX51など

手技の手順

1. 顕微鏡の購入

価格の安さで顕微鏡を選んではならない。血液塗抹検査，細胞診を行うための顕微鏡は，一般に臨床検査用，病理検査用のカテゴリーの中から，拡張性のあるものを選ぶのがよい（図❶）。初学者だから安い顕微鏡でよいということはない。みる目がないなら，よくみえる顕微鏡でカバーするべきである。新品であれば50万円から100万円程度の予算は組んでおく。設置場所に余裕があるなら，尿・糞便検査用に安価な実習用顕微鏡を揃えるのもよい。これは最低限双眼で可動ステージがついていればよく，油浸レンズがなくともよい（糞便の染色塗抹標本はよい方の顕微鏡で鏡検する）。

2. 顕微鏡の持ち運び

顕微鏡は原則として移動させないこと。強い振動も与えないこと。もつ場合には必ず両手で可動部分以外の骨格に相当する部分をもつこと。

3. 鏡検スペースの確保

鏡検は必ずイスに座って行うこと。スペースの関係で立ったまま鏡検する病院が多いが，それでは正しい鏡検が落ち着いてできるわけがない。

4. 顕微鏡の調整

1）使用説明書に従い，必ず光源の芯出しを行うこと。

2）コンデンサーは一番上まであげておくこと。

3）絞りは一般に開け気味にする。正しい絞り開口度の調整は，各対物レンズに記載してある数字を，絞りの開口度の数字にあわせればよい。40倍と100倍の対物レンズでは，解放に近い（図❷，図❸）。

4）絞りはコントラストをつけるために絞る。したがって，無染色の尿沈渣標本の鏡検では絞りを絞る。

図❶　標準的なシステム顕微鏡

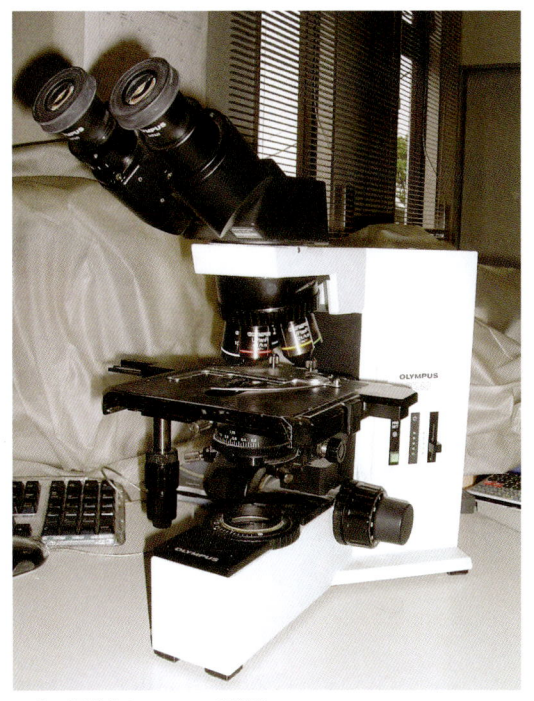

図❷　この40Xのレンズに書いてある0.75という数字が，絞りの開口度

また，写真撮影時にもコントラストを増強する場合がある。コントラストの調整はできる限り絞りの開閉で行い，コンデンサーの上下は行わない。コントラストをあげるということは，1本の線を太くみせるので，かえって解像度（2つの点を2つと認識する）を下げるので，むやみにコントラストをつけることは避ける。

5）色調整フィルター（通常は青色，白黒写真撮影用には緑），光度調整フィルター（NDフィルター）を必要に応じて装着する（図❹）。
6）双眼の顕微鏡は1つの丸い視野がみえなくてはならない。視野が2つみられるのは，双眼が離れているためなので，中央に寄せる。
7）接眼レンズは回して鏡検者の視力に調整できるようになっている。

5．鏡検

1）ステージを下げて対物レンズが標本にあたらないようにする。
2）標本をステージにセットして光源をつける。
3）リボルバーを回して低倍率の対物レンズ（4Xまたは10X）を標本の上にセットする。
4）ステージをレンズと標本がふれないところまで，横から標本とレンズの隙間をみながら，粗動フォーカスダイアルであげる。
5）鏡検しながら，粗動フォーカスダイアルで，ステージを下げる方向に動かし大体のフォーカスをあわせる。
6）鏡検しながら，微動フォーカスダイアルでフォーカスをあわせる。
7）必要に応じて対物レンズの倍率をあげて行く。この方法であれば，通常はレンズが標本にふれることはないはずであるが，ふれそうな場合にはステージを下げる。
8）一旦ステージを下げた場合は，横から標本とレンズの隙間をみながら，粗動フォーカスダイアルであげる。あとは5）6）を繰り返す。
9）油浸レンズが必要な場合は油浸用オイルをつける。標本に油浸用オイルがついている場合，20Xの対物レンズはそのまま鏡検可能であるが，40Xレンズはオイルにふれるので，リボルバーを回す際にも注意する。40Xレンズでの鏡検が必要な場合は，一度拭く必要がある。合成オイルの場合は，レンズ，標本とも，レンズペーパーまたはキムワイプで拭けばよい。
10）レンズは絶対に一般のティッシュペーパーで拭かないこと。紙の線維がレンズを傷つける。またレンズはキシレンでは拭かないこと。コーティングが痛む。とくに40X以下のドライ系のレンズはエーテル・無水エタノール以外の液体は絶対につけないこと。

6．大切な場所のマーキング

1）鏡検していて重要な所見が得られた場合，後に備えてその場所をマークしておくとよい。

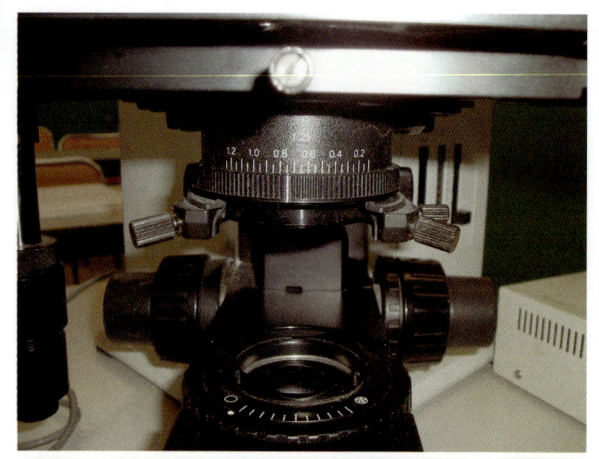

図❸　コンデンサーを一番上まであげた状態。この目盛りが絞りの開口度

図❹　この機種では各種フィルターはレバー操作で切りかえられる

2）油浸で鏡検している場合はマークができないので，その細胞を中心において20Xにする（このときリボルバーは反対方向に4Xの方に回さないと40Xにオイルがついてしまう）。

3）その細胞が中心にあることを確認して，ステージの横と奥にあるスケール目盛りを読む（図❺）。これがXとYの座標軸になる。このとき，標本のセットの方向（左にシールがはってあるなど）をメモしておく。

4）標本を取り外し，オイルを完全に拭う。

5）標本を同じ方向でセットして，先ほどの座標軸にあわせる。

6）20X，40Xのレンズで目的の細胞が中心にあることを確認する。

7）対物レンズを低倍率の4Xにする。

8）目的の細胞が中心にあることを確認しながら，極細マーカーペンの先を視野に入れ，細胞の横に色をつけるか，○で囲む（図❻，図❼）。

失敗したときの対処法

1．レンズでスライドをこすってしまったなら，対処法はない。細かい傷がついてしまっている可能性がある。したがってこすらないようにするしかない。

2．食塩水や油浸オイルなどが普通の乾燥系レンズについてしまった場合は，キムワイプで十分に拭き取り，最後にエーテルアルコールで拭くしかない。乾燥系レンズにはそもそも液体をつけてはならないのが基本である。

石田卓夫（赤坂動物病院）

コツ・ポイント

▶鏡検は必ず低倍率から順に高倍率にあげて行く。

▶スライドに油浸用オイルをつけてあるときには，100Xから40X対物レンズに回すとオイルがつきやすい。まずもってオイルがつかないようにレボルバーは4Xの方向に回す。オイルがついた状態ではどのみち40Xは使用不可能である。

▶飽和食塩水を使用した糞便検査などは，よい顕微鏡では行わない方がよい。どうしても行う場合は，カバーグラスを18X18の小型のものにする。

顕微鏡の使い方の基本

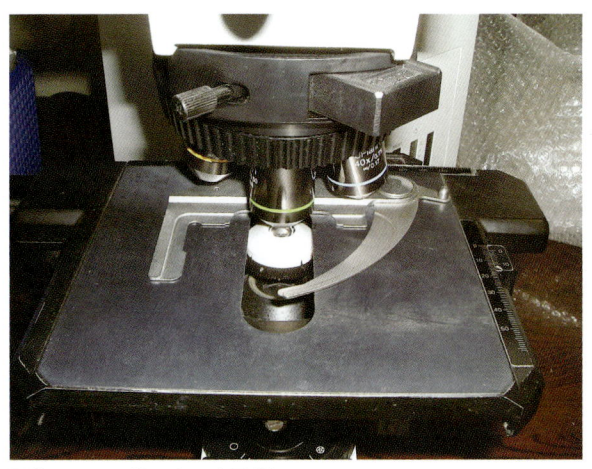

図❺　ステージとスケール目盛り

図❻　スライド上にマーカーペンで印をつける

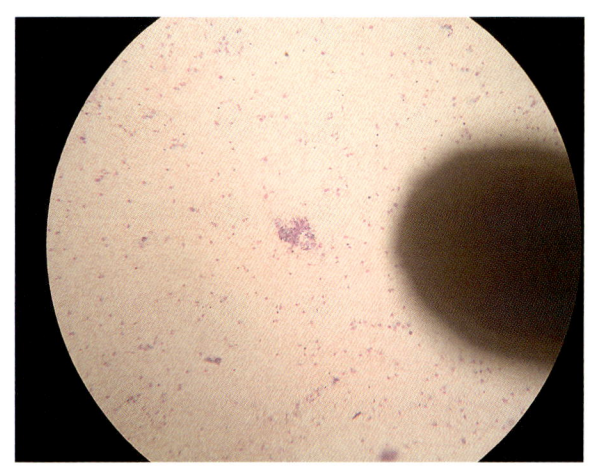

図❼　視野右側にマーカーペンの先がみえている

VTに指導するときのポイント

鏡検者という点では獣医師もVTも同じ立場である。したがってVTが使用するときも，上記の注意はすべてあてはまる。

14 針吸引生検

アドバイス

　針吸引生検は，体表腫瘤，体腔内臓器，体腔内腫瘤内に含まれる細胞成分を迅速，簡便，非侵襲的，安価に採取できる臨床検査手技のひとつである。適切な手法で作製された針吸引生検標本からは，臨床上有用な多くの情報を引き出せるであろう。一方，いかに優れた臨床病理医でも，診断価値の乏しい標本から得られる情報は限られてしまう。診断精度を向上させる標本を作製するために特殊な器具は必要としないが，よりよい標本を作製できるようになるためのポイントを下記に紹介する。

準備するもの❶

- 23G×1あるいは22G×1.5インチの注射針
- 6あるいは12mlの注射筒
  （術者の手の大きさにあわせて選択）
- 脱脂済みのスライドガラス

手技の手順

1. 陰圧を利用しない針吸引生検法

　比較的細胞成分が採取されやすい組織や病変（リンパ節，肝臓，脾臓，ほとんどの体表腫瘤）に適した生検法である。この方法は毛細管現象で細胞成分を吸引するため，後述する生検法と比較して，標本作製時のアーティファクトを軽減することが可能と考えられている。また，病変内の針先端部位を意識しやすいため，小さな腫瘤（数mm～1cm大）に対しても実施しやすい方法である。

1) 皮膚や皮下に発生した病変およびリンパ節の針吸引生検では，剃毛および消毒は一般的に不必要である。体腔内病変，体腔内臓器，骨病変，その他獣医師が消毒の必要性を感じた状況では適切な剃毛および消毒を実施する。
2) 親指と中指あるいは人差し指で病変部をしっかりつかむ。注射針は鉛筆のようにもつ（図❷）。
3) 自分の指先を刺さないように注意しながら慎重に針を病変内に挿入し，針先を小刻みに動かす。針先を小刻みに動かすことで病変内の複数カ所から細胞が採取され，病変全体が反映される可能性が高まる。一方，血液混入の可能性も高まるため，常に注射針のハブ内の液体成分の有無を観察し続ける。過剰な血液混入は標本の診断精度を低下させるので注意。
4) 注射針のハブ内に極少量の液体成分を確認したら（図❸），速やかに針を抜去し，注射筒を取りつけ，スライドガラス上に液体成分を静かに吹き出す（図❹）。通常はわずかな量の空気を吹き出すだけで針内の液体成分が全て排出される（針先からしずくを垂らすイメージ）。勢いよく吹き出し過ぎると，時速数十キロで細胞成分をスライドガラスに叩きつけることになり，壊れた細胞を増加させる一因となる。
5) 2枚のスライドガラスをあわせて塗抹標本を作製する場合，細胞を強く押し潰さないように注意すること。それぞれのスライドガラスをなるべく並行に移動させ（図❺），細胞に与える外力を極力排除するように努める。静かな水面上をホーバークラフトが滑走する如く，スライドガラスを移動させるとよい。やや厚い塗抹部と薄い塗抹部の移行部を含む標本が作製できればベスト。塗抹層の厚さは，スライドガラス上に滴下する液体量，および塗抹を引く速度で調節する。ガラスの微小破片や埃がスライドガラスの表面に付着していると，液体成分が2枚のスライドガラス間に均一に広がらず，滑らかな移行部を含む標本を作製することが困難となる（ガリッという感触が指に伝わり，不均一な塗抹標本が作製されてしまう）。手技の直前にスライドガラスの表面を清潔な布やキムワイプ[㈱クレシア]で軽く拭っておくこと。
6) 塗抹作製後は速やかに風乾させる必要がある。よい塗抹が作製できたか否かを判定してから風乾させるのではなく，風乾させてから塗抹の出来映えを確認する。1回の穿刺で1～2枚の標本が作製できれば十分。逆にそれ以上塗抹が作製できる程注射針のハブ内に液体成分を貯めてしまった場合，標本が血液希釈されている可能性が高い。

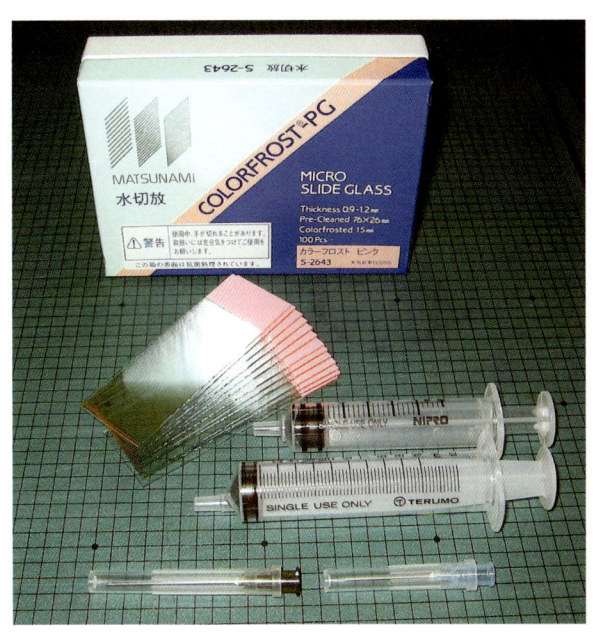

図❶　筆者が使用している器具の一覧写真

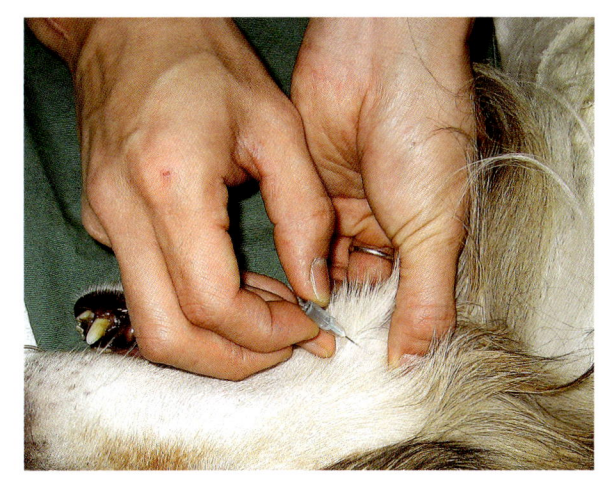

図❷　陰圧を利用しない針吸引生検法。親指と中指あるいは人差し指で病変部をしっかりつかむこと。鉛筆のように注射針をもつと安定する

2.陰圧を利用する針吸引生検法

比較的細胞成分が採取されにくい組織や病変（"堅い"腫瘤，非上皮系腫瘍など）に適した生検法である。前述の針吸引生検法で十分な細胞成分が採取できなかった場合の次のステップでもある。

1）針を挿入するまでは前述の方法に類似する。針の挿入後，注射筒で静かに何度か陰圧をかける。陰圧がかかった状態で針先を小刻みに移動させると，より多くの細胞成分が採取される（図❻）。

2）針を引き抜くときは必ず注射筒内の陰圧を解除すること。陰圧をかけたまま針を引き抜いてしまうと，プシューという音とともに，せっかく採取した細胞成分が注射筒内腔まで吸い込まれてしまう。一度注射筒に入り込んでしまった細胞成分をスライドガラスに吹き出すのは至難の業である。

注意点

針吸引生検の実施によって重篤な出血が引き起こされることは極めてまれである。ただし，体腔内臓器，体腔内腫瘤，甲状腺腫瘍を疑う頸部腫瘤に対して針吸引生検を実施する際は，手技の安全性を高めるために，また，標本の血液希釈を避けるために超音波ガイド下で実施する手法が望ましい。また，膀胱の移行上皮癌を強く疑う症例では，膀胱内腫瘤の針吸引生検（膀胱穿刺による採尿を含む）は避けた方が無難である。針吸引生検で形成された針穴に沿って癌細胞が播種性転移を引き起こした事例が過去に報告されている[1]。

失敗したときの対処法

最も頻繁に遭遇する失敗は診断的標本を作製できないことである。その理由の多くが，十分な細胞数を採取できない（対処法：より強い陰圧をかけてみる），標本の血液希釈（対処法：注射針のハブ内に液体成分が確認されたら速やかに針を抜去），壊れた細胞のみが採取される（対処法：細胞に与える物理的外力を最小限にするように工夫する）などが問題となっていることが大部分である。本文中に記した留意点を十分に意識しながら標本を作製すれば，診断的価値の高い塗抹標本を作製することはそれほど難しくない。それでも診断的な標本を得ることができなければ，次のステップである組織生検に移行する必要がある。

---

[1] Nyland TH, Wallack ST, Wisner, ER. Needle-tract implantation following US-guided fine-needle aspiration biopsy of transitional cell carcinoma of the bladder, urethra, and prostate. Vet Radiology & Ultrasound; 43:50-53, 2002.

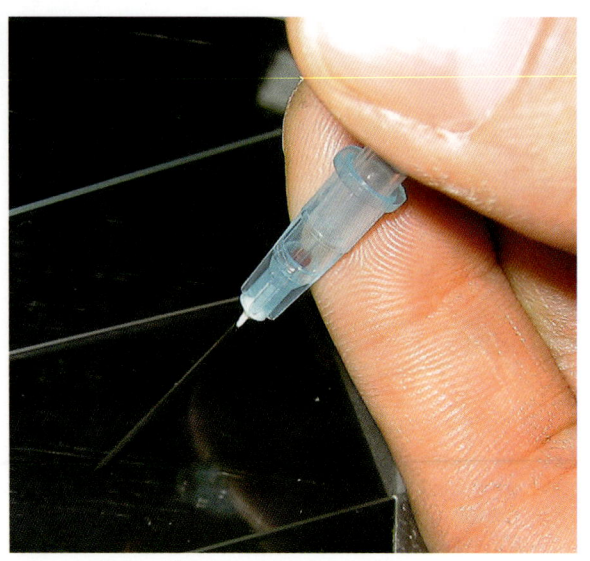

図❸ 注射針のハブ内に極少量の液体成分を確認した直後の写真。この程度の液体量から1〜2枚の塗抹標本が作成可能

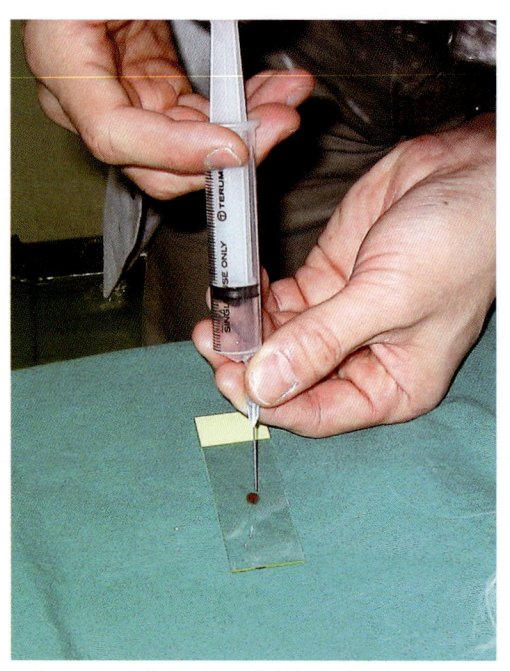

図❹ スライドガラス上に液体を滴下。針先をスライドガラスに軽くふれた状態で滴下させると、液体の無駄な飛散を防げる

器具の一覧表

・注射針：23G×1インチ，22G×1・1/2インチ
・注射筒
・スライドガラス：
　Colorfrost-PG S-2643（Matsunami）：断端が磨りガラス状になっているスライドガラスが，鉛筆で患者情報を書き込めるために便利。油性マジックでスライドガラス表面に書かれた患者情報は染色時に消失してしまうので注意。

小林哲也（公益財団法人 日本小動物医療センター）

コツ・ポイント

▶病変全体を反映する標本の作製：病変内で針先を小刻みに動かすこと。

▶過剰な血液希釈を回避：注射針のハブ内に液体成分を確認したら，速やかに注射針を病変から抜去すること。

▶標本作製時に発生し得るアーティファクトをできるだけ軽減するように努めること。

針吸引生検

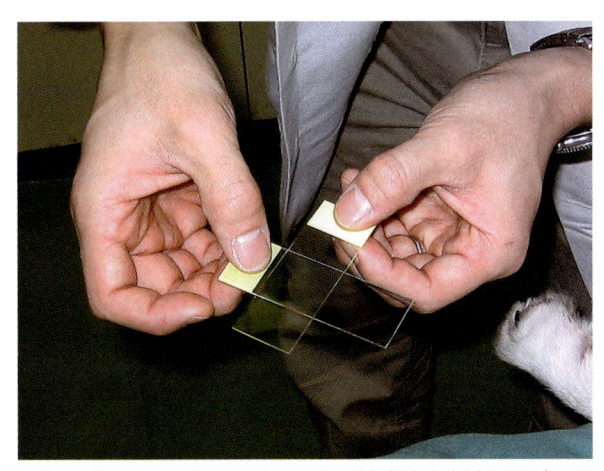

図❺ 2枚のスライドガラスをあわせて塗抹標本を作製する場合，細胞を強く押し潰さないように注意すること。とくにスライドガラスを上下にこすりつけるような引き方は極力避ける。それぞれのスライドガラスを並行あるいは若干上下に引き離すようなイメージで塗抹を作製するときれいな標本に仕上がる

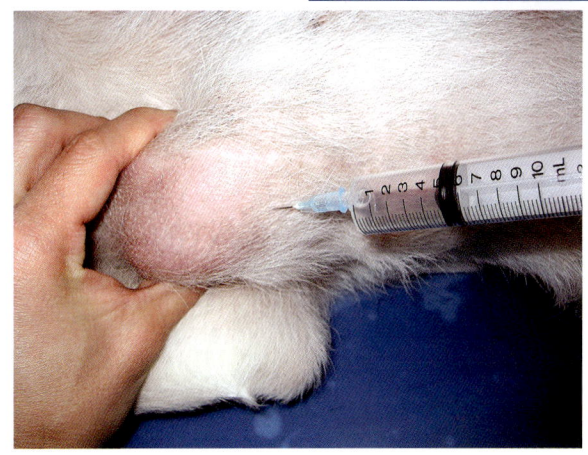

図❻ 陰圧を利用する針吸引生検法。注射筒は術者の手の大きさにあわせて選択するとよい

VTに指導するときのポイント

VTは，保定や標本作製において獣医師の補助を行うことが多いが，何を目的とした手技なのかを知っておき，獣医師の次の動きを読めるようにしておく必要がある。

15 細胞診の評価法

アドバイス

　細胞学的診断（細胞診）が有効な臨床検査法であることは異論のないところで，特別な設備を必要とせず，動物に対する侵襲が少なく，迅速な診断が可能であるため，今後，さらに需要は高まるであろう。細胞診の最終段階である鏡検による評価は，時間にしてみれば一瞬に下されるといっても過言ではなく，材料採取，標本作製の全過程の成果が集約されている。形態学である細胞診には，臨床の知識も必要であるが，病理組織学を背景として成立しており，その知識の有無は鏡検像の解釈に開きを生ずる。しかしながら，細胞診の基本と限界を正しく理解し用いれば，病理組織学に精通していなくとも基本的なスクリーニングは可能で十分な情報が得られる。

　本稿がカバーする領域は膨大であり，残念ながら限られた頁数で全てを網羅することは不可能である。本稿では，細胞診を評価するにあたって，病理組織学の知識がない初学者にも可能と思われる範囲で必要な基本的事項について概述する。

準備するもの

　鏡検者にとって，顕微鏡が目となる。眼鏡なくして遠景のものを，近視の人が判断できないのと同様で，目であるところの顕微鏡に曇りがあっては適切な診断は困難となる。すなわち，顕微鏡の取り扱いは適切に行われなければならない。一般の動物病院では，顕微鏡が適切に扱われていないことが案外多いように思われ，前々稿の「13　顕微鏡の使い方の基本」に記載されている事項は厳守されなければならない。

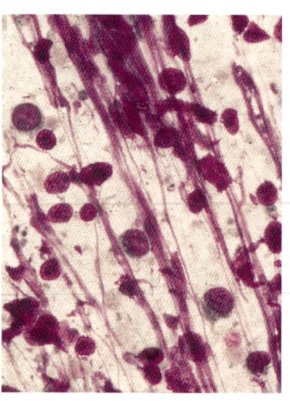

図❶　塗抹作製時に力がかかりすぎて細胞が崩壊しており，核染色体が糸を引いたように流れている

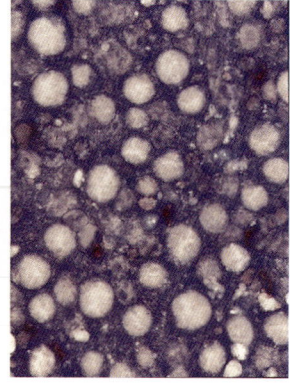

図❷　塗抹が厚く乾燥不良で，染色性が著しく低下している

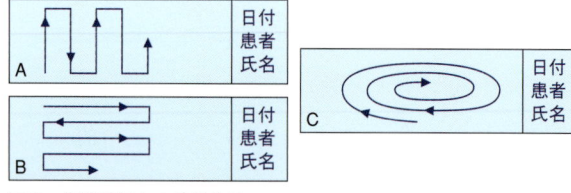

図❸　細胞診標本の鏡検方法

手技の手順

　スクリーニングに先立ち症例の年齢および性別，臨床経過，材料採取法，塗抹法，固定法，染色法を熟知し，鏡検する標本が評価に値するか否かを検討する。図❶，図❷に示すごとく，染色不良の標本や細胞が壊れた標本では適切な評価を下すことはできないため，前稿の「14　針吸引生検」に記載されている事項を厳守されなければならない。

　鏡検の際には，弱拡大で縦方向，横方向（図❸A，B）のいずれかに，鏡検した視野の一部を重ねて次の視野に移動し，見落とし部分がないように全体像（細胞数や細胞分布状態，塗抹背景）を把握することが重要である。縦方向の鏡検の場合には，塗抹の連続性がなく観察に時間がかかるため，横方向に鏡検を行うのがよいと思われる。筆者は，塗抹の周辺から中心部に向かい弱拡大の鏡検（図❸C）を行うが，要するに見落としがなく迅速に評価できる方法を各自で選択すればよい。

　次に中拡大あるいは強拡大で，出現している細胞成分，背景所見などの詳細な観察を行い，図❹のアルゴリズムに基づいて，炎症あるいは過形成，腫瘍かに分類する。出現している細胞群が単一形態の細胞群であれば，過形成か腫瘍であると考えられ，混合性の細胞群であれば炎症か炎症と腫瘍の合併である。

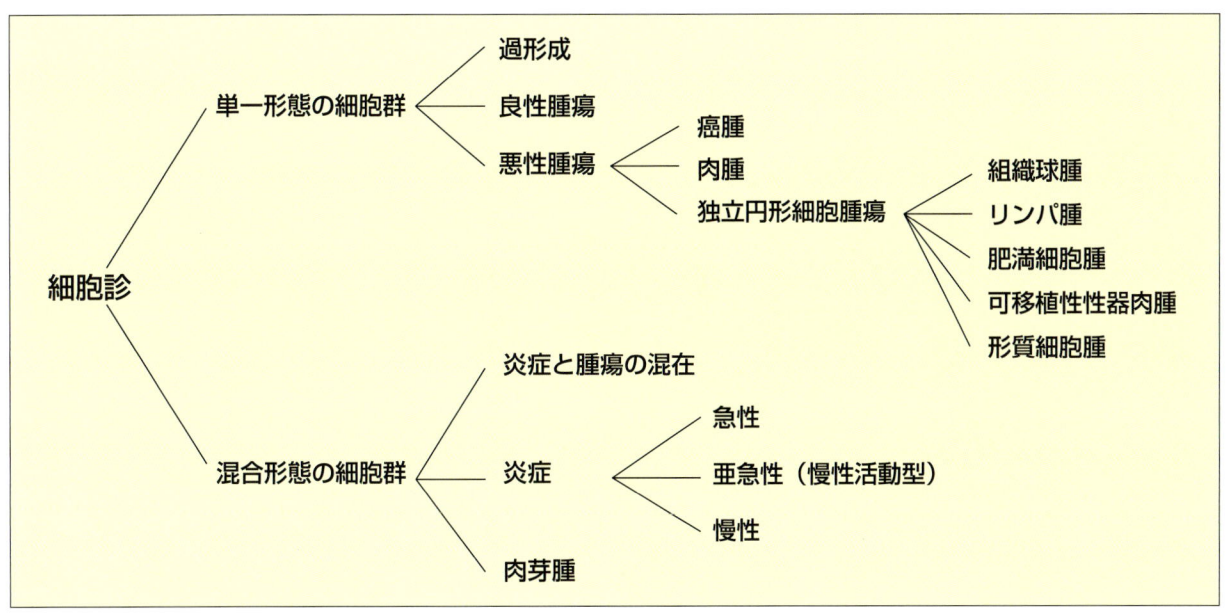

```
                              ┌─ 過形成
              ┌─ 単一形態の細胞群 ─┼─ 良性腫瘍
              │                 │                    ┌─ 癌腫
              │                 └─ 悪性腫瘍 ─┼─ 肉腫
              │                                       │                    ┌─ 組織球腫
              │                                       └─ 独立円形細胞腫瘍 ─┼─ リンパ腫
細胞診 ─┤                                                                          ├─ 肥満細胞腫
              │                                                                          ├─ 可移植性性器肉腫
              │                                                                          └─ 形質細胞腫
              │                 ┌─ 炎症と腫瘍の混在
              │                 │                ┌─ 急性
              └─ 混合形態の細胞群 ─┼─ 炎症 ─┼─ 亜急性（慢性活動型）
                                │                └─ 慢性
                                └─ 肉芽腫
```

図❹　細胞診評価の基本となるアルゴリズム

図❺　膀胱粘膜の押捺標本。細胞質や核の色調などが類似する単一形態の細胞群が，シート状に出現している。巨大細胞もみられ，癌腫を示唆する

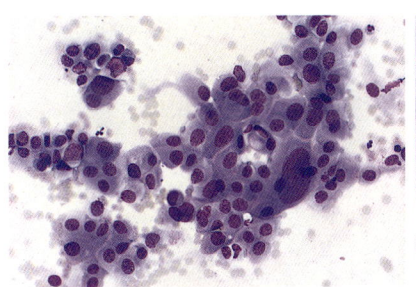

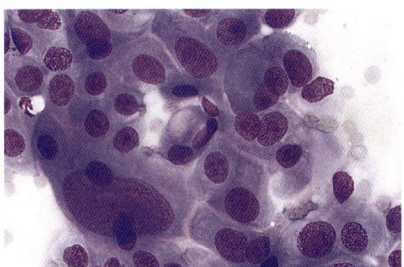

図❻　図❺と同一症例。強拡大の観察では，不均等なN/C比，核の大小不同，大型・複数個の核小体，粗大な核クロマチンなどの悪性像がみられる（病理診断：移行上皮癌）

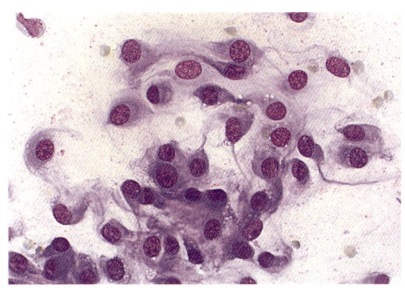

図❼　犬の臀部体表腫瘤のFNB。癌腫である図❺，図❻とくらべて，細胞の結合性がみられない紡錘形の単一形態の細胞群が採取されており，肉腫（非上皮性悪性腫瘍）を示唆する

単一形態の細胞群

腫瘍

　腫瘍は1個の細胞の異常分裂・異常増殖で単クローン性と形容され，その組織形態は基本的に正常構造に多少とも類似する。腫瘍の形態上の異常は異型性という用語で総括的にとらえられ，正常形態との構造上のかけはなれを構造異型，細胞レベルでの形態学的なかけはなれを細胞異型と呼ぶ。

　細胞診は基本的に細胞異型から診断を行うが，構造異型の評価を苦手としており，詳細な構造異型の評価には病理組織学検査が必要となる。細胞診における悪性所見の基準を表❶に示すが，これを複数，従来の記載によっては3～5個で悪性とされているが，誤診を避けるためにも初学者であれば5個以上満たした場合に悪性と判定するのがよい。

標本全体としての悪性所見

　リンパ節や脾臓，扁桃，骨髄，肝臓などは，正常組織でも多量の細胞成分が採取されることが知られている。これらの組織以外から採取された標本で，弱拡大の観察で多量の細胞成分がみられることは重要な所見である。さらに，単一形態の細胞群であれば過形成，良性腫瘍，悪性腫瘍のいずれかで，その中に巨大細胞の出現やN/C比，形態のばらつきなどの多形性が認められれば悪性の疑いがあるため，強拡大で核形態などを詳細に観察する。

　また，存在してはならない細胞の出現は腫瘍を示唆する。例えば，生体に肥満細胞やメラノサイトで構成される組織はないにもかかわらず，標本一面に大量の肥満細胞やメラノサイトが出現する場合は肥満細胞腫や悪性黒色腫を示唆する。

核の悪性所見

　細胞診における悪性所見で重要なものが核の所見である。これは，発生母組織により差違をみるが，一般的にホルマリン固定による細胞の収縮を強く受ける病理組織より，核形態の評価においては細胞診の方が観察

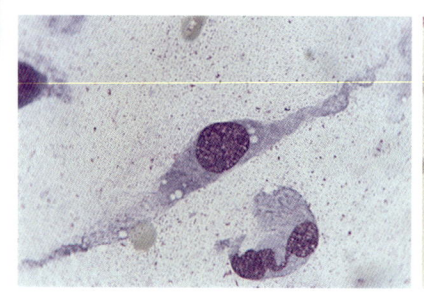

図❽ 図❼と同一症例。核クロマチン分布は粗顆粒状で核形の異常もみられる（病理組織診断：血管周皮腫。同義語：血管外膜細胞腫）

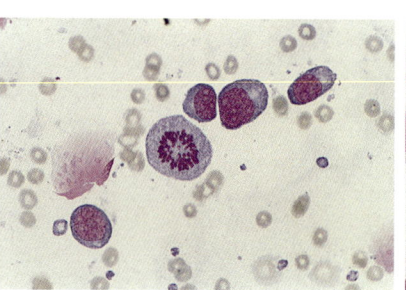

図❾ 猫の胸水塗抹標本。細胞結合性のない大型リンパ系芽細胞がいくつか出現している。異所性の出現で，核の大小不同，複数個の核小体，粗なクロマチンなどの悪性像がみられる（リンパ腫：前縦隔型）

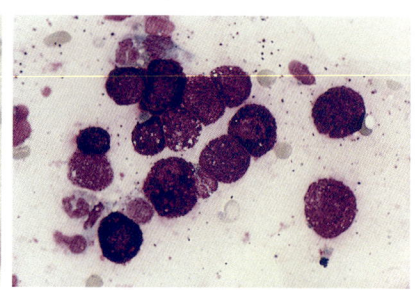

図❿ 犬の頭頂部腫瘤のFNB。細胞結合性のない大型円形細胞が多量に出現している。細胞質に多量の顆粒を含有する肥満細胞であり，顆粒のため核形態の評価はできない。異所性の出現で肥満細胞腫と診断

表❶　細胞診における悪性所見

- 単一・多量の細胞群
- 単一の細胞群の中での多形性
- 大型の細胞
- 大型の核
- N/C比の増大
- 大型の核小体（核仁）
- 塊の形成：高い細胞密度
- 核の多形性：大型・小型・核破片・核形の不整・クロマチンパターン
- 細胞質の異型性：好塩基性・空胞
- 異常分裂像
- 異所性の細胞の出現

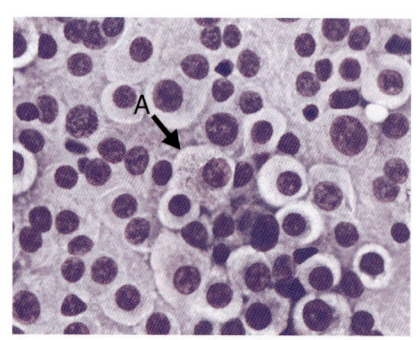

図⓫ 犬の肥満細胞腫。顆粒を含有する細胞(A)が1個みられる。細胞質，核の形態，染色性をみて全て同様の細胞と診断できる。このような例では，専門家でも評価を誤る場合があるため注意が必要。本例は，コマーシャル・ラボにて組織球腫あるいは形質細胞腫と診断されたため，外科的療法が選択されず放置されていた

しやすいという利点がある。正常組織における同種細胞間では，細胞の形態はほぼ均一であるが，2倍を超える細胞・核の大小不同がみられる場合は注意が必要である。

一般的に核は円形～類円形であるが，切れ込みや凹凸など核形の異常をみる場合は悪性の疑いがある。核小体は正常細胞で1～2個，RNAを多量に含み，細胞のDNA合成に関与する。したがって幼若細胞や再生細胞，癌細胞など代謝活性の旺盛な細胞では核小体の増加や腫大がおきる。核小体の数としては4～5個以上，赤血球を超える大きさの核小体は悪性細胞を示唆する。

クロマチンは核の中で濃染する部位であり，クロマチンの増量は核内DNAの増量を示唆する。染色時間が長かった場合には，正常細胞でも核が濃染するため，クロマチンが増量したかのようにみえることもあるために注意が必要である。

一般的に正常細胞では，クロマチンは微細（細顆粒状，細網状）で，悪性細胞においては粗大で分布も不平等（粗顆粒状，粗網状）となる。核分裂像が多くみられることは過形成や良性腫瘍でも経験されるが，不均等分裂や3極，多極分裂などが認められた場合は悪性腫瘍を示唆する。

癌腫（図❺，図❻）

癌は悪性腫瘍の総称で，はじめと中間に"癌"のある用語は悪性腫瘍一般を意味する。例えば，癌化，癌性悪液質，発癌率，抗癌剤などである。対して用語の最後に癌がつくものが上皮性悪性腫瘍，いわゆる癌腫で，乳腺癌，肺癌，腎癌，前立腺癌，移行上皮癌などである。もちろん，臓器は上皮組織と非上皮組織が密接に連結し形成されているが，体の内部の保護や物質の吸収・産生・分泌を行う部分の多くが上皮組織より構成されている。上皮性腫瘍には良性腫瘍と悪性腫瘍が存在するが，基底細胞腫や皮脂腺腫，肛門周囲腺腫など一部を除くと，細胞診で診断的な細胞数が得られるのは悪性腫瘍であることが多い。

細胞診の評価法

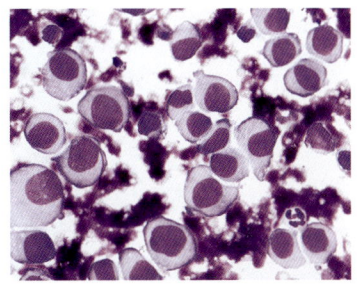

図⓬ 犬の皮膚組織球腫：細胞結合性がなく、弱好塩基性の豊富な細胞質を有する単一形態の細胞群がみられる。核に明確な異型性は認められない

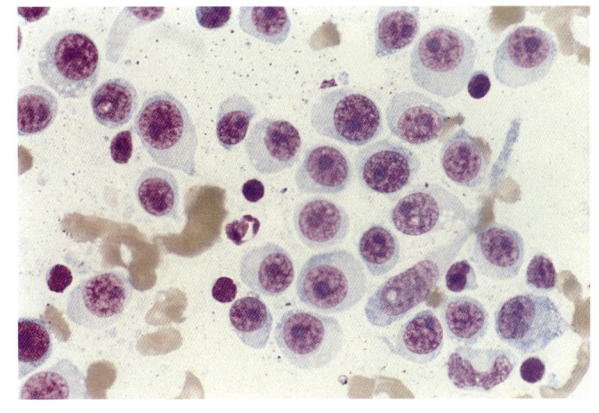

図⓭ 犬の陰茎腫瘤、表面押捺標本。細胞結合性のない大型円形細胞が多量に出現しており、核の大小不同、明瞭な核小体などの異型性がみられる。いくつかの細胞の細胞質に小空胞がみられ、同所見は可移植性性器肉腫の特徴像である

表❷ 癌腫の特徴
●細胞は多量に採取される
●円形・楕円形の細胞
●集塊、シート状
●分化傾向

表❸ 肉腫の特徴
●細胞はあまり採取できない
●紡錘形・長形の細胞
●個々の細胞は独立
●ある程度の分化傾向

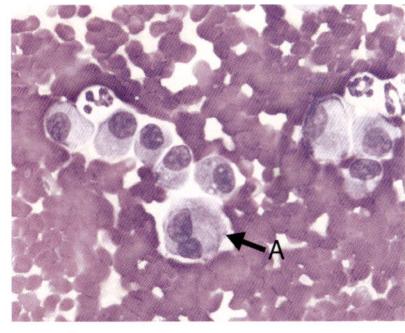

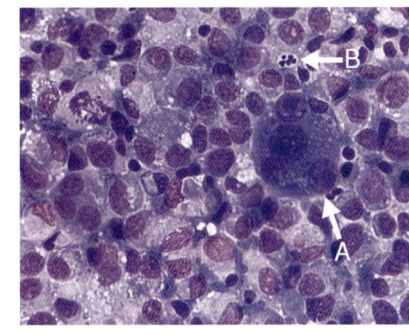

図⓮ 犬の皮膚形質細胞腫：偏在性の類円形核を有する腫瘍性形質細胞が採取されている。個々の細胞に顕著な異型性はなく、2核細胞(A)も出現している

図⓯ 中～大型の独立円形腫瘍細胞が多量に採取されている。腫瘍細胞の細胞質は豊富な淡好塩基性で、類円形～楕円形核には大小不同や大型の核小体などの異型性がみられる。多核巨細胞(A)が認められる。好中球(B)に比して、腫瘍細胞は大型である

　細胞診上の癌腫の特徴として細胞成分が多量に採取されること、細胞形態が円形・楕円形を呈すること、出現する細胞が集塊状やシート状であり、症例によっては腺管構造や細胞内に分泌物質を含有するなどの所見があげられる（表❷）。

肉腫（図❼，図❽）

　肉腫とは、非上皮性組織、すなわち結合織や筋肉、脂肪、血管、骨などに由来する悪性腫瘍である。非上皮性組織の特徴のひとつとして、組織のなかで細胞間物質の占める割合が多いという所見があげられる。したがって、非上皮性良性腫瘍では、診断に値する細胞成分が採取されることは少ない。肉腫は癌腫や独立円形細胞腫瘍に比して細胞成分は採取されにくいが、分化程度により差違があり低分化型腫瘍であるほど多くの細胞が得られる傾向にある。

　細胞診における非上皮悪性腫瘍の特徴を表❸に示すが、出現する細胞の形態は、骨や脂肪由来の一部を除くと本質的に紡錘形を示す。癌腫のような集塊形成傾向はないが、低分化型肉腫で細胞成分が多量に採取された場合には、細胞が密集し集塊のごとくみえる場合も経験されるため注意が必要である。症例によっては、ある程度の分化傾向を示し、由来組織の推察が可能な場合もある。

　例えば、骨肉腫における骨基質、脂肪肉腫における脂肪滴などである。骨肉腫では、症例により差異をみるが、細胞診では比較的多数の細胞成分が得られる。骨芽細胞の基本形態は、偏在性の類円形核を有する多角形ないし円形細胞で悪性像をみる（図；骨肉腫❶。85ページ掲載）。また、多核の破骨細胞や紡錘形細胞が種々の割合で混在し、背景には好酸性の無構造物である基質（骨基質）が認められる例も多々経験される。脂肪肉腫の細胞診では、種々の分化程度を示す脂肪芽細胞および脂肪滴が採取される（図；脂肪肉腫❶。85ページ掲載）。また、注意すべきは慢性炎症に伴う肉芽組織形成時に出現する線維芽細胞で、時に腫瘍細胞と鑑別

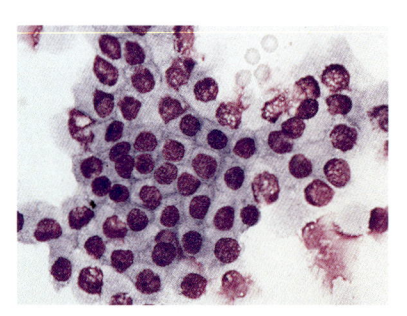

図⓰　腫大した前立腺のFNB。悪性像がなく，形態の均一な上皮性細胞がシート状に採取されている。前立腺過形成と診断

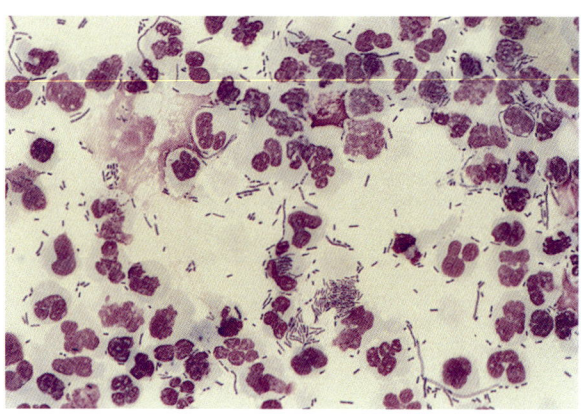

図⓱　急性化膿性炎症。出現している細胞成分はほとんど全て好中球であり，背景には細菌がみられる

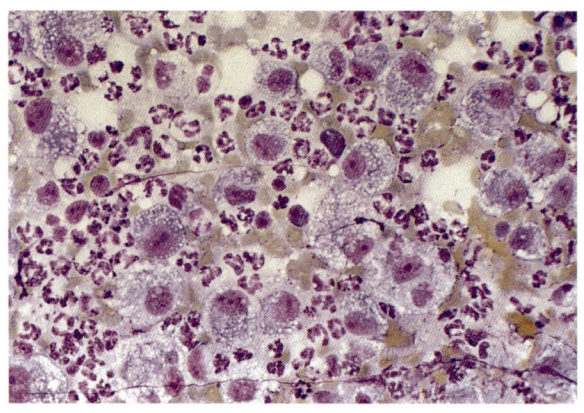

図⓲　亜急性（慢性活動型）炎症。好中球と，中～大型で泡沫状の細胞質を有するマクロファージの増加がみられる

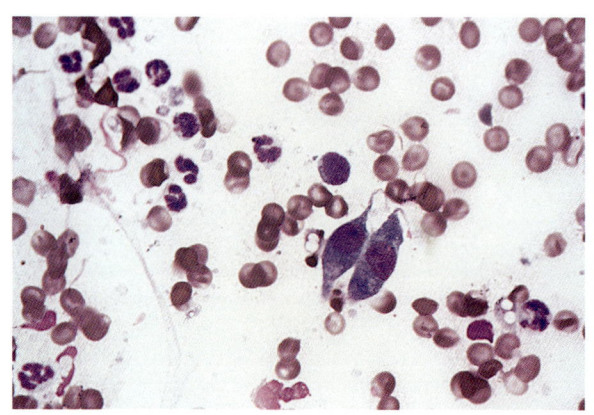

図⓳　慢性炎症。短紡錘形で悪性像のない線維芽細胞がみられる。好中球およびリンパ球も認められる

が困難となる。

独立円形細胞腫瘍（図❾～図⓯）

　非上皮性組織に由来するが，細胞診では独立円形細胞腫瘍として扱われている。単独で機能・存在する細胞に由来しており，細胞診で確定診断の可能な症例が多々経験される。古い記載では，鑑別診断としてリンパ腫（同義語：リンパ肉腫，悪性リンパ腫・図❾），肥満細胞腫（図❿，図⓫），組織球腫（図⓬），可移植性性器肉腫（図⓭）の4つがあげられているが，現在では形質細胞腫（図⓮）や悪性組織球症（図⓯）という腫瘍も知られている。細胞診上では，細胞結合性のない円形細胞が多量に採取されるのが特徴であるが，細胞数が多いため密集し集塊状にみえることもある。

用語

分化度（grade of differentiation）

　分化度は，主に細胞の形態についての用語であり，正常の細胞に類似している状態を高分化，細胞の未熟な状態を未分化と呼ぶ。必ずしも細胞・病理学的な評価と臨床的な生物学的挙動が一致する訳ではないが，一般的に未分化である方が高分化より悪性と考えられる。

過形成（図⓰）

　過形成は，形態学的に異型性を示さない細胞が数を増した状態であり，異型性をみないということが腫瘍との相違点である。過形成は正常組織の過剰な増殖であり，非常に大きな腫瘤を形成することはまれであり，それを生ずる原因が除去されれば元の状態に復帰しうる。この点においても腫瘍とは異なる。過形成は炎症など種々の原因に続発して生じるが，病因究明ができないことも多々経験される。

　また，過形成と良性腫瘍の鑑別は細胞診では困難であり，老齢の犬・猫においてしばしば遭遇する肝細胞の結節性過形成（増生）と高分化型肝癌などは，肉眼的にも病理組織学的にも鑑別が容易ではなく混同される例が経験される。

混合性の細胞群（図⓱～図⓴）

炎症

　炎症とは，生体への種々の侵襲・刺激に対する生体の防御反応と定義されている。炎症反応は自己の防衛

細胞診の評価法

表❹ 独立円形細胞腫瘍の特徴

- 多量の細胞が採取される
- 円形の細胞
- 細胞塊を形成することもある
- 単独で機能・存在する細胞

表❺ 化膿性炎症の特徴

	急性	亜急性	慢性
好中球	＞70%	＞50%	＜50%
好中球変性	強い	弱い	弱い
菌	＋	−/＋	−
マクロファージ	−	30〜50%	＞50%

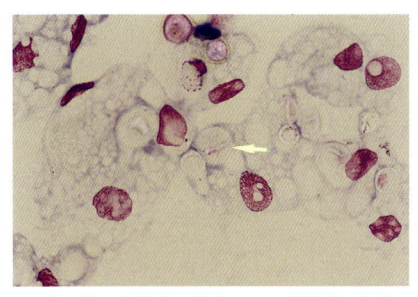

図⓴ 猫の鼻鏡部の腫瘤FNB。泡沫状の細胞質を有するマクロファージがみられ、胞体内にはクリプトコッカスの菌体が多数みられる（肉芽腫）

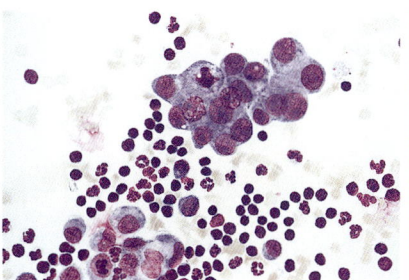

図㉑ 炎症と腫瘍の混在：腺癌の存在を示唆する上皮性腫瘍細胞の小塊と好中球およびリンパ球主体の炎症性細胞が混在している

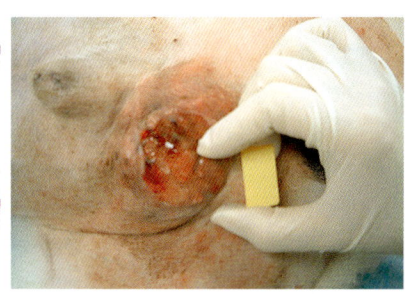

図㉒ 自壊した腫瘍表面の押捺標本の場合は、一次病変である腫瘍成分が採取されずに、二次病変である炎症成分のみしか採取されない場合がある。これを避けるために、基本的に筆者はFNBを用いる

機構を動員することにより、その刺激を排除しようとするとともに、傷害された組織を修復・復元しようとする過程からなる。このため炎症では、好中球およびマクロファージ、リンパ球、プラズマ細胞、好酸球、肥満細胞、線維芽細胞など様々な細胞成分が出現し、細胞診上では単一形態の細胞群ではなく混合性の細胞群となる。一般的に炎症は、急性、亜急性（慢性活動型）、慢性に分類されている。

炎症の細胞学的所見は、その分類に役立ち病因を示唆することも経験されるが、炎症性病変は時間と共にひとつのクラスから他のクラスへ移行すること、炎症のタイプと反応程度・期間は病因により異なるということを忘れてはならない。したがって、炎症の分類は以下に述べる分類に該当しない場合もある。

化膿性炎症（表❺）
急性炎症

好中球が70%以上を占めており、膿の形成がみられる。原因は細菌感染が多く、好中球には核の濃縮、核の硝子化、核の崩壊などの退行性変化、菌貪食が認められる例も多々経験される（図⓱）。皮下注射などによりみられる無菌化膿の場合には、急性期であっても好中球の変性は少ない。

亜急性（慢性活動型）炎症

マクロファージが30〜50%を占めるようになり、同細胞には貪食物が細胞質に確認されることもある。好中球はみられるものの、急性炎症よりは少なく退行性変化も少なくなる（図⓲）。

慢性炎症

炎症の慢性期にはマクロファージが50%以上を占めるようになり、リンパ球、プラズマ細胞の増加がみられるため好中球の割合は減少する。また、慢性期には肉芽の形成もはじまるため、線維芽細胞が出現することもある（図⓳）。

肉芽腫性炎症

肉芽腫は細胞性免疫による病変であり、リンパ球から出されるリンフォカインによりマクロファージが動員

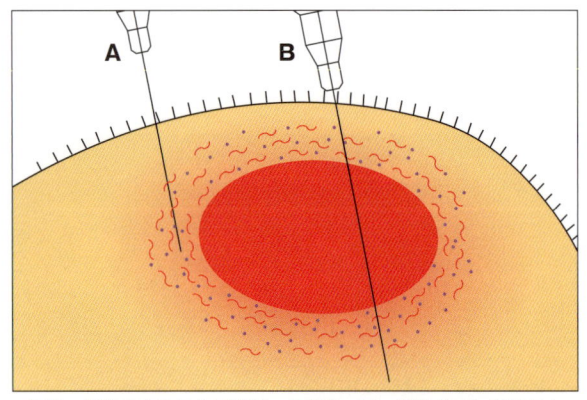

図㉓　針先のずれによる診断への影響。同一腫瘍内でも部位により組織像が異なるため，FNBでは一次病変が採取されない場合がある（A）。また，針先が目的とする腫瘍を突き抜けている場合もある(B)。様々な部位から採取するように注意する

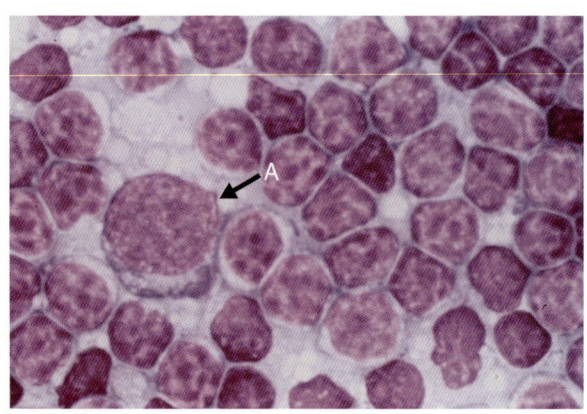

図㉔　正常リンパ節：採取された細胞のほとんどが小リンパ球であり，大型のリンパ芽球(A)が1個みられる

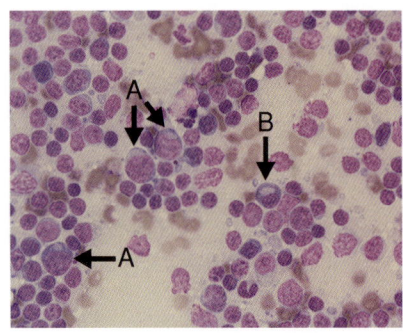

図㉕　リンパ節反応性過形成：図㉔にくらべて大型のリンパ芽球(A)が増加しているが，小リンパ球が総細胞のほとんどを占めている。プラズマ細胞(B)もみられる

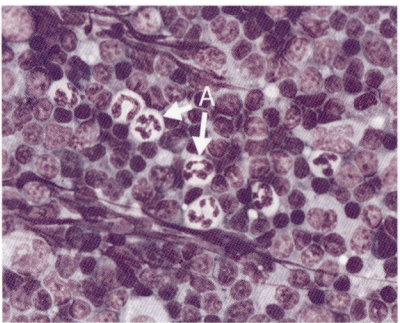

図㉖　リンパ節炎：小リンパ球が総細胞のほとんどを占めているが，好中球(A)の増加が認められる

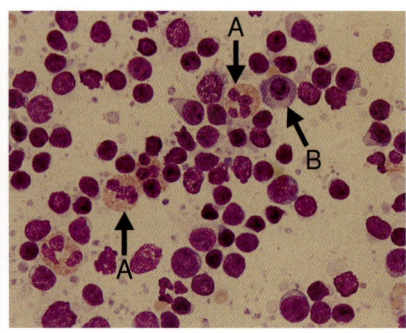

図㉗　アレルギー性リンパ節炎：小リンパ球が総細胞のほとんどを占めているが，好酸球(A)の増加が認められ，プラズマ細胞(B)も観察される

される。ある種の真菌，ウイルス，細胞内寄生細菌，異物になどに対する生体の反応である（図⑳）。肉芽腫では，マクロファージの活性化や類上皮細胞化，巨細胞の出現もみられ，癌腫のようにみえる例も経験されるため注意が必要である。

炎症と腫瘍の混在（図㉑）

　細胞診を評価する際，時に専門家であっても悩まされるのが炎症と腫瘍の混在で，初学者が評価を行うのは困難と思われる。腫瘍組織中では，炎症部位や壊死部位が存在することも多く，サンプリングの問題により一次病変が得られない場合もある（図㉒）。また，腫瘍表面が自壊している場合には二次感染が起き，腫瘍表面を動物が舐めている場合には口腔細菌により修飾されることもあるため，腫瘍表面の押捺法により材料を採取した場合には一次病変である腫瘍成分が採取されず，二次病変である炎症成分しか採取されない場合も経験される（図㉓）。

　臨床医として重要なことは，炎症と診断した症例でも治療に対する反応が悪い場合には，一次病変として腫瘍の存在も考慮し，再度の細胞診検査あるいは複数の専門家との再検討，生検による病理組織学検査へと臨機応変に対処することである。

リンパ節の細胞診

　腫大したリンパ節を含む体表腫瘍は，飼い主にとっても発見しやすく，我々臨床医が日常の診療において出会う機会が多いと思われる。リンパ節は過形成や原発性腫瘍，転移性腫瘍と様々な原因で腫大するが，細胞診は治療方針を決定するにあたって有効な情報をもたらす。

正常リンパ節

　正常リンパ節の主要な構成細胞は，赤血球とほぼ同じサイズの核を有する小リンパ球で，全細胞の約75〜95％を占める（図㉔）。中〜大リンパ球（リンパ芽球を含む）は約5〜25％程度みられ，好中球やマクロファージ，プラズマ細胞，好酸球，肥満細胞は認められたとしても点在することはなく全体の約1％程度である。

　リンパ節病変を細胞診のみで評価するべきではないと

細胞診の評価法

表❻ リンパ節細胞診所見

	正常	リンパ節炎	過形成
小リンパ球	75～95％	やや減少	やや減少
リンパ芽球	＜25％	＜30％	30％
マクロファージ	＜1％	増加	増加
プラズマ細胞	＜1％	増加	増加
好中球	＜1％	増加	＜1％
好酸球	＜1％	症例により増加	＜1％
肥満細胞	＜1％	症例により増加	＜1％

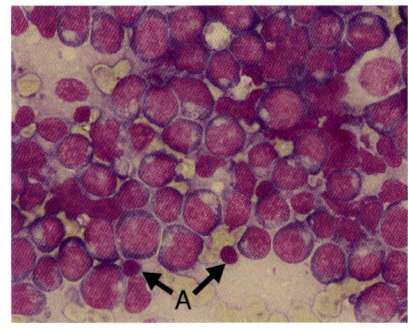

＊全症例が必ずしも合致するものではない

図㉘ リンパ腫：総細胞数のほとんどが，中～大型の芽球である。個々の細胞には好塩基性の細胞質に核周明庭がみられ，類円形～楕円形の核には大小不同や明瞭かつ大型の核小体，複数個の核小体などの異型性が認められる。正常リンパ節の主体である小リンパ球(A)は，ほとんど観察されない

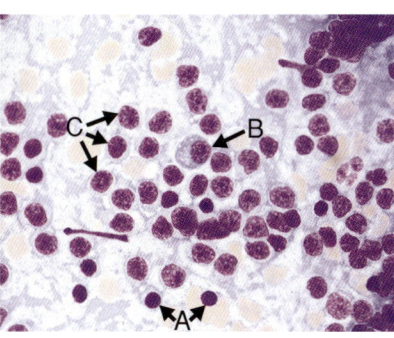

図㉙ 小リンパ球(A)がみられ，プラズマ細胞(B)が認められる。その他の細胞は，核の形態，染色性より細胞質が壊れ，裸核状となったプラズマ細胞が多いと考えられる(C)

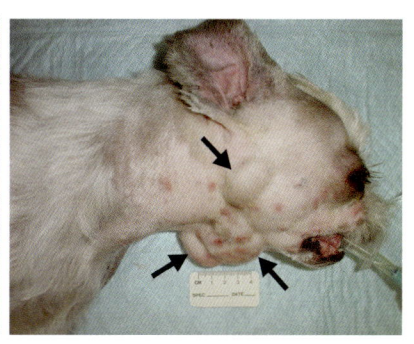

図㉚ 図㉙の肉眼所見：下顎部に腫瘤が8個触知される（矢印）。発生部位，細胞診検査からリンパ節と考えられる。細胞診検査のみで，腫瘍，非腫瘍の鑑別はできないが，臨床症状からは小細胞型のリンパ腫が鑑別診断に含まれるため，切除，病理組織学検査を併用する

いう意見もあるが，その理由のひとつは反応性過形成における濾胞にリンパ系芽細胞の増加がみられ，濾胞のみから採材された標本はリンパ腫と混同する可能性があることである。したがって，このようなことを避けるためには，採材時に様々な部位から均等に細胞成分を採取するように注意が必要である。また，リンパ節を穿刺しているつもりが，針がリンパ節を突き抜けて下顎腺から材料を採取している例もある。

リンパ節病変

リンパ節腫大の原因としては，リンパ節反応性過形成，リンパ節炎，原発性腫瘍，転移性腫瘍の4つが考えられる。下顎リンパ節や鼠径リンパ節は，常に連続的な抗原刺激を受けており，正常時でも過形成を示すことが多く細胞診の評価には適さないため，複数の体表リンパ節が腫大している場合には，膝窩リンパ節などを中心に複数カ所の評価を行うのがよい。

リンパ節反応性過形成

リンパ節反応性過形成は連続的な抗原刺激の結果で，細胞診所見としてはリンパ芽球の増加がみられるが全細胞数の30％を超えることはなく，主要な細胞群は小リンパ球である。プラズマ細胞は標本の鏡検部位により5～10％を占めることも経験され，マクロファージの増加をみる例も経験される（表❻，図㉕）。正常リンパ節は腫大を示さないため，上記のような細胞診所見が得られた場合には反応性過形成と考えられる。通常，過形成の病因は限局性のものが多く領域リンパ節の腫大を示すが，過形成による全身性のリンパ節腫大はFIVやFeLV，エールリッヒア症などの疾患において経験される。

リンパ節炎

リンパ節炎では，炎症性細胞の増加がみられ，好中球，マクロファージ，プラズマ細胞の増加が認められる（表❻，図㉖，図㉗）。また，プラズマ細胞や好酸球，肥満細胞の増加をみる例もある。

リンパ腫

リンパ節の原発性腫瘍として代表的なものがリンパ腫

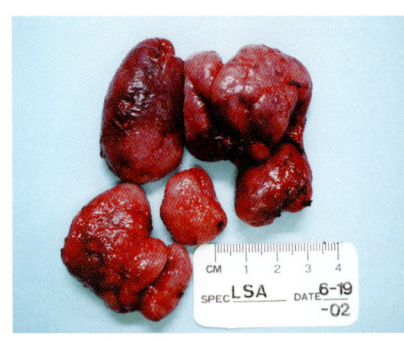

図㉛　図㉙の術後，肉眼所見：腫瘤は腫大したリンパ節で，いずれの細胞診標本も図㉙同様の所見を示した

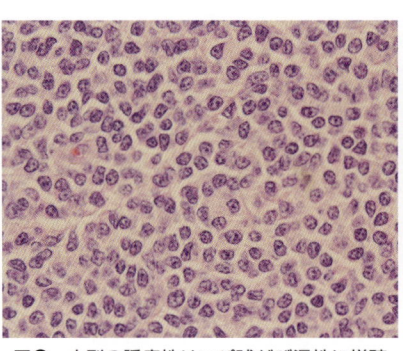

図㉜　小型の腫瘍性リンパ球がび漫性に増殖しており，リンパ球の固有構造は消失している

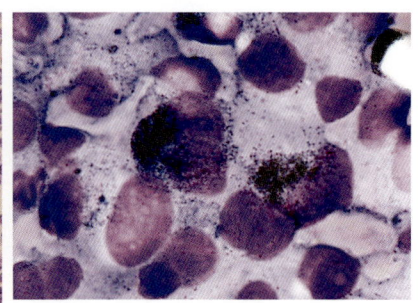

図㉝　口腔内メラノーマの犬の腫大した下顎リンパ節FNA：リンパ節構築細胞はみられず，黒緑色の微細顆粒を含有するメラノサイトが認められ転移を示唆する

（同義語：悪性リンパ腫，リンパ肉腫）である。一般的なリンパ腫では，中〜大型のリンパ系芽細胞，前リンパ球段階の幼若リンパ球の増加がみられ，最終的に正常組織は置換される（表❻，図㉘）。専門家により見解は異なるが，芽球比率が30％を超えるとリンパ腫であるとの記載もある。

しかしながら，芽球比率の評価は鏡検者の主観であるため，リンパ腫の初期病変では細胞診でリンパ腫と過形成の鑑別は明確に行えない。芽球比率が50％以上であれば，リンパ腫と診断するという意見もあるが，標本中のほとんどが芽細胞で占められている場合にのみリンパ腫と診断するのがよいであろう。

したがって，芽球比率が30〜50％程度である場合には，リンパ節を切除し病理組織学検査を併用し診断を進めるのがよい。また，リンパ腫の範疇では頻度が少ないものの，小リンパ球が増殖するリンパ腫（小細胞型）も存在する（図㉙）。

細胞診では，小細胞型リンパ腫と正常リンパ節や反応性過形成を鑑別することは不可能で，小細胞型リンパ腫の診断には病理組織学検査で構造異型性を確認する必要がある（図㉚）。細胞診では，小細胞型リンパ腫が診断できないということも，リンパ節病変を細胞診のみで評価するべきではないという理由のひとつである。しかしながら，複数カ所のリンパ節腫大がみられ，細胞診では小リンパ球のみが採取されるということは異常である（図㉛，図㉜）。このような症例については，小細胞型リンパ腫が鑑別診断に含まれるため病理組織学検査を併用するというように，臨床症状を考慮し病理組織学検査を併用すべきかどうか臨機応変に対応する必要がある。

転移性腫瘍

本来，リンパ節に存在しない細胞の出現や正常に存在するものの細胞数の顕著な増加は腫瘍を示唆する。例えば，口腔内メラノーマや腺癌，軟部組織肉腫のリンパ節転移が細胞診で確認できる例もある（図㉝）。また，著しい数の肥満細胞の出現も腫瘍を示唆するが，炎症や過形成に付随しても増加がみられるため，この際には専門家に相談するのがよい。

失敗したときの対処法

細胞診の評価の誤りは，非腫瘍性病変を腫瘍性病変として治療するという不幸な事例を招く危険性がある。適切な治療方針を決定するためにも，臨床医は専門家の意見を仰ぐのがよい。臨床の現場では，緊急治療が必要な症例も多々経験されるが，治療後に臨床医自らの対処と専門家の意見が合致しているか検討し，誤りがある場合には迅速な修正が望まれる。また，いかなる細胞・病理組織学診断の専門家であれ，誤診の経験のない者は皆無である。したがって，専門家に診断を依頼した症例であっても，臨床経過に合致しない場合には，複数の専門家に評価を依頼するのがよいであろう。

是枝哲彰（藤井寺動物病院）

15 細胞診の評価法

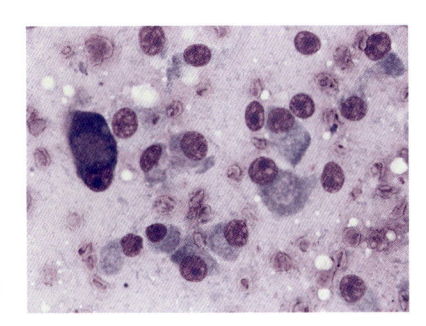

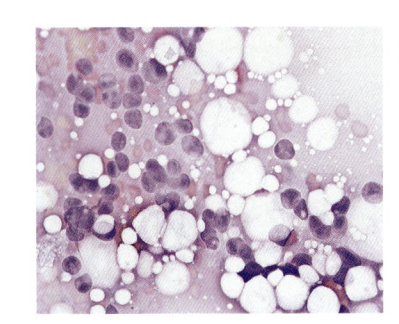

骨肉腫❶：全て腫瘍性骨芽細胞である。骨肉腫における骨芽細胞は多角形ないし円形で，核は偏在性であることが特徴。核には大小不同や明瞭な核小体などの異型性が認められる

脂肪肉腫❶：脂肪肉腫では，種々の大きさの脂肪滴と共に明瞭な核小体をみる円形の裸核がみられる

コツ・ポイント

▶ 細胞診において最も重要な事項は，材料の採取および標本作製の過程である。適切に材料採取および標本作製が行われた標本であれば，自ら評価が行えなくとも専門家の意見を仰げば，治療方針の選択あるいは次に実施すべき検査法などを選択するための有効な情報をもたらすであろう。

▶ 臨床の現場では，材料の再採取が困難あるいは不可能な場合も経験される。貴重な診断の機会を不適切な材料採取によって逃すのは惜しいことであり，適切な治療開始が遅れる一因ともなる。したがって，細胞診を実施するにあたって，前稿に記載されている「13 顕微鏡の使い方の基本」，「14 針吸引生検」は熟読し厳守していただきたい。

▶ 初学者は弱拡大での鏡検を行わず，強拡大で鏡検を開始し，細胞の同定に迷っている場面に多く遭遇する。強拡大で鏡検を開始すると全体像や細胞分布などが把握できず，細胞の鑑別を誤る一因となる．

▶ 初学者が評価を誤る材料としては液体成分の細胞診が第一にあげられる。すなわち，胸水や腹水中，尿などの液体中に浮遊したすべての細胞・細胞集塊は，その表面張力により球体化傾向を起こしやすく，液体の浸透圧により膨化や空胞変性を起こすことが多い。これらの変性所見は，時として非腫瘍性細胞を腫瘍細胞と誤認させる要因となる。とくに貯留液の細胞診は，専門家であっても診断不能である症例や診断を誤る症例が経験される。したがって，初学者に分類は不可能である。

▶ 腫瘤に対する細胞診は，多くの症例において治療方針を決定するための有効な情報をもたらすが，必ずしも全ての症例で暫定診断あるいは確定診断が得られるものではない。腫瘍性疾患においては，細胞診と他の検査法と併せて多角的に診断を進めるのが重要である。

16 単純X線検査の基本

アドバイス

X線検査は他の画像診断法と異なり，器官・臓器の重複や撮影ポジションによる歪みが生じる。また，組織分解能（骨，軟部組織，脂肪，ガス）においても他の画像診断法と比較し劣っている点から，撮影条件，動物のポジショニング，現像定着といった全ての過程が正確に行われていることが重要となる。

さらに，得られたX線写真から観察される異常所見の多くは非特異的所見であり，画像所見から確定診断が下せる疾患は皆無に等しい。したがって，X線写真の評価は，異常所見を見落としのないように行い，動物の品種や年齢，臨床症状，その他の臨床検査結果などを加味し，検出された異常所見に矛盾のない鑑別診断リストを作成することが重要となる。

準備するもの

- X線撮影装置
- グリッド
- カセッテ
- フイルム
- 防護エプロン
- 防護手袋
- 現像，定着液

検査手順

1. 保定者の被爆や画像の鮮鋭度を低下させる原因となる散乱線を軽減する目的で，照射野は必要最低限の範囲とする。

2. 目的とする撮影部位が照射野の中心となるように保定する（照射野の端では臓器の歪みが生じ，正確な評価が不可能となる）。

3. 撮影方向は直交した二方向を原則とし，必要であればその他の撮影ポジションを追加する（一方向のみの撮影では，器官・臓器・病変等が重複し，正確な評価が不可能である）。

4. 撮影タイミングは基本的に胸部では最大吸気時，腹部では最大呼気時で行う。

5. 現像処理は光漏れのない暗室で行い，使用している現像液や定着液の適正条件下で行う（現像処理の失敗は，鮮鋭度の低下やコントラストの低下を生じる）。

6. 評価はシャーカステン上で行い，フィルム上に描出された全ての部位を観察する。

1. 骨の評価

a. 骨列の乱れ
b. 軟骨下骨・海面骨・皮質骨の形態やX線透過性
c. 病変の位置（単骨性，多骨性，骨端，骨幹端，骨幹）
d. 病変部と正常部の移行帯（病巣周囲の骨硬化，移行帯の長さ）
e. 骨破壊（地図状，虫食い状，浸潤状パターン）
f. 新生骨形成（アモルファス型，サンバースト型，パリセイド型，層状型，平滑型，コッドマン三角，リッピング，関節胞付着部石灰化）
g. 周囲組織，周囲関節浸潤
h. 関節包の腫脹
i. 骨病変の変化速度

2. 胸部の評価

a. 気道の形態，位置，X線透過性
b. 縦隔の透過性
c. 肺の透過性（透過性亢進，気管支パターン，間質パターン，肺胞パターン，シルエットサイン）
d. 胸壁・横隔膜の形態，位置
e. 心陰影・肺血管・大血管の形態，位置，大きさ，透過性

3. 腹部の評価

a. 腹部の鮮鋭度
b. 各臓器の形態，位置，大きさ，透過性

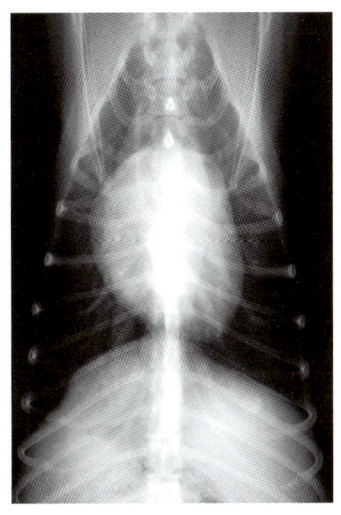

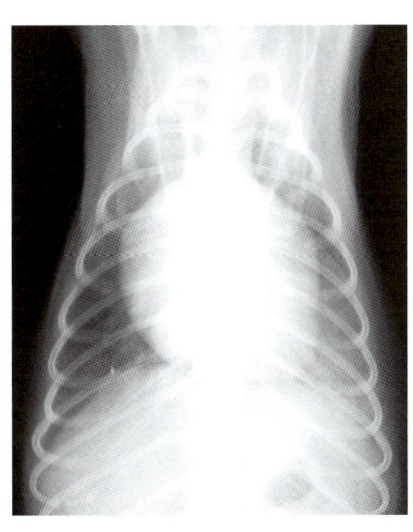

正常　　　　　　　　　　　　　　僧帽弁閉鎖不全症

図❶　左は正常犬，右は重度な僧帽弁閉鎖不全を呈する犬のVD像。左右の写真を比較すると，僧帽弁閉鎖不全の症例では，明瞭な左心耳の突出が確認可能であるが，重症例にもかかわらず心臓全体の形状の変化は乏しい

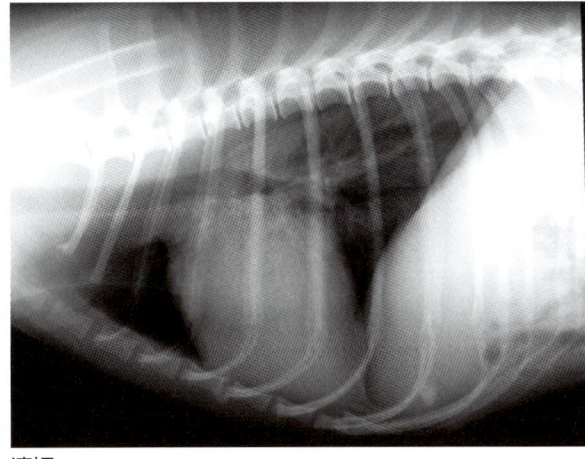

不適切

適切

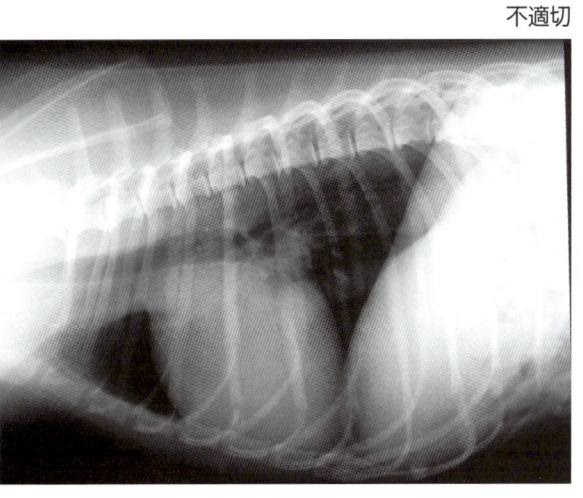

▲図❷，▼図❸　同一犬の適切なポジションと不適切なポジションの比較であり，心臓の形状が大きくかわっている。不適切なポジションのX線写真では図❶にみられるような左心耳の突出を診断できない

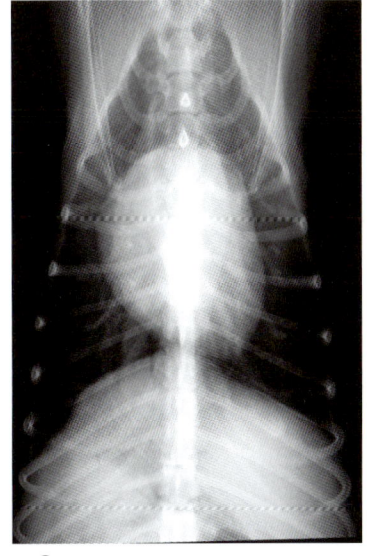

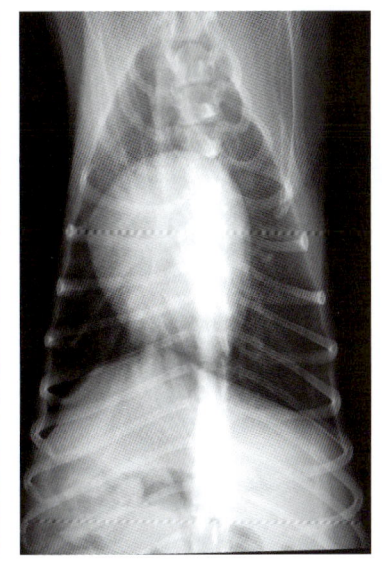

図❸　適切　　　　　　　　不適切　　　　　　　　不適切
　　　　　　　　　　　　　左ローテーション　　　右ローテーション

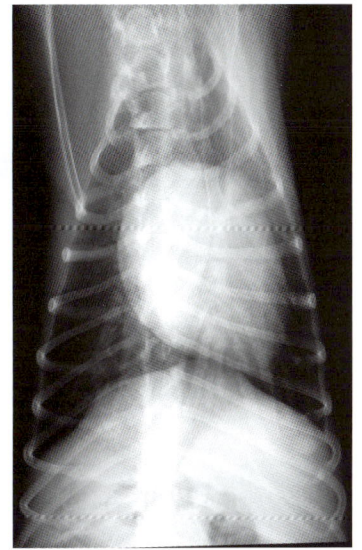

失敗したときの対処法

成功するまでやり直す。

茅沼秀樹（麻布大学獣医放射線学研究室）

単純X線検査の基本

コツ・ポイント

▶撮影

　X線による各臓器の評価は，正確なポジショニングで撮影された写真でなければならない。照射野を適切な大きさにし，ラテラル像では対称に認められる骨やその他の臓器が一致するよう真横から撮影し，VD像では左右対称に描出されるように心がける。撮影ポジションが不適切であると，臓器の歪みが生じ，正確な評価が困難となる。

▶評価

　診断を行う前に，撮影ポジション，撮影条件，現像処理が適切であるかを評価する。異常所見が認められた場合，この所見が撮影の諸条件のミスによるアーティファクトかどうかを検討する（例：呼気時撮影・肥満による低線量・現像ミス→肺の間質パターンや腹腔内鮮鋭度の低下，照射野の隅・撮影ポジションの不適切→心陰影や骨辺縁の形態異常）。異常所見の検出とそれに基づく鑑別診断リストの作成に努め，確定診断を急がない。

VTに指導するときのポイント

　照射野を必要最低限とし，プロテクターを装着していても照射野内に自分の身体のいかなる部位を入れてはならない。また，正確な撮影ポジションを心がけ，胸部では吸気時に，腹部では呼気時に撮影を行う。また，現像液の劣化は写真の画質を著しく損なうので，常に新しいものを補充し，定期的に現像状態を確かめる。

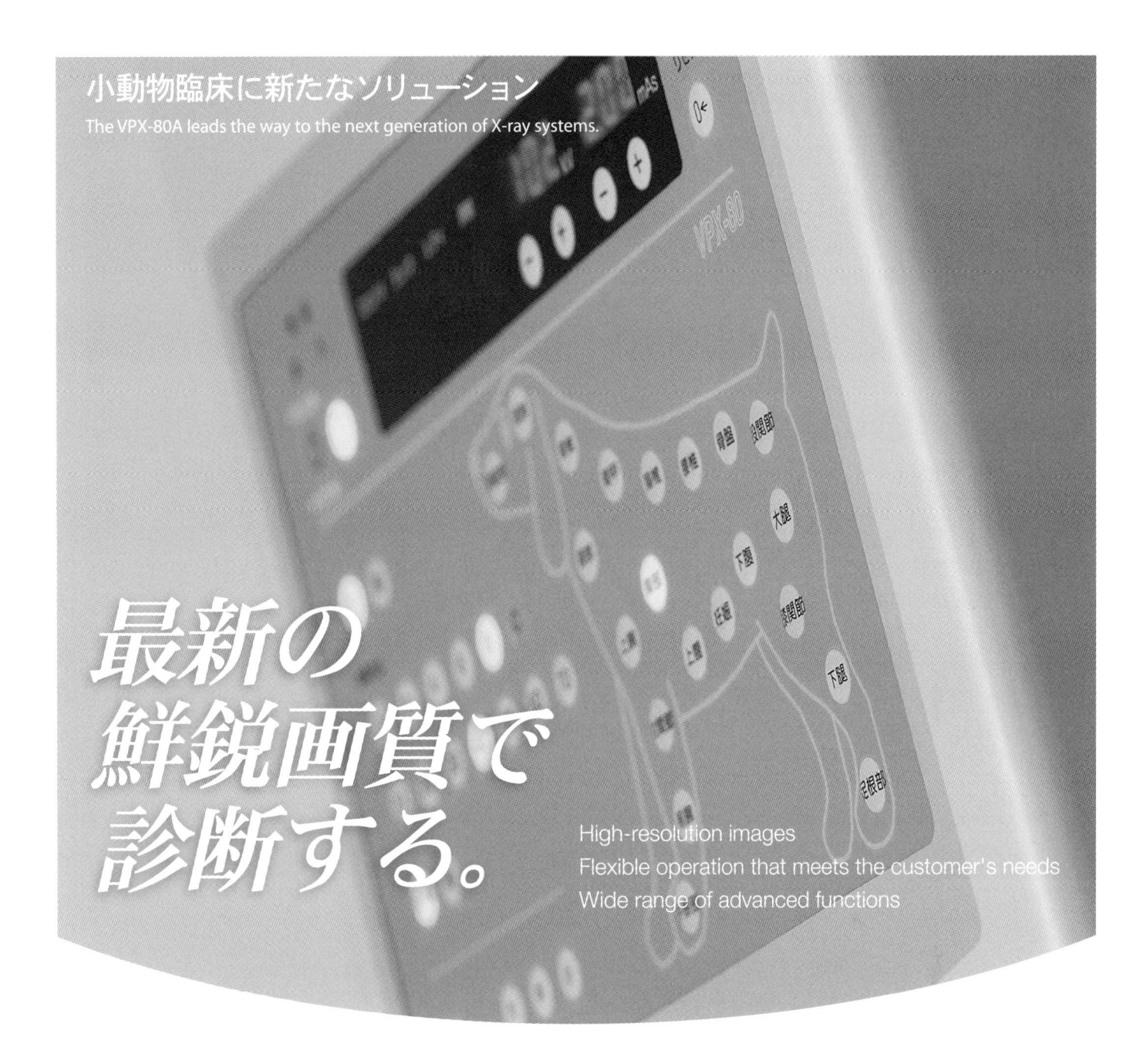

小動物臨床に新たなソリューション
The VPX-80A leads the way to the next generation of X-ray systems.

最新の
鮮鋭画質で
診断する。

High-resolution images
Flexible operation that meets the customer's needs
Wide range of advanced functions

0.6mmの小焦点でより鮮鋭度の高いX線写真を実現する
静音タイプのX線管球を搭載。
動物を動かすことなく広範囲な撮影が可能な
2Wayスライドワイド天板を装備した、
スタイリッシュ＆省スペース設計。
より高画質な臨床画像を提供し
多目的な検査をサポートするVPX-80A
これが次世代X線システムのスタイルです。

Stylish and compact design

美しく進化した
VPX-80A

小動物専用X線撮影システム
VPX-80A

東芝医療用品株式会社

東日本支店/東京都文京区湯島2-18-6夏目ビル 〒113-0034 TEL.03-3812-2211
西日本支店/大阪市北区東天満2-10-9マークベストビル 〒530-0044 TEL.06-6356-3501
システム機器営業部/東京都文京区湯島2-18-6夏目ビル 〒113-0034 TEL.03-3812-2211
http://www.toshiba-iryouyouhin.co.jp

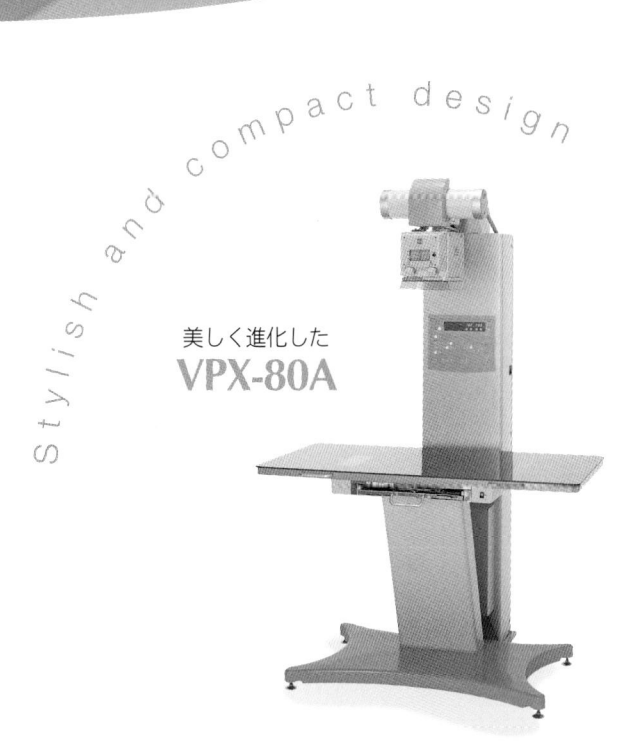

VPX-80A/農林水産省指令15消安第6840号

17 造影X線検査の基本

アドバイス

造影X線検査は，目的とする器官や臓器の機能，形態的異常，X線透過性異物の描出といった単純X線検査では成し得ない評価を目的として実施される。近年では超音波検査法の普及により，その適用は少なくなっている現状にあるが，消化管，泌尿器に対する造影は手技が容易であり，比較的頻繁に行われる。

I. 消化管造影法

準備するもの

・単純X線写真
・造影剤（30～70％W/V硫酸バリウムまたはヨード量240～300mgのヨード系造影剤）

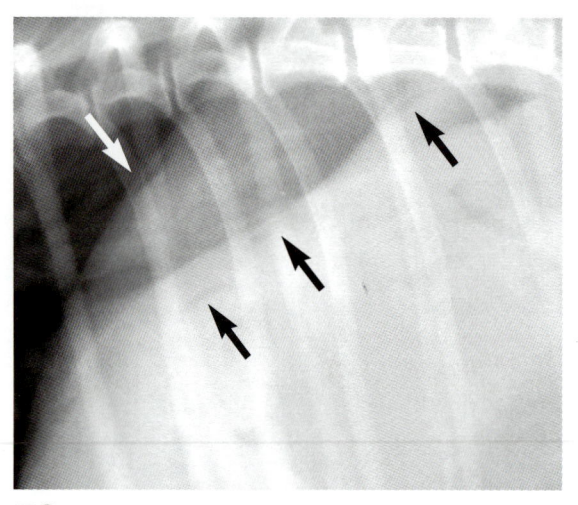

図❶ 消化管穿孔が疑われる犬の単純X線写真。横隔膜と肝臓の間に遊離ガスを認める

検査手順

1．直交2方向ならびに必要に応じてその他の単純X線撮影し，評価を行う。

2．10～15ml/kgの硫酸バリウムを経口または経鼻カテーテルから投与を行う。単純X線写真において腹膜炎や腹腔内遊離ガスなどの所見があり，消化管穿孔が疑われる場合は，2～3ml/kgのヨード系造影剤を選択する。

3．撮影条件は単純X線検査時より線量を若干増加し，撮影時間は，直後，5分，10分，15分，30分で行う。その後は通常30分ごとに撮影するが，これらのX線写真を評価しながら必要に応じて撮影を行う。

4．評価は，バリウムの通過時間（正常では投与後2～2.5時間で結腸に到達），蠕動の異常，形態的異常，バリウムの残留といった点について単純X線写真やすでに撮影されている造影写真と比較しながら行う。

失敗したときの対処法

消化管造影における失敗の多くは，造影剤の誤嚥である。この場合，抗生物質（二次感染の予防），気管支拡張剤，去痰剤の投薬やネブライザーといった肺炎治療を行う。誤嚥により肺に入ったバリウムは，肺門リンパ節や肺胞に数年から十数年残存するが，問題となることはない。

コツ・ポイント

▶造影剤の投与量が少ないと胃からの流出が生理的に遅延し，通過時間の評価が不可能となる。また，小腸領域での形態的評価も困難となるため，適切な量を投与することが重要となる。消化管は蠕動によって常に変化して描出されるが，病変部では常に同様の像を呈する。したがって，異常と思われる像が確認されたら，時間に関係なく複数枚撮影し，これらの造影写真を比較しながら評価する。

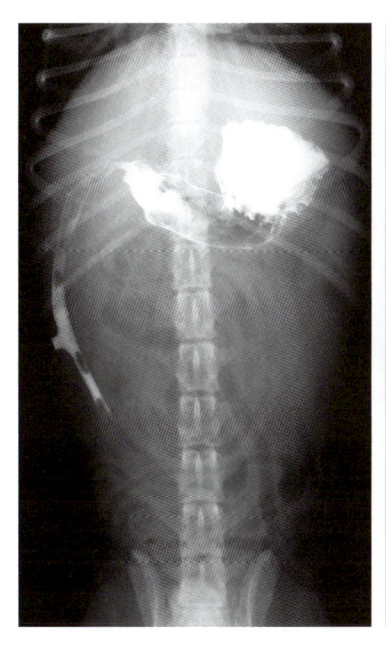

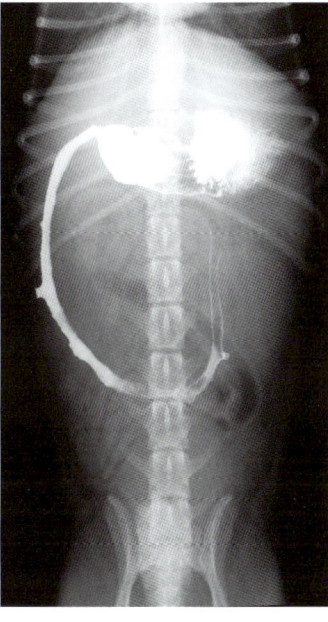

図❷ バリウムの投与量が少ないことに起因し，直後，3時間後ともにほとんど変化が認められない。このような造影検査は診断的価値をもたない。鎮静薬を使用した場合においても，同様の所見となるため，消化管造影時の鎮静や麻酔は禁忌となる

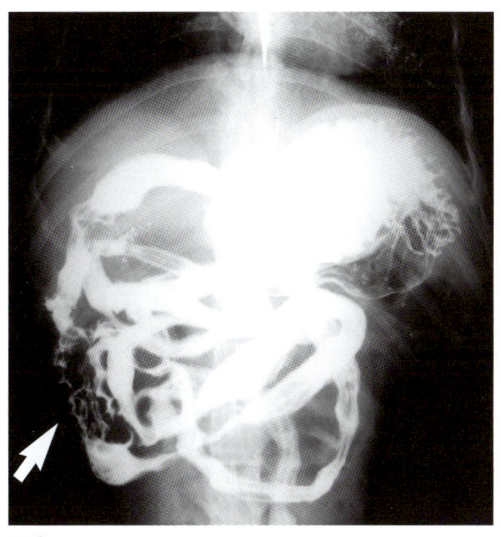

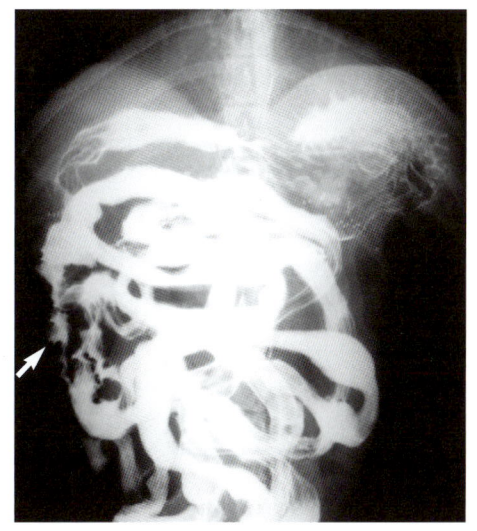

図❸ 十二指腸の不整が複数のX線写真に同様の形態で認められる（犬の消化器型リンパ腫）

II. 泌尿器

準備するもの

- 単純X線写真
- 非イオン性ヨード系造影剤（イオヘキソール，イオパミドール）

A. 静脈性尿路造影法

腎臓・尿管・膀胱の位置，形態，機能の評価，後腹膜腔内病変と尿路の関連性，外傷後の尿路の評価等に適用。

検査手順

1. 検査を行う上で糞便が障害となる場合は，浣腸を行う。
2. 直交2方向ならびに必要に応じてその他の単純X線撮影し，評価を行う。
3. ヨード量600～800mg/kgの用量で，非イオン性ヨード系造影剤を静注する。

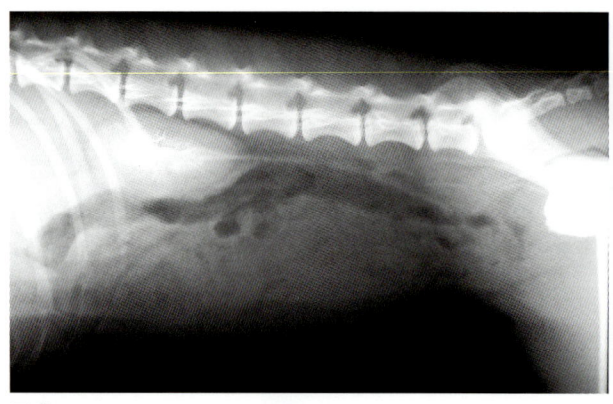

図❸ 正常な犬の静脈性尿路造影像

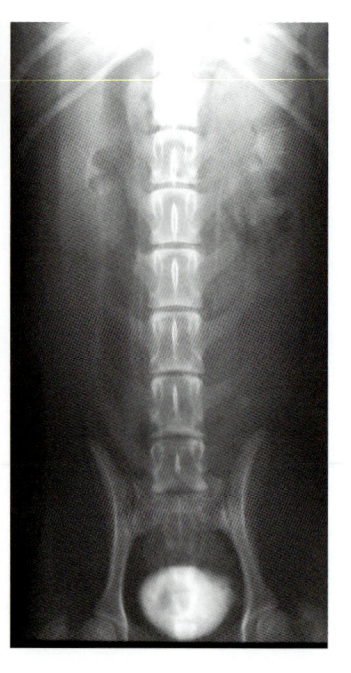

4．撮影条件は単純X線検査時より線量を若干増加し，基本的に撮影は直後，5分，10分，15分，30分で行うが，これらのX線写真を評価しながら必要に応じて撮影を行うか，中断する。

5．評価は腎臓実質や腎盂の造影剤による増強効果の有無，腎実質，腎盂，尿管，膀胱の形態的異常について行う。

失敗したときの対処法

本造影法における失敗は造影剤の血管外漏出である。血管外漏出が起きても生体への問題はないが，血管外漏出によって血管内に注入された造影剤の投与量が少ない場合には，漏出分を直ちに追加投与して撮影を続行する。

また，造影剤の血管内投与によってヒスタミンが放出され，まれであるがアレルギー様反応（顔面・四肢の浮腫，皮膚・粘膜の発赤，肺水腫）が認められることがある。重度な場合では死亡することもあるので，ステロイドまたはH₁ブロッカーの投与や酸素吸入などを行い，迅速に対応する。

コツ・ポイント

▶正常な腎機能を有する腎臓では，造影直後から5分までの間に腎実質，腎盂，尿管が造影されるが，機能の低下した腎臓では増強効果の低下や遅延が認められる。

B．逆行性尿路造影法

陽性造影：膀胱の位置，拡張能，膀胱壁の厚さや粘膜の形態的評価，腫瘍，憩室の評価
陰性造影：膀胱壁の厚さや粘膜の評価，膀胱結石の評価
二重造影：X線透過性の結石や粘膜の増殖性病変に対する評価

準備するもの

・単純X線写真
・造影剤
　陽性造影：非イオン性またはイオン性ヨード系造影剤（アミドトリゾ酸）
　陰性造影：ルームエアー
　二重造影：非イオン性またはイオン性ヨード系造影剤，ルームエアー
・尿道カテーテル

検査手順

1．検査を行う上で糞便が障害となる場合は，浣腸を行う。

2．膀胱内に尿道カテーテルを挿入し，膀胱内の尿を採取する。

3．陽性造影では100mgI/mlに造影剤を希釈し，カテ

造影X線検査の基本

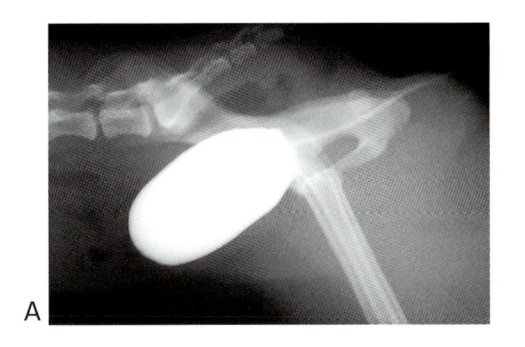

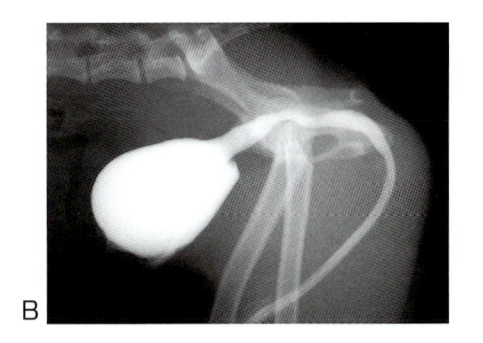

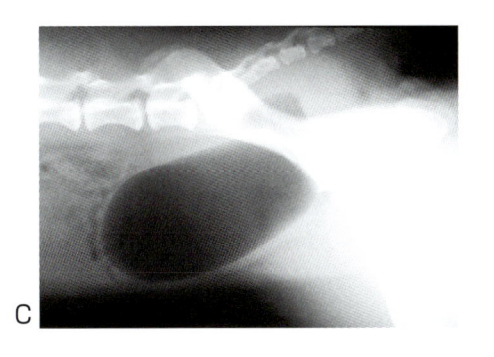

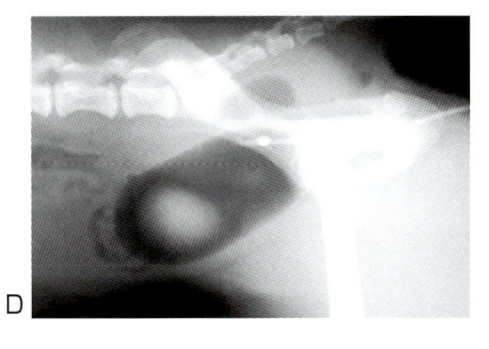

図❹ 正常な犬の逆行性尿路造影像
A；陽性造影（雌犬），
B；陽性造影（雄犬），
C；陰性造影，
D；二重造影

ーテルから注入する。注入量は膀胱壁の拡張能に依存するため，注入中，ポンプに抵抗が感じられたら注入を中止し撮影を行う。それでも膀胱の拡張が不十分な場合は，さらに造影剤を追加し，撮影を行う。撮影条件は単純X線検査時より線量を若干増加させる。

4．陰性造影は陽性造影の後に実施し，陽性造影と同様の量のルームエアーを注入し撮影を行う。陰性造影検査は，左下保定で行う。撮影条件は単純X線検査時と同じでよい。

5．二重造影では陰性造影剤の注入後，15kg以下の犬で1〜3ml，15kg以上の犬で3〜6mlの陽性造影剤（100mgI/mlに調整したもの）をさらに注入する。陽性造影剤が病変部の上に来るように保定し，撮影を行う。撮影条件は単純X線検査時と同じでよい。

他の失敗としては，陰性造影や二重造影に合併する肺動脈の空気塞栓である。陽性造影を行い膀胱から腎盂に造影剤が逆流しているようなら，これらの造影法は差し控えるほうが賢明である。もし必要なら，陽性造影で腎盂や尿管への逆流が認められない投与量を決定してから行う。にもかかわらず，腎盂内へのガスの逆流が認められた場合は，しばらくの間，左下保定で様子をみる（後大静脈内に入ったガスを右心房で捕捉させ，空気が肺動脈内に流入しないようにする）。

茅沼秀樹（麻布大学獣医放射線学研究室）

失敗したときの対処法

本造影法に多い失敗は，造影剤の過剰投与による膀胱破裂である。造影剤の腹腔内漏出が認められたら，検査を中止する。膀胱内にカテーテルを留置した状態で入院させ，膀胱内に尿が貯留しないようにし，血中のBUN，Cre濃度ならびに血尿の状態を監視する。小さい穴であれば自然閉鎖するが，もし，血中BUN，Cre濃度の増加や，血尿が止まらないようであれば，膀胱の外科的な整復を行う。

コツ・ポイント

▶膀胱に病変をもつ動物では，膀胱の拡張能が低下しているものも少なくない。教科書に記載されている投与量を信じると膀胱破裂を起こすので注意する必要がある。しかしながら，投与量が少なすぎると，膀胱の形や粘膜の不整が生理的に認められるため，病変との鑑別が困難となる。

18 心電図検査

アドバイス

　心電図とは，心臓の電気的活動を体表にて記録したものである。図❶は心電図の記録の原理について簡単に説明したものである。心筋群の左右に陽極と陰極が置かれており，図左の電位図ではその電位差を記録している。
　1）心筋が休んでいる状態(静止状態)では細胞内は陰性の静止膜電位を呈している。
　2）心筋が興奮すると，その領域は陽性に荷電する（脱分極）。興奮が陽極方向に進んでいくと，電位図上では陽性に波形が描かれる。
　3）心筋群が完全に脱分極すると，電位差がなくなるため電位図波形は基線に戻る。
　4）再分極つまり細胞の回復が左側から生じると，脱分極時とは電位が逆になるので電位図上では陰性の波形が記録される。
　5）再分極過程が終了すると，電位図はまた基線に戻る。
　心筋細胞あるいは心筋群ひとつひとつでこのような電気活動が営まれ，これら心筋細胞全ての電気活動の合計を体表で記録したものが心電図となる。普通，心電図はP波，QRS群，T波から成り，P波は心房の脱分極，QRS群は心室の脱分極，T波は心室の再分極を示す。
　心電図検査は，記録に特殊な技術を必要としないことから，比較的実施が容易な検査である。心電図は，
　1）リズムの異常
　2）波形の形状
の2つの観点から判読する必要がある。前者の，不整脈の種類を診断することは心電図検査以外ではなし得ないことから，本検査法の特異的な項目といえる。後者は，例えば心房や心室の拡大や肥大などにより心電図波形が変化することを診断に活用するものであるが，他の検査（この場合Ｘ線検査や心エコー検査）でも診断することができる。したがって，電位の異常については他の検査と組み合わせて診断に役立てることができる。
　心電図は心疾患の診断に有用であるのみならず，電解質異常など原疾患が心疾患ではない他の全身性疾患による異常を検出できることがある。
　心電図検査はまたモニターとしても用いられるが，この場合はリズム診断の目的で実施される。電極のつけ方などは診断的心電図記録法と若干異なるため，注意が必要である。
　心電計は，心臓の電気活動を記録する機器であるが，同時に筋電図やそれ以外の電気活動も感知してしまう。これらのアーティファクトは心電図の判読を困難にするばかりでなく誤診を招くこともあることから，心臓以外の電気活動をなるべく排除するようにして心電図を記録する努力が必要である。
　失神の原因として不整脈が疑われる場合，1～2分といった短時間の心電図からでは判断できないことがある。このような場合，動物にホルター心電計を装着して心電図を24時間記録することがある。必要機材や電極装着法が異なるが，通常機材は二次診療施設や検査機関から貸し出し可能で，解析もそれらの施設で実施してくれる。
　最後に，近年自動解析機能付きの心電計が普及しているが，最終的な診断は獣医師が責任をもって下すということを肝に銘じておくべきである。

準備するもの

- 犬，猫心電計（日本光電，フクダエム・イー工業などから動物用が販売されている。図❷）
- 電極（ワニ口クリップ。図❸）
- 消毒用アルコールまたは電極用クリーム

図❶ 電位図
（詳細は本文参照）

1) 興奮が伝わる前

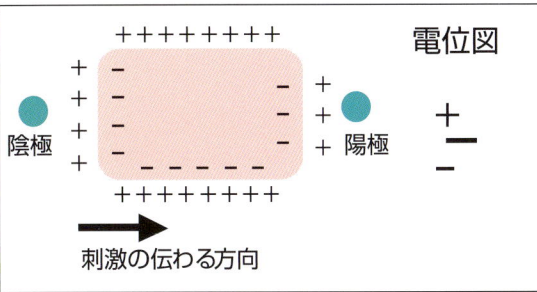

2) 脱分極過程

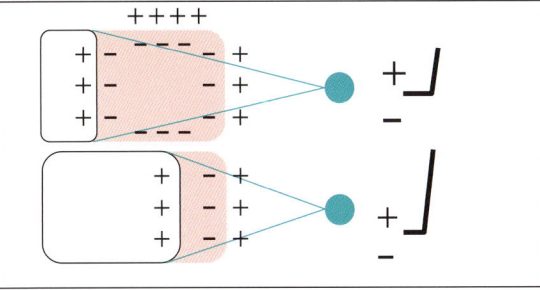

3) 無分極過程

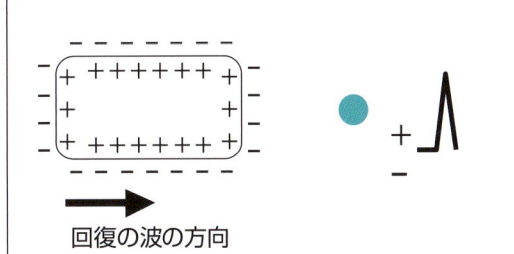

4) 再分極過程

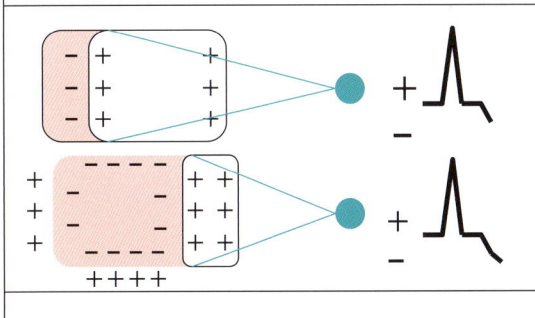

5) 分極状態

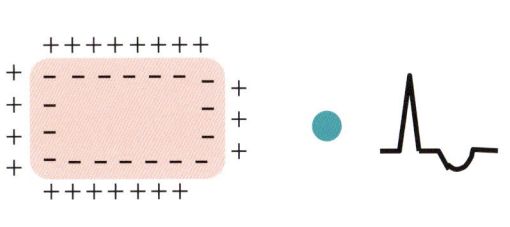

電位図

陰極　陽極

刺激の伝わる方向

回復の波の方向

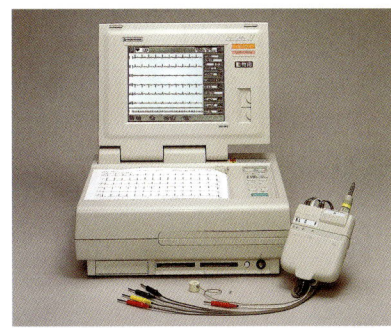

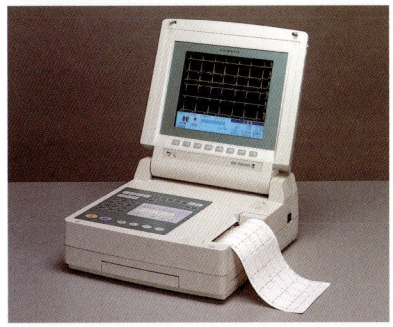

図❷ 動物用心電計

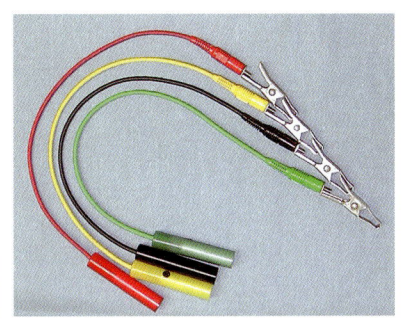

図❸ ワニ口クリップ電極

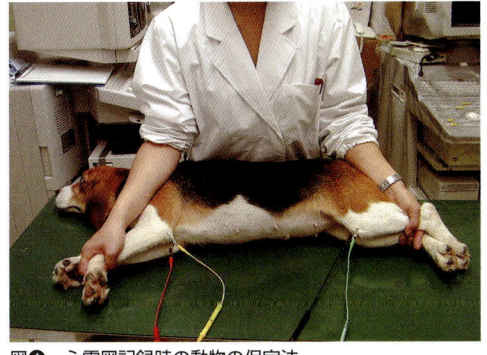

図❹ 心電図記録時の動物の保定法

手技の手順

1. 心電図検査が適応となるのは，
   a. 身体検査上でリズム異常（不整脈）が認められた場合
   b. 心疾患が疑われる場合
   c. ジギタリス，キニジンなどの薬物中毒が疑われる場合
   d. 電解質異常が疑われる場合
   などである。

2. 心電計のアースがとられていることを確認する。

3. 動物をゴム製のマットが敷かれた検査台の上にのせ，右側横臥で保定する。呼吸状態が不安定な動物，横臥にすると暴れてしまう動物では，伏臥や立位も考慮する。しかしこれらの体位では体動によりアーティファクトがのりやすい。

4. 肢は肘付近，後肢は膝付近をアルコール，電極用クリームあるいは生理食塩水で湿らせ，電極を装着

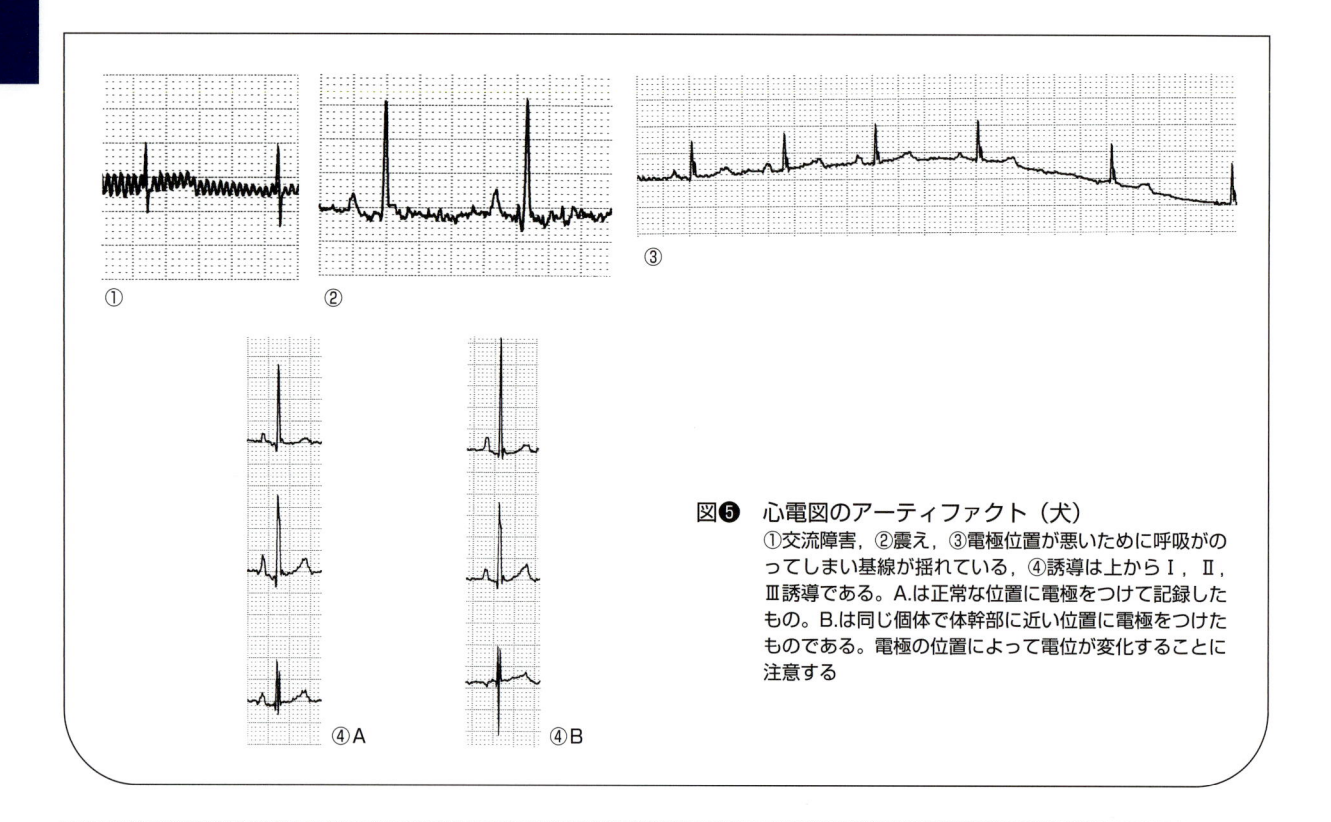

図❺　心電図のアーティファクト（犬）
①交流障害，②震え，③電極位置が悪いために呼吸がのってしまい基線が揺れている，④誘導は上からⅠ，Ⅱ，Ⅲ誘導である。A.は正常な位置に電極をつけて記録したもの。B.は同じ個体で体幹部に近い位置に電極をつけたものである。電極の位置によって電位が変化することに注意する

する。通常，赤の電極は右前肢，黄色は左前肢，黒は右後肢，緑は左後肢である（図❹）。電極装着時の痛みによって興奮や体動を招いてしまうため，電極は痛みを伴わないものを選択する。

コツ・ポイント

▶動物をなるべくリラックスさせる。震えたりすると基線にアーティファクトがのってしまう（図❺）。

▶心電図の電極コードはなるべく胸壁の上にのらないようにする。これも基線を揺らすアーティファクトの原因となる（図❺）。

▶電極装着の位置が足先に近いと，体動による基線の揺れがのりやすい。

▶電極装着の位置が胸壁に近いと，呼吸により基線が揺れることがある。また，とくにQRS群の電位が高く記録されてしまったり波形がかわることがあることから，誤診を招きかねない。

▶波形の電位の評価は，基本的には右側横臥位で記録した心電図を用いる。犬種によっては波形に犬種特異性を有するものがある。

5．心電計のモニター画面に心電図が現れるのを確認する。双極標準肢誘導（Ⅰ, Ⅱ, Ⅲ）と増高単極肢誘導（aVR, aVL, aVF）の6誘導が同時に記録できるものもあれば，3誘導あるいは1誘導ずつしか記録できない機器もある。

6．電極の装着に不備があると，その電極が関与する特定の誘導にアーティファクトがのったり記録されなかったりする。例えば左前肢の電極がはずれているかあるいは接触が悪いと，Ⅰ誘導とaVL誘導にアーティファクトが現れる。

7．心電図が安定したら，記録を開始する。通常の設定は，ペーパースピードが50㎜/sec，感度は1mV=1cmである。感度については記録紙上にキャリブレーション（較正）を入れておくのが望ましいが，入れられない場合は記載しておく。フィルターはなるべくOFFにする。

8．不整脈診断目的の場合は，心電図を少し長めに記録する。この場合，ペーパースピードは25㎜/secに落としても差し支えない。

9．心肥大診断目的の場合は，胸部単極誘導も同時に記録するのが望ましい。胸部単極用の電極を右側第

5肋間胸骨縁（CV5RL），左側第6肋間胸骨縁（CV6LL），左側第6肋間肋軟骨結合部（CV6LU），第7胸椎上（V10）に装着し，それぞれの誘導の記録を行う。

10. 記録した心電図はファイルしておくが，記録紙によっては長年の間に波形が薄くなったり用紙が黄ばんだりすることがあるため，デジタル化して記録するかあるいはコピーをとっておくのが最も望ましい。

失敗したときの対処法

技術的に難しい検査ではないので，記録上の失敗もあまりないが，動物の状態と心電図所見がかけ離れている場合は，下記のようなアーティファクトの可能性を考える（図❺）。

1. 電極のつけ間違い：例えば，Ⅰ，Ⅱ，Ⅲ，aVF誘導ではP波およびQRS群は陽性であるのが一般的であるが，もし両波形とも陰性であれば電極の確認を行う。

2. 室内の他の電気器具による電気的干渉：室内の電気機器により様々なノイズ，ハムが基線を揺らすことがある。心電図用電極の周囲，結線の周囲の電気機器を切り，アースをとるときれいになることがある。

3. 体動。

4. キャリブレーションの間違い。

5. ペーパースピードの間違い。

器具の一覧

- 動物用心電計カルジオファックスV　ECG-9922（日本光電）
- 動物用心電計カルジオファックスGEM　ECG-9902（日本光電）
- 動物用心電図自動解析装置　Cardisuny α6000AX-D, D500（フクダエム・イー工業）
- 動物用心電計　Cardisuny D300B, D300BM, D300BX（フクダエム・イー工業）
- 動物用心電図電極（フクダエム・イー工業）

藤井洋子（麻布大学獣医学科外科学第一研究室）

VTに指導するときのポイント

1. 保定者は，体動がなるべく少なくなるように動物を保定する。図❸のように，四肢を伸ばし，腕全体で動物の肩と腰を決めるように保定するとよい。

2. 保定者は，電極に直接接触しないよう心がける。

3. モニターとして心電計を使用するときは，体幹に近くケアしやすい位置に電極を装着するとよい。猫では心電図の波形自体が犬と比較して小さいので，通常の四肢誘導よりもAB誘導（肩甲骨上に赤，心尖部に黄を取りつけ，不関電極は四肢などの位置でもよい）でモニターした方が，より大きなQRS群を確認することができる。

4. 電極使用後は，錆びてしまうので電極を清拭しておくのが望ましい。

19 術前検査

アドバイス

病院として売ってよいものは，心配の解消と安心感（心理的な安堵）である。手術を行うということは，病気の場合は「心配の解消」が売りになるのは決まっているが，それに「安心感」をプラスすることも可能である。また，不妊手術のような健康動物に対する手術においても，麻酔に関する不安はつきものである。したがって，すべての麻酔，外科症例において，正しい術前検査を実施することは，飼い主の安心感につながり，あわせて術者の安心感も得られるので，必ず行うようにしたい。導入にあたっては，術前検査を行う，行わない，といった「Yes／No」オプションでなく，拡大検査を行う／最小限の検査を行う，といった2-Yesオプションの提示がよい。麻酔前検査の重要性はSmith and Mathewsによる研究で明らかにされている。犬625例，猫288例に対して術前検査の実施を提案し，その結果，検査を行うことを飼い主が承認したものが70％あった。そしてそのうち，検査の結果で麻酔が延期された例が35％あったと述べられている。

準備するもの

- CBCの全ての検査項目
- ACTチューブ*
- 保温カップと温度計
- 尿検査の全ての検査項目
- 血液化学スクリーニングの全ての検査項目

手技の手順

1. CBCで麻酔前に検出したい異常は以下の通りである。

貧血：PCVを読む
炎症：Band, Seg, Mon, Eosを読む
蛋白異常：TPを読む
黄疸：IIを読む
血小板減少：Platを読む

2. 凝固系（ACT）で麻酔前に検出したい異常は以下の通りである。

ACTの延長
　血小板異常
　　数の異常：CBCで確認済み
　　機能異常：投薬歴などを検討，vWDの可能性を検討
　APTT異常
　　内因系または共通経路の異常
　　PT, APTT検査に進む

検査手順
1）プラスティックシリンジで採血直後の血液を2ml，針をはずし，ACTチューブのキャップをはずして入れて，内容物とよく混ぜる。
2）37℃のお湯を入れた保温カップにつけて30秒ごとに出して振ってみる。
3）凝固した秒数を記録する（標準は猫で<65秒，犬で<120秒）

3. 尿検査で麻酔前に検出したい異常は以下の通りである。

尿比重の低下：腎疾患の早期発見
化学的検査の異常：
　蛋白，糖，ケトン，潜血などの出現は異常である
尿沈渣の異常：
　腎後性腎不全の原因となる尿路系異常を検出
　ストレスの原因となる下部尿路疾患を検出

4. 血液化学スクリーニングで麻酔前に検出したい異常は以下の通りである。

蛋白異常：TP, Alb, Glob (TP-Alb)を読む
肝障害：
　肝細胞障害：ALT, ASTを読む
　胆道系障害：ALP, TBilを読む
　肝不全：Alb, Glu, TCho, BUNを読む
腎障害：BUN, Cre, P, Ca, Alb, TChoを読む
代謝異常：Glu, TChoを読む（犬ではAmy，Lipも追加）
内分泌異常：ALP, TCho, Na, Kを読む
電解質異常：Na, K, Clを読む

---

*Becton and Dickinson, VACUTAINER, 366522, Brand Tube for Activated Coagulation Time of Whole Blood.

失敗したときの対処法

1. 飼い主が術前検査を承諾しなかった場合

手術同意書とは別に，術前検査について説明を受け，飼い主の選択でそのリスクを理解した上で検査なしで手術に臨むことを記載した用紙にサインしてもらう。

2. 術前検査の承諾が得られにくい場合

説明の方法がよくないことを考える。通常はよく説明すれば70～80%以上は同意が得られるはずである。飼い主は論理よりも気持ちで決断することが多い。飼い主が望んでいるのは，獣医師の知識ではない。いかに自分の動物を思ってくれるかである。

3. 術前検査の重要性を啓発する文書をつくる

「術前検査って何？」
　手術には全身麻酔を行います。麻酔をかけて安全か，手術で体にメスを入れて安全かをあらかじめ検査します。

「何で必要なの？」
　まず，麻酔が安全かどうかみるために，肝臓や腎臓の状態をみておきます。さらにメスをいれて大丈夫かをみるために，血液は固まるか，貧血はないか，炎症はないか，蛋白は十分か，他の病気はないかなどを検査します。

「いくらかかるの？」
　別々に行うと合計○○○○○円かかる検査ですが，術前検査の場合は，すべての動物が安心して手術を受けられることが大切なので，パック料金として○○○○○円で提供させていただきます。

「今本当に必要？」
　本当に必要です。何も起こらないことに「賭ける」のではなく，安心のために検査を受けましょう。

「何かいいことあるの？」
　麻酔と手術での不測の事態を限りなく防止できます。異常が認められたら，その病気の正確な診断と治療が行えます。何も異常がみられなければ，麻酔と手術に対する安全性が確保されるのみならず，将来にわたっての健康状態のベースラインとしてカルテに記録されます。

4. 術前検査で異常が記録された場合

異常の種類，程度に応じて，麻酔の変更，術式の変更，手術の中止などを判断する。

石田卓夫（赤坂動物病院）

コツ・ポイント

▶ 検査項目をどのように設定するかがポイントである。できれば，年1回の健康診断に相当する多項目の検査を行うのがベストである。

▶ 最小の術前検査
ヘマトクリット管（PCV, TP, II, WBC数概算）
血液塗抹（WBC数概算，左方移動や単球増加症などの確認）
または以上をQBC-Vで代用することは可能である
ACT
尿検査（比重，化学検査，沈渣の全項目）
血液化学スクリーニング（TP, Alb, ALT, ALP, TBil, TCho, Glu, BUN, Cre, P, Ca, Na, K, Cl）**

▶ 完全な術前検査
CBC全項目：
RBC, PCV, Hb, MCV, MCH, MCHC, TP, II, Plat
WBC, Band, Seg, Lym, Mon, Eos, Bas
ACT
尿検査全項目：
USG, pH, Pro, Glu, Bil, Ket, OB, Sed
血液化学スクリーニング：
TP, Alb, Glob, ALT, AST, ALP, TCho, Glu BUN, Cre, P, Ca, Na, K, Cl
（オプション：TG, GGT, Amy, Lip）

** 健康動物ではNa, K, Clを省略可能。尿検査でBil陰性，CBCでII<5であればTBilは省略可能。猫ではTChoを省略可能。

術前検査

VTに指導するときのポイント

1. 術前検査の重要性はVTも知っておかなければならない。VTに対して飼い主から質問があった場合には，正確に答えられるようにしておかなければならない。

2. VTは自分の動物の手術をしてもらう際に，まずもって術前検査を経験し，その広範囲にわたる評価と安心感を身をもって体験しておくべきである。

3. 実際に検査を行うのはVTである。そのデータに動物の安全性がかかっているのだという認識をもって，正確な検査を心がける。

エレクトロニクスで病魔に挑戦
NIHON KOHDEN

最新の技術を動物医療に
日本光電の動物専用機器

New
BSM-5192 （犬・猫専用）
動物用モニタ　Life Scope A

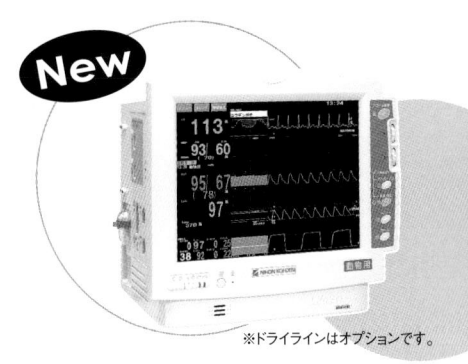

- 麻酔ガス測定ユニット内蔵。麻酔ガスの他、CO_2、O_2、N_2Oを連続モニタリング。
- 12.1型カラー液晶画面に最大5トレース表示（数値拡大表示も可能）。
- タッチパネルによる簡単操作。

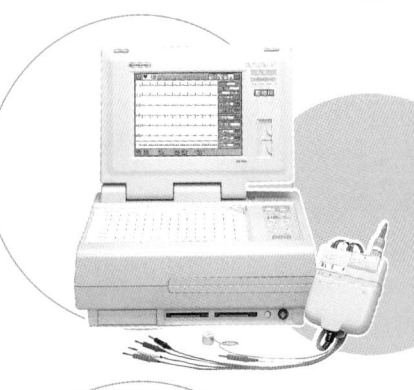

※ドライラインはオプションです。

ECG-9922 （動物専用）
動物用心電計　cardiofax V

- 動物種・年齢・体位によって異なる解析論理を適用し、高精度に解析。
- 弁膜症の診断に有用な心音図の記録・解析も可能（心音センサはオプション）。
- デジタル入力箱で高品質な波形を提供。

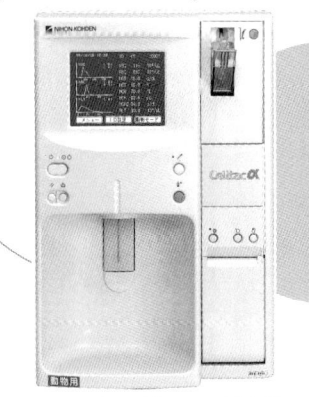

MEK-6358 （動物専用）
全自動血球計数器　Celltac α
（血液8項目測定）

- 犬・猫・牛・ラット・マウスの5種類をワンタッチで選択。さらに3種類を任意に追加可能。
- 微量血測定に便利な希釈液分注機能を内蔵。
- 未知の動物血閾値もスレッショルドサーチで簡単に確認。

※キャップピアスユニットはオプションです。

BSM-5192：動物用医療機器承認番号　16消安5215
ECG-9922：動物用医療機器承認番号　9畜A972
MEK-6358：動物用医療機器承認番号　12畜A353
K08-021A

日本光電　東京都新宿区西落合1-31-4
〒161-8560　☎03(5996)8028
＊カタログをご希望の方は当社までご請求ください。
http://www.nihonkohden.co.jp/

20 器具の滅菌法

アドバイス

手術は，多くは本来皮膚などによって外界の微生物から守られている体の内部を，メスで切り開き露出する操作である。したがってそこにふれる器具に微生物はあるべきではない。また，手術器具は何百回と繰り返し使用され，そのたびに違う動物にふれるので，器具によって微生物を感染させることもあってはならない。さらに，その繰り返しの滅菌による器具の劣化も最低限に防ぐべきである。

本稿では伴侶動物の手術において一般的に使用される器具の滅菌法の基本について紹介する。また滅菌とは，全ての増殖可能な微生物（あらゆる形態）を完全に殺滅もしくは除去する処理をいう。それに対して消毒とは，主として病原微生物を不活化することをいい，滅菌のように全ての微生物を除去するわけではない。

小動物臨床で主に使用される滅菌法は，高圧蒸気滅菌（オートクレーブ），エチレンオキサイドガス（EOG）滅菌法があり，消毒法としては煮沸消毒，薬液消毒などがあげられる。手術に使用する道具においては全て滅菌法を使用することになるので，本稿ではオートクレーブとEOG滅菌の方法について述べる。

図❶　器具缶（蓋を閉めた状態）

もち手の中央のツマミをスライドさせることで通気孔が開くようになっている

準備するもの

- オートクレーブ滅菌の場合
  a. 滅菌する手術器具
  b. 器具缶またはポリエチレンとクラフト紙のパック
  c. インジケーター
  d. ドレープなど（器具を包むもの）
  e. ヒートシール（パックを使用する場合）

- EOG滅菌
  a. 滅菌する手術器具
  b. ポリエチレンパック
  c. インジケーター
  d. ヒートシール（EOG滅菌機に備わっているものがほとんど）

手技の手順

1. 手術器具の滅菌の一例：オートクレーブ滅菌

1）手術器具はあらかじめ血液などの付着がないこと，事前に防錆剤への浸漬が済んでいることを確認。
2）鉗子など，留め金（ラチェット）がついているものは全てはずし，はさみなど留め金の部分で分離できるものは分離する（図❷）。
3）器具入れの上下にある通気孔は全て開放にする（図❶，図❸）。
4）器具入れにドレープを敷く
5）器具を使いやすいように並べる。なるべく重ねないほうが理想的だが，重ねざるをえない場合でも，とくに異素材のものとは接触しないようにする（図❹）。
6）敷いたドレープをたたみ，器具を被う。またドレープを折る場合は必ず内側に折る（図❺）。
7）器具缶のわかりやすい部分にインジケーターを貼る。
8）オートクレーブに入れ，使用用途に応じて時間を調節し，滅菌する。
9）滅菌終了後，十分温度が下がってから取り出し，すぐに通気孔を閉じ，インジケーターが変色していることを確認。

なお，器具缶のかわりにクラフト紙とポリエチレンフィルムをあわせたパックを使用することもある。その場合，クラフト紙にインジケーターがあらかじめ印刷されていることが多い（図❻）。

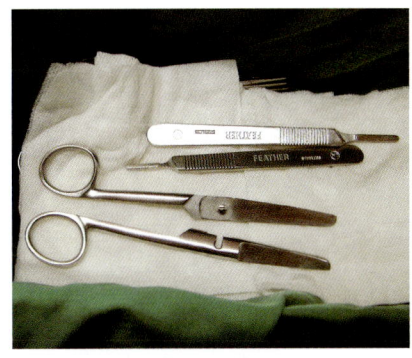

図❷　留め金を分離して滅菌する 　　　図❸　器具缶（開いた状態） 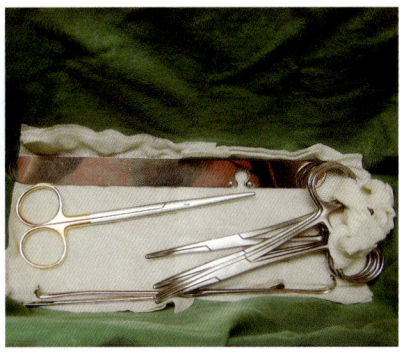　　　図❹　ここでは鉗子を扱いやすいようにガーゼで縛ってある

2．気管チューブの滅菌：EOG滅菌

　本来一般的な気管チューブはシングルユースであるが，費用の問題から再使用することが多い。しかし気管チューブの主なものはオートクレーブ滅菌は不可能である。ここではEOGによる気管チューブの滅菌法を紹介するが，これは他の加熱できない器具に対する滅菌にも応用できる。また器具の劣化が少ないため手術器具もEOGで滅菌する病院も多い。ガスは人体に対しても猛毒なので，必ず排気と換気を確認してから作業にあたる必要がある。また，水と接触するとガスは不活性化し，滅菌効果はなくなるので，被滅菌物は十分に乾燥させることにも注意するべきである。

a. ヒートシールのスイッチを入れ，シール可能になるまで待つ（図❼）。
b. 被滅菌物（気管チューブなど）が十分入る大きさにポリエチレンフィルムを切り，片側をヒートシールして袋をつくる（図❽）。
c. 被滅菌物とインジケーターを入れ，排気およびガス注入用ダクトを入れる穴を残してヒートシールする。
d. ダクトから空気を吸い出した後，ガスを注入する。この際注入しすぎることによるガスの漏洩と暴露に気をつけること。

失敗したときの対処法

　一番多い"失敗"は，滅菌後パックの破損またはヒートシールした部位の裂開である（図❾）が，基本的には再滅菌するべきである。ただし，オートクレーブした直後のまだ内部をさわっていない状態で，シール部位の

コツ・ポイント

▶オートクレーブで手術器具を滅菌する場合
a. 留め金を全て外して滅菌すること。外さないまま滅菌することを繰り返すと熱がかかったときに損傷し，早く器具がいたむ。
b. オートクレーブ内缶には，被滅菌物を詰め込みすぎないこと。十分な滅菌効果が期待できないばかりか，内缶に接触した布などが焼け焦げることがある。
c. クラフト紙とポリエチレンフィルムの包材を使用する場合，EOGよりヒートシールした部分が開きやすいので，被滅菌物にくらべて十分な大きさの包材を用意し，さらに二重三重にヒートシール（図❿）したほうがよい。

▶EOGで滅菌する場合
a. 器具が乾燥していることを必ず確認する。
b. 滅菌対象物の表面に脂肪，蛋白質，塩類などがあればそこにはガスが浸透しないので，とくに汚れた手でさわらないようにすること。
c. ガスが表面に残留している状態では皮膚や粘膜に障害を起こすことがあるので，滅菌後は十分排気，換気をしてから使用すること（とくに気管チューブ）。
d. ある程度の高温で排気するエアレーション装置がある場合は短時間でガスを排気できるが（60度で8時間，50度で12時間），室温の場合は7日間を要する。

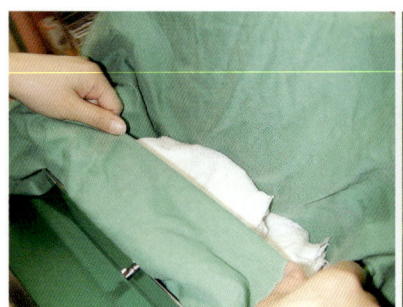

器具の滅菌法

図❺-A　端を内側に折り曲げる

図❺-B　術衣をパックした例

図❻　インジケーターが印刷されたパック。滅菌すると変色する

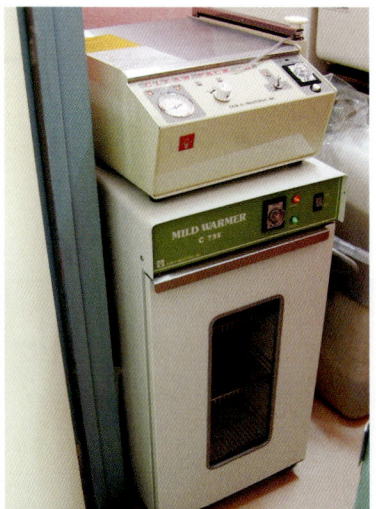

図❼　上がEOG滅菌器（ヒートシーラーつき）。下がエアレーション装置

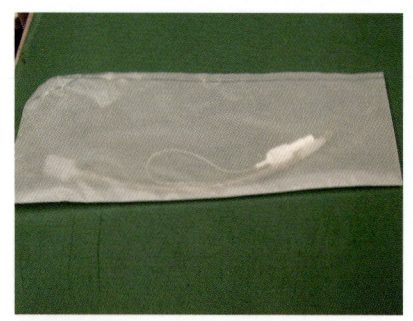

図❽　気管チューブのEOGガス滅菌の例

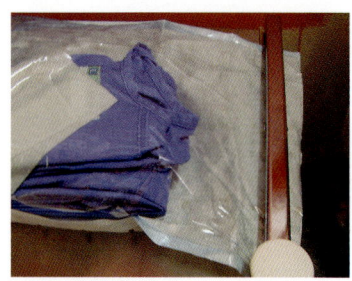

図❾　ヒートシール部の裂開

図❿　速やかにヒートシールする

裂開を発見した場合に限り，内容物をさわらないようにして速やかにヒートシールしなおすこともある（図❿）。もちろんすぐに使用しない場合は再滅菌するべきである。

機器の一例

- ミルクテック（手術器具の防腐剤）：瑞穂医科工業
- モナクレーブ
- オートクレーブ，Clean Pack-Ⅱ（EOG滅菌機），Mild Warmer c-375（EOG滅菌用加温機）：新鋭工業
- HP滅菌バック TS-906（日油技研工業）

市川美佳（日本動物高度医療センター）

VTに指導するときのポイント

最初に使用機器の取扱説明書をよく読んでもらうべきである。とくにEOGを使用する場合，周囲の十分な換気，排気ダクトの確認を行い，VT本人のEOG暴露を避けるように努めて注意を払うべきである。オートクレーブに関しては，使用説明書に沿った十分な機器の管理（定期的な水の交換や清掃など）を徹底することと使用中使用後の火傷に注意を払うべきである。また，器具の劣化が激しいので，とくに十分な防腐処理といった管理方法にも留意してもらうべきである。

Laboratory-Network-Systems

小動物の臨床検査
イヌ甲状腺機能低下症の指標
canine TSH・canine T4

本邦初

イヌTSH・イヌT4を抗原としたモノクローナル抗体を使用した測定系を用いているため、従来測定ができなかったTSHや、ヒトの試薬で代用していたT4が、イヌ専用試薬で国内測定が可能となりました。これにより、先生方が日常臨床で数多く遭遇されるイヌ甲状腺機能低下症のより精度の高い診断が可能となります。なお、分析には化学発光酵素免疫反応を用いていますので、特異性が高く正確で迅速な報告をご提供いたします。

TSH＋T4 血清0.4ml　セット価格 5,000円

宅急便にて下記（横浜ラボ）までお送りください。到着2日以内にFAXにてご報告いたします。
詳しくは、下記までお問い合わせください。
また、この他にも小動物の各種検査を行っております。資料請求をご希望の方は下記までお問い合わせください。

問合申込先　株式会社 ランス (LANS:LABORATORY NETWORK SYSTEMS)
横浜ラボ　横浜市都筑区勝田南1-2-13　関ビル202
TEL 045(944)4442
FAX 045(944)4443
http://www.lans-inc.co.jp

ステンレス診察台
ストローク550mm　許容荷重90kg
■C-390-A型/B型

診察台が最低390m/mまで下がりますので大型犬をのせるのに大変便利です。

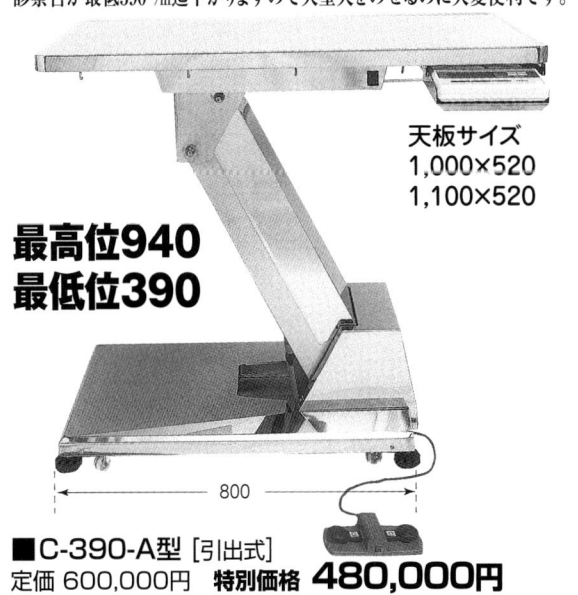

天板サイズ
1,000×520
1,100×520

最高位940
最低位390

800

■C-390-A型［引出式］
定価 600,000円　**特別価格 480,000円**

■C-390-B型［天板表示式］
定価 600,000円　**特別価格 480,000円**

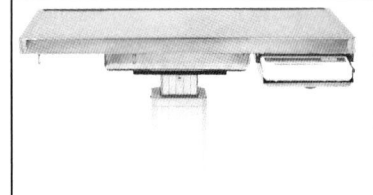

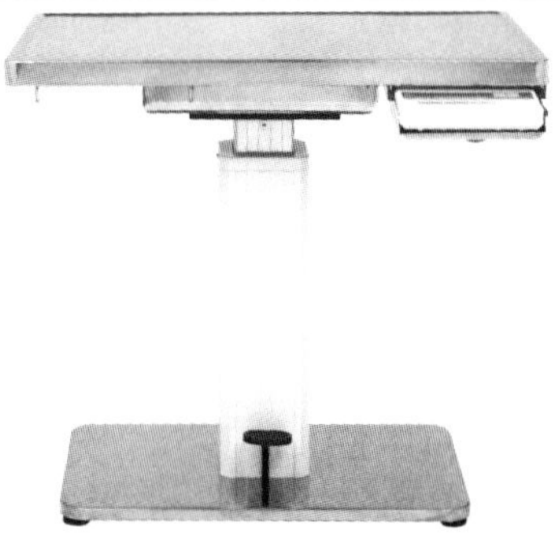

体重計付診察台
■GS-1-150

天板サイズ	750×450	S
	900×480	M
	1,000×520	L
	1,100×520	LL

納入価格 **219,000円**

昇降範囲	680～870
支柱（アルミ・粉体塗装）	150×150
ベース（ステンレス）	680×450

ステンレス・万能処置台

■A型（スノコ付）　■B型（混合栓・スノコ付） 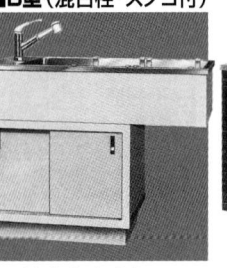　■C型（混合栓・スノコ付）

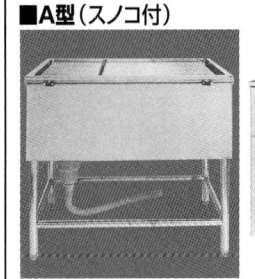

A型（寸法・価格）
巾 850	126,000円
巾1,000	143,000円
巾1,200	159,000円

B型（寸法・価格）
| 巾1,200 | 285,000円 |
| 巾1,500 | 315,000円 |

C型（寸法・価格）
| 巾1,200 | 289,000円 |
| 巾1,500 | 319,000円 |

※C型・槽深400のタイプもあります。　※特別注文も承ります。（例：高さ800mm～900mm）

千葉商事株式会社　〒113-0023　東京都文京区向丘2-22-2
TEL 03-3821-3765（代表）　FAX 03-3824-1838　※価格は全て税別

21 外科手術の基本

アドバイス

手術とは動物と獣医師の間にのみ存在するのではなく，家族を含めた3者間で考える事柄である。家族は手術に対する恐怖，とくに「麻酔から覚めないのでは？」等の恐怖をどこかに感じているはずである。手術を行う場合は，

・本当に手術が必要な症例なのか？
・「家族は手術を正確に理解しているのか？」を必ず確認し，確実にインフォームド・コンセントを得る。

次に外科医の心構えである。

・Pareの「私が処置し，神がこれを癒し給うた」という心を忘れない。
・常に初心に返り，術前は解剖学，外科学の成書を見直す。
・全ての手術に対し誠心誠意真剣に取り組む。
・いつも同じ術式は存在しないため柔軟な応用力を備える。
・常に新しい知識，技術を吸収するために成書を読むだけではなく，他人の手術を見学し吸収する。
・手術には勇敢さも必要であるが，時には勇気ある撤退も必要である。
・手術後には術式を振り返り反省をする。
・「自分の家族だったらどうするか？」を考え対処する。
・感染が起きないように最大限に滅菌，消毒に留意する。
・麻酔がうまく行われないと手術は成功しないので，外科医は麻酔についても精通していること。

などに注意する。

外科医の手にはその動物の生命が直に委ねられている。その使命感の大きさを真摯に受け止め謙虚な気持ちで手術を行うこと。

準備するもの

手術器具

a. 切開を目的としたもの
・外科刀（メス）：円刃刀（皮膚切開用），尖刃刀（穿刺用）
・剪刀（鋏）：直鋏，彎鋏など

b. 把持を目的としたもの
・鉗子（コッヘル，ペアン，モスキート，アリスなど）
・鑷子（ピンセット）：有鉤鑷子，無鉤鑷子など

c. 視野を出す目的のもの
・鉤
・開創器

d. 縫合を目的としたもの
・持針器（Hegar，Mathieuなど）
・縫合針（彎針，直針）（普通孔，弾機孔）（丸針，角針）

器具以外

・ドレープ，ガウン，手術用ゴム手袋，帽子，手袋，マスク，ガーゼ，縫合糸，など。
・ガス麻酔器，レスピレーター，手術モニター（心電計，パルスオキシメーター，カプノメーター，体温計，脈波計など），生体保温装置，輸液ポンプなど

手技の手順

1. 手技に先立って行うこと
   a. 術前検査（別項参照）。
   b. 家族への説明（インフォームド・コンセント）。
   c. 手術歴，家族歴，アレルギー，既往症のチェック。
   d. 気管挿管を想定し喉頭部のチェック。

2. 静脈確保：術中輸液と麻酔時の急変を考え静脈を確保しておく。

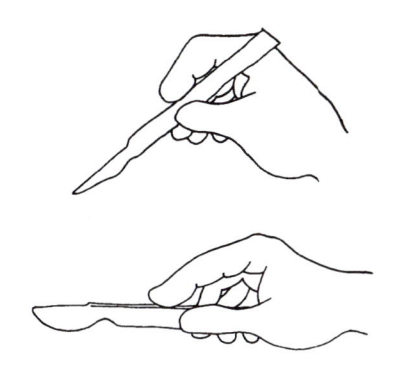

図❶　メスのもち方
（上：執筆法，下：食刀把持法）

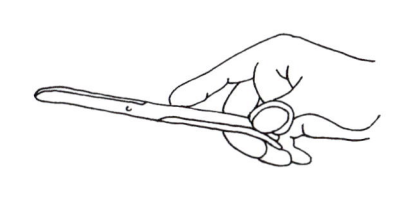

図❷　鋏のもち方

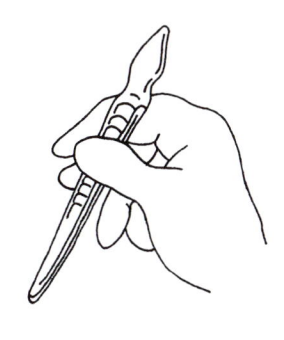

図❸　鑷子のもち方

3．麻酔前投薬：下記薬剤を症例に応じて選択する。
　a．催眠薬（バルビタール剤，ベンゾジアゼピン誘導体，ブチロフェノン誘導体など）。
　b．鎮痛薬（麻薬，非麻薬系鎮痛剤など）。
　c．ベラドンナ薬（アトロピン，スコポラミンなど）。

4．麻酔
　a．動物の状態によって麻酔はかなりの危険を伴うので，私語も慎み導入時から細心の注意を払う。
　b．吸入麻酔，注射麻酔，硬膜外麻酔，局所麻酔を症例に応じて使い分ける。
　c．酸素化は皮膚，粘膜，血液の色で判断し，パルスオキシメーターを装着する。
　d．換気は胸郭と呼吸バッグの動きおよび呼吸音で判断し，カプノメーターも使用する。
　e．循環はCRT，心音，動脈の触診のほか脈波計，心電計，血圧計を装着して判断する。
　f．体温，痛覚を定期的にチェックする。
　g．担当医以外の手術室にいる全ての人も，バイタルサインなどの変化に注意する。

5．剃毛，消毒，被覆
　a．手術室に入室する際には履物，白衣を交換し帽子とマスクを着用する。
　b．術者は爪を短く切り，手術用の洗剤とブラシを用いてできる限り滅菌に近い状況になるまでシュールブリンゲル法等でブラッシングをする。洗浄には滅菌水がすすめられる。
　c．術野はていねいに剃毛し，必要があれば剃刀も用いる。消毒薬はクロルヘキシジン，ポビドンヨードなどを用いてグローシッヒ法で複数回消毒する。さらに滅菌状態を期待する場合はポリエチレンなどでできたサージカルドレープを用いる。
　d．手術に際しては滅菌されたガウンと手袋を着用する。

6．切離
　a．メスのもち方は小切開には執筆法，大きい切開で力を入れるときは食刀把持法やバイオリン弓把持法を用いる（図❶）。
　b．切皮は皮膚割線に沿って迅速に行うと，創が離開しがたく治癒しやすく瘢痕も少なくなる。
　c．メスは鋭利なので，切開部位の下面に他臓器があると思われる場合は予防策を講じておく。
　d．初学者はメスの扱いが慎重になる傾向があるが，やや加圧気味にしっかりと切皮する。
　e．鋏は親指と第4指で保持し，示指は軽く曲げ鋏の支点あるいは柄に添え，刃の先端は組織の切開に用い根元は硬いものを切るのに用いる。また鋏は基本的には鑷子のサポートで切るようにする（図❷）。
　f．鑷子は親指と中指，示指の間に挟んでもつ（図❸）。

7．結紮，縫合
　a．結紮法は男結びと外科結びを基本とし必要に応じて三重結びを行う。
　b．吸収糸には天然素材のcutgutと各種合成糸があり，非吸収糸には絹糸，ナイロン，金属性糸などがある。
　c．一般的に用いられている編糸は伸びがたいが緩みやすいために結び目を多くする必要がある。
　d．モノフィラメントは感染しがたいが緩みやすいので注意を要する。縫合糸はそれぞれ一長一短あるために十分に理解して使用しなければならない。
　e．縫合時には針を組織に直角に挿入し，創縁から両側共等間隔の部位に直角に出すことが大切である。また張力に応じて減張縫合を併用する。
　f．創下の死腔や創縁の段違いは一次癒合を妨げ感染

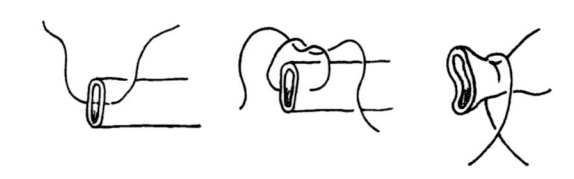

図❹　結紮止血（貫通結紮）

図❺
左上：メス刃（Feather,No23）
左下：彎針（角針彎普通孔，丸針彎普通孔）
右に向かって：メス柄（Martin），有鈎鑷子（Miltex），把針器（Miltex），アリス鉗子（Miltex），鋏（Miltex），モスキート鉗子彎（Miltex），モスキート鉗子直（Miltex），タオル鉗子（Miltex）
吸収糸：DEXON Ⅱ，3－0
非吸収糸：Supramid Extra（S.Jackson,Inc.）

が起きる可能性がある。
g. 結紮は創縁が密着すればよいので，締めすぎたり縫合の間隔が狭いと局所の循環障害を引き起こす。
h. 連続縫合は手技が楽で止血もできて時間短縮になるが，糸が緩みやすく創縁の接着が不確かで，1カ所切れると全て離開してしまうので，皮膚の縫合には用いるべきではない。
i. 結紮時には指先は結紮点のすぐ近くまで運んで締め，結紮作業中は結紮点を動かさない。
j. 動脈断端の結紮は二重結紮か貫通結紮を用いる。
k. 縫合方法，結紮方法は状況に応じて使い分けなくてはならないので，各種練習をしておく。

失敗したときの対処法

術中に起きる不慮の出血に対しては「落ち着いて出血点を確かめること」が必要である。出血した場合には，落ち着いて出血部と思われる部位を指先あるいはガーゼで押さえて出血を止め，周囲の血液を除去してから少しずつ押さえていた指先をずらしていくと出血部が確認できる。出血に驚き鉗子を盲目的に押し込み挟むと，出血点を広げたり臓器を損傷したりする。
止血法には，
1）圧迫止血（ガーゼやタオルで圧迫する方法で毛細血管や細静脈からの出血に対して用いる）
2）凝固止血（電気メス，レーザーメスを用いる）
3）結紮止血（結紮することによって出血点を閉じる

コツ・ポイント

▶Great-surgeon，great-fieldという言葉が示すように，優れた外科医は大きな視野をつくり，術野を十分に直視しながら手技を行う。術創の小ささを競う「器用な外科医」ではなく「優れた外科医」を目指す。

▶術前には解剖の成書をよく読み術野の筋骨格の位置関係や神経，血管系の走行を理解しておくことは失敗を避ける大きなポイントである。骨外科に関しては『An Atlas of Surgical Approaches to the Bones and Joints of the Dog and Cat:W.B.Saunders Company』が優れている。

▶Gentle Surgery（Halsted,W.S）（文献1より引用）これらは手術の基本として最も重要な事柄である。
a. Gentle handling of tissue（組織をやさしく扱う）
b. Accurate hemostasis（正確な止血）
c. Sharp anatomical dissection（解剖学的に正確な切開）
d. Clean and dry field（術野は清潔かつドライに）
e. Avoidance of mass ligation（全部を結紮するようなことは避ける）
f. Fine suture material（細い縫合材料を使用）

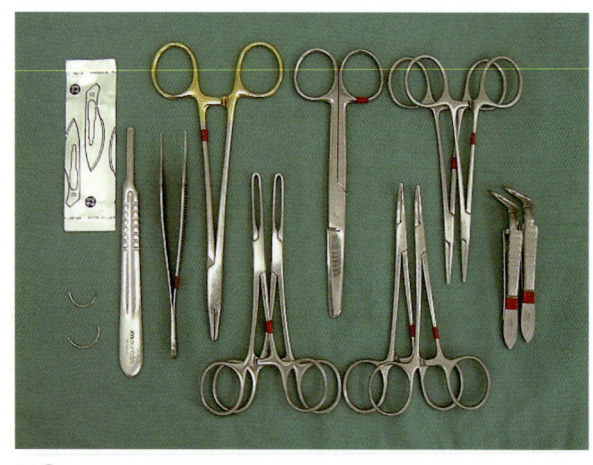

方法で最も確実な方法，図❹）
4）縫合止血（出血部位を周囲組織と一緒に縫合してしまう方法で，出血部位が点として存在しない場合や結紮止血が困難なときに選択される）
5）止血材料による止血（ゼラチンスポンジ，酸化セルロース等があり実質性出血，滲出性出血に対して用いられる）

があり状況に応じて選択する。

　また術前の予測と全く違った場面に直面したときは，予定していた術式にこだわることなくその状況に最も適した術式への変更を即決しなくてはならない。そのためにも前もって手技に緊急時の第2の術式も考えておかなければならない。さらには手術が自分の手に負えないと判断した場合は，躊躇することなく術者を交代するか，手術を中断して専門家に依頼するべきである。

器具について

　手術器械はできるだけよい物を使うべきである。よい器械は上級者向けという考えは手術器械においては間違っている。器械がよければ切開しやすく，把握が楽で，視野も出しやすく，縫合も正確である。また器械は術後すぐにブラシを使って（マイクロサージェリーは除く）よく洗浄し，超音波洗浄器にかけ，その後すぐに乾燥させる。決して汚れたまま放置したり水に漬けて置いておかない。

　最後に筆者の使用している通常の手術セットを紹介する（図❺）。

長江秀之（ナガエ動物病院）

引用文献
1. Halsted W.S.：(Gentle Surgery)。手術手技研究会記事，べからず集その1，手術　30：1194〜1203，1976

VTに指導するときのポイント

　手術は共同作業であるため，術者は助手に対して明確に自身の意思を伝え，助手はその指示に迅速かつ正確に応じられなければならない。そのためには毎回手術の前に，手術に携わる全員でミーティングを行い，役割の確認，麻酔の方法，術式の確認などを行う。助手は，その手技の流れがわかっていなければうまく介助できない。そのためには，術者同様に前もって局所解剖，術式を確認しておく必要がある。
　また術野がうまく確保できない場合は，助手の技量を責めるのではなく，うまく指導できない自身を戒めるべきである。さらに助手が術野を確保しそれを維持し，器械係が正確に器械を渡すことにより術者は術野から目を逸らさなくてもよくなり，スムースな手技を行うことができる。そして助手は鋏をもっていない手を最大限生かさなければならない。その手で臓器をいかに操作するかによって，術野の広さは決まると言っても言い過ぎではない。

22 不妊手術・去勢手術

アドバイス

　最も多い外科手術が不妊・去勢手術である。この手術の対象動物が健康であるという前提から問診，身体検査，血液，尿検査が疎かになり，麻酔リスクを高めるような状況をつくりあげてはならない。日常的な手術であっても，最低限必要な血液検査項目を設定し，実施すべきである。心の緩みが手術リスクを招くことを心に留めておく。手術に対して責任をもつ意味でも，同時にマイクロチップを挿入するとよい。

　雌の不妊手術については，卵巣摘出術ならびに卵巣子宮摘出術があり，不妊，発情の防止，生殖器疾患の防止といった効果については同等である。しかしながら，米国獣医大学では，開腹手術を学ぶ最良の機会であるという観点から，卵巣子宮摘出術を教えている。

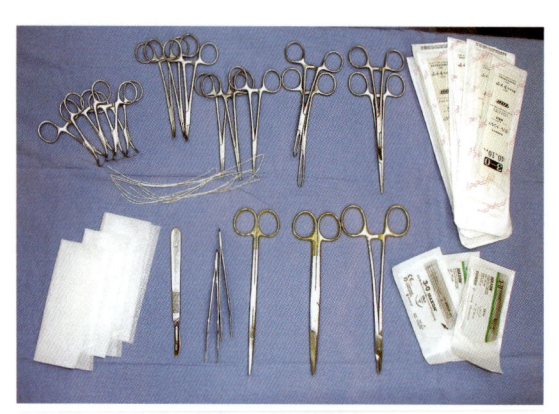

図❶　一般手術器具

準備するもの❶

〈猫去勢〉
・有窓布，グローブ，ガーゼ
・モスキート鉗子，コッヘル鉗子，アドソンピンセット
・メスフォルダー，メス刃，外科剪刀
・吸収性縫合糸

〈猫不妊〉
・ドレープ4枚，有窓布，器具敷，ガウン，グローブ，ガーゼ
・持針器，タオル鉗子，アリス鉗子，モスキート鉗子，コッヘル鉗子，アドソンピンセット
・子宮つり出し鈎，メスフォルダー
・メス刃，メッツェンバウム剪刀，外科剪刀
・吸収性・非吸収性縫合糸

〈犬去勢〉
・ドレープ4枚，器具敷，ガウン，グローブ，ガーゼ
・持針器，タオル鉗子，アリス鉗子，モスキート鉗子，コッヘル鉗子，アドソンピンセット
・メスフォルダー，メス刃，メッツェンバウム剪刀，外科剪刀
・吸収性縫合糸

〈犬不妊〉
・ドレープ4枚，有窓布器具敷，ガーゼ，グローブ，ガウン
・持針器，タオル鉗子，アリス鉗子，モスキート鉗子，コッヘル鉗子，アドソンピンセット
・子宮つり出し鈎，メスフォルダー，メス刃，メッツェンバウム剪刀，外科剪刀
・吸収性・非吸収性縫合糸

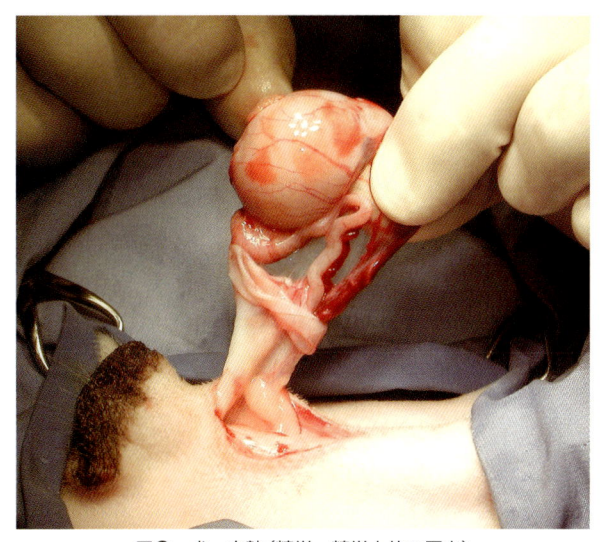

図❷　犬・去勢（精巣・精巣上体の露出）

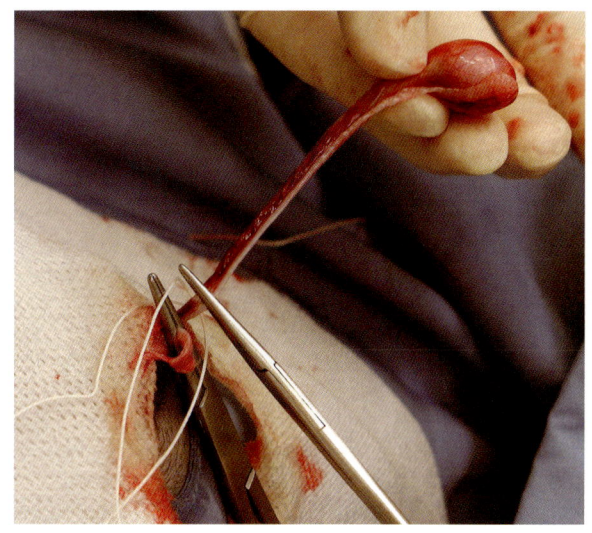

図❸　猫・去勢（精巣動静脈の結紮）

🖐 手技の手順

1．去勢

1) 犬は陰嚢直前の正中線に相当する部位を切皮する。猫は陰嚢の正中を切皮する。
2) 陰嚢内にある精巣を切開創に押しあげる。
3) 皮下の軟部組織を鈍性に剥離して，精巣を総鞘膜に覆われたまま切皮創から露出させる。
4) 総鞘膜を切開し，精巣・精巣上体を露出させる（図❷）。
5) 総鞘膜を精索に沿って，頭側，鼠径管の方向へ精巣が十分牽引されるように切り開く。
6) 蔓状静脈叢から離れ，精巣動脈・精巣静脈が一本ずつ直線的に走行している部位2カ所を一括結紮し，その間を切断する（図❸）。
7) 精巣と総鞘膜の間の精巣間膜を切断して，精巣を完全に摘出する。
8) 切開した総鞘膜は，縫合せず，陰嚢腔内に押し戻す。
9) 左右の精巣を摘出後，皮膚の切開創は縫合し，手術を終了する（猫の場合は縫合を行わないこともある）。

＊潜在精巣の場合

精巣下降が起こっていない場合，鼠径部，または腹腔内に精巣が停留している。精巣が腫瘍化してしまうことがまれにみられるため，摘出すべきである。鼠径部の場合は，通常の去勢手術と同様に，陰嚢直前の正中線からアプローチする。もしくは，精巣直上の皮膚を切開する。腹腔内の場合は，腹部正中を恥骨よりに切開する。腎臓の下部から鼠径輪の間に精索をさがし，精巣を摘出する（図❹）。

2．不妊

1) 腹部正中を切開し，常法どおりに開腹する。犬は臍部から恥骨前縁の1/3～1/2，猫は臍部より恥骨前縁の中央を切開する。
2) 卵巣摘出鉤（図❺）で子宮角を確認し，卵巣を親指と中指で軽くつまんで引き寄せ，卵巣動静脈の尾側の卵巣間膜に穴を開け，非吸収性縫合糸で卵巣固有索（卵管）を結紮する。その後，卵巣提索を2本の非吸収性縫合糸で結紮する。
3) 二重の結紮糸と卵巣の間を切断する。
4) 出血の有無を確認し，切断端を腹腔内に戻す。
5) 子宮広間膜に大きな血管が認められないようなら，用手法にて子宮広間膜を鈍性に剥離する。犬では，子宮広間膜に脂肪沈着が明瞭なことが多く，脂肪組織への血管分布は間膜内で密となっているため，間膜切断前に，1～2カ所で結紮しておく（図❻，図❼）。
6) 子宮体の最も頸管寄りに，鉗子をかけ，左右子宮動静脈を鉗子よりやや尾側でそれぞれ結紮する。さらに，結紮糸と鉗子の間に絹糸を1本かけ結紮する。
7) 結紮糸と鉗子の間を切断し，断端を縫合する。
8) 出血の有無を確認し，切断端を腹腔内に戻す。出血がある場合は追加縫合により止血する。
9) 残された左右の卵巣提索，および子宮断端について止血を確認し，常法どおりに閉腹する。

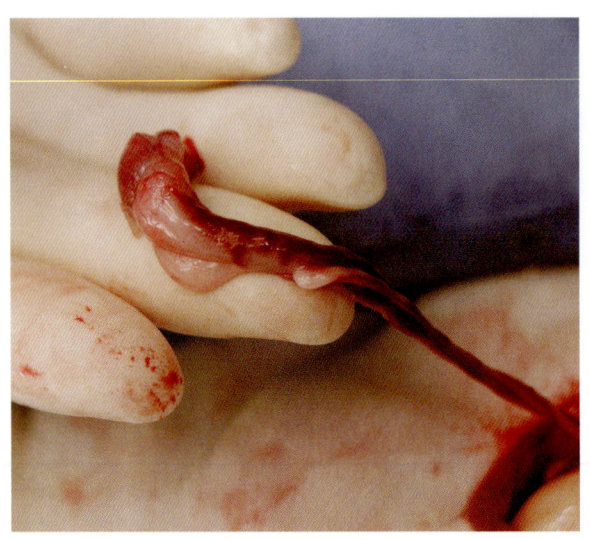

図❹　腹腔内潜在精巣の摘出

図❺　卵巣摘出鈎

失敗したときの対処法

1．出血が認められる場合：焦らず出血部位を確認し，止血する。

2．卵巣を取り残してしまった場合：犬は卵巣周囲に脂肪が蓄積しているため，結紮・摘出後，脂肪内の卵巣を確認する。もし，取り残していた場合には，再度，結紮する必要がある。

苅谷和廣（ACプラザ苅谷動物病院）

コツ・ポイント

〈去勢〉
▶犬は陰嚢皮膚を切開すると，切開創から炎症性滲出液が陰嚢腔内に貯溜し，陰嚢水腫の状態にいたることが多い。したがって，通常，包皮の付け根にあたる陰嚢直前の正中線に相当する皮膚を切開する。

〈不妊〉
▶犬は子宮体よりも卵巣を体外に引き出すことが困難であり，切開創を頭側に延長する必要がある。

▶卵巣提索は脆弱であるので，強く牽引することは避け，腹壁を下方に押し下げる。

▶発情中は血管が発達し，容易に出血しやすい。したがって，止血を十分に確認した後，閉腹する。

不妊手術・去勢手術

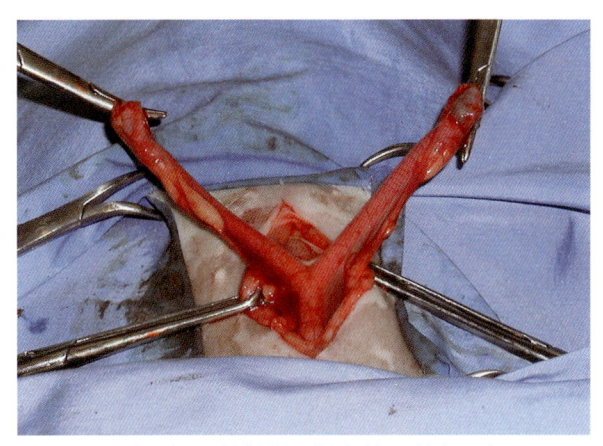

図❻　犬・不妊（卵巣間膜を切断し，摘出する）

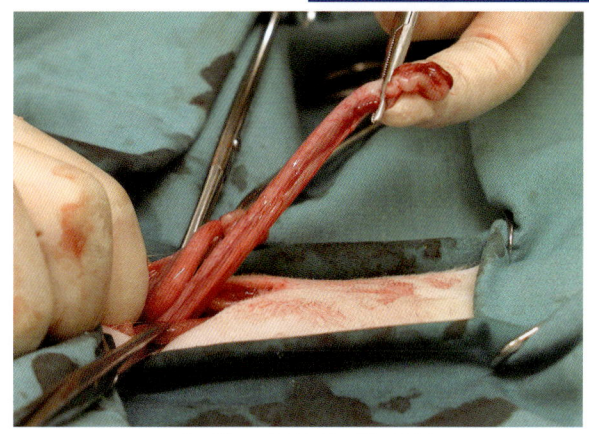

図❼　猫・不妊（卵巣間膜切断後）

VTに指導するときのポイント

　性別の確認をダブルチェックする。とくに猫では慎重に行うべきである。性別の取り間違いは，説明のつかない失敗になる。
　術前に手術の流れを把握し，術中は必要な器具や縫合糸を予測して用意する。手術器具は常に整理し，器具が血液などによって汚れた場合は，ガーゼでふき取り，常に術者が操作しやすい状態を心がける。予測外の出血があった場合，焦らずガーゼなどで圧迫止血を試み，獣医師の指示を待つ。

包帯法

アドバイス

包帯は，創傷の保護，乾燥の防止，排出液の吸収，死腔の圧迫，そして固定という機能を果たす。

また，包帯に覆われることで，炭酸ガスの蓄積や細菌が産生するアンモニアの吸収などにより，創傷面での環境が酸性に保たれる。これにより，ヘモグロビンからの酸素解離度が増加し組織の酸素利用効率があがり，創傷の治癒を促進させる働きもある。

正しく包帯を巻くためには，ルールをしっかりと守り普段からの練習が必要で，動物が動いて嫌がったり，痛がったりする場合は鎮静不動化麻酔が必要になる。

包帯は，しっかりと確実に施す必要があるが，圧迫による患部の血行不良や腫脹，体温の低下，疼痛などを注意深くモニタリングし，また動物に包帯を噛ませないような工夫（エリザベスカラーなどの装着）も必要となる。

準備するもの

- 各種包帯
- 各種テープ
- ドレッシング材
- ガーゼ
- ストッキネット
- 生理食塩水

手技の手順

様々な包帯法があるが基本手技は以下のとおり（図❶-A～D参照）。

1）滑り止め用のテープを装着（四肢の場合）する。
2）創傷が存在する場合，第一層（接触層）を創傷部に接触させる。その際，創傷面を適切なドレッシング材で保護しなければならない（「24 創面のマネジメント」の項を参照）。
3）第二層（中間層：パッド層）を巻く。第二層は包帯の形を整え，保持するための十分な厚さが必要である。
4）第三層（外層：保護層）を巻く。第三層は包帯を適切な位置に保持するための層で，外科用粘着テープや伸縮テープ，ガーゼなどを用いる。

第一層包帯について

ドライ－ドライ（乾－乾）包帯

乾燥したガーゼやコットンなどを接触層に用いると，壊死組織や異物が付着し滲出液を吸収する。しかしながら，乾燥環境は創傷部の治癒過程を著しく妨害するばかりでなく，創傷面における感染防御機能の低下なども引き起こす。また，乾燥環境下の壊死組織は細菌増殖の温床ともなるため，結果としてこの方法は現実的ではない。

ウェット－ドライ（乾－湿）包帯

ドライ－ドライ（乾－乾）包帯の材料に生理食塩水を湿潤したものがウェット－ドライ（乾－湿）包帯となる。包帯が乾燥するにつれて壊死組織と異物が付着し，包帯交換時に包帯と同時に取り除かれる。包帯交換に際し健康な肉芽組織を一緒にはがさないように温かい生理食塩水に接触層を浸す工夫が必要である。しかし，創傷の修復過程に必要な各種の細胞成長因子やサイトカインを多く含む滲出液も吸収し乾燥させてしまうため，現在では，次にあげるモイストウンドヒーリングが最適である。

モイストウンドヒーリング（湿潤環境下創傷治療）

ウェット－ドライ（乾－湿）包帯にかわって適用される最新の方法である。創傷面に常に適切なドレッシング材を使用した湿潤包帯を施すことで，創傷面に自己融解による壊死組織の除去が常時起こる。湿潤環境は各種の細胞成長因子とサイトカインを含んだ滲出液を保持し創傷部の治癒過程を促進する。あらゆる面でウェット－ドライ（乾－湿）包帯よりも優れ，創傷部の細菌感染や敗血症なども起こらないことが証明されている。

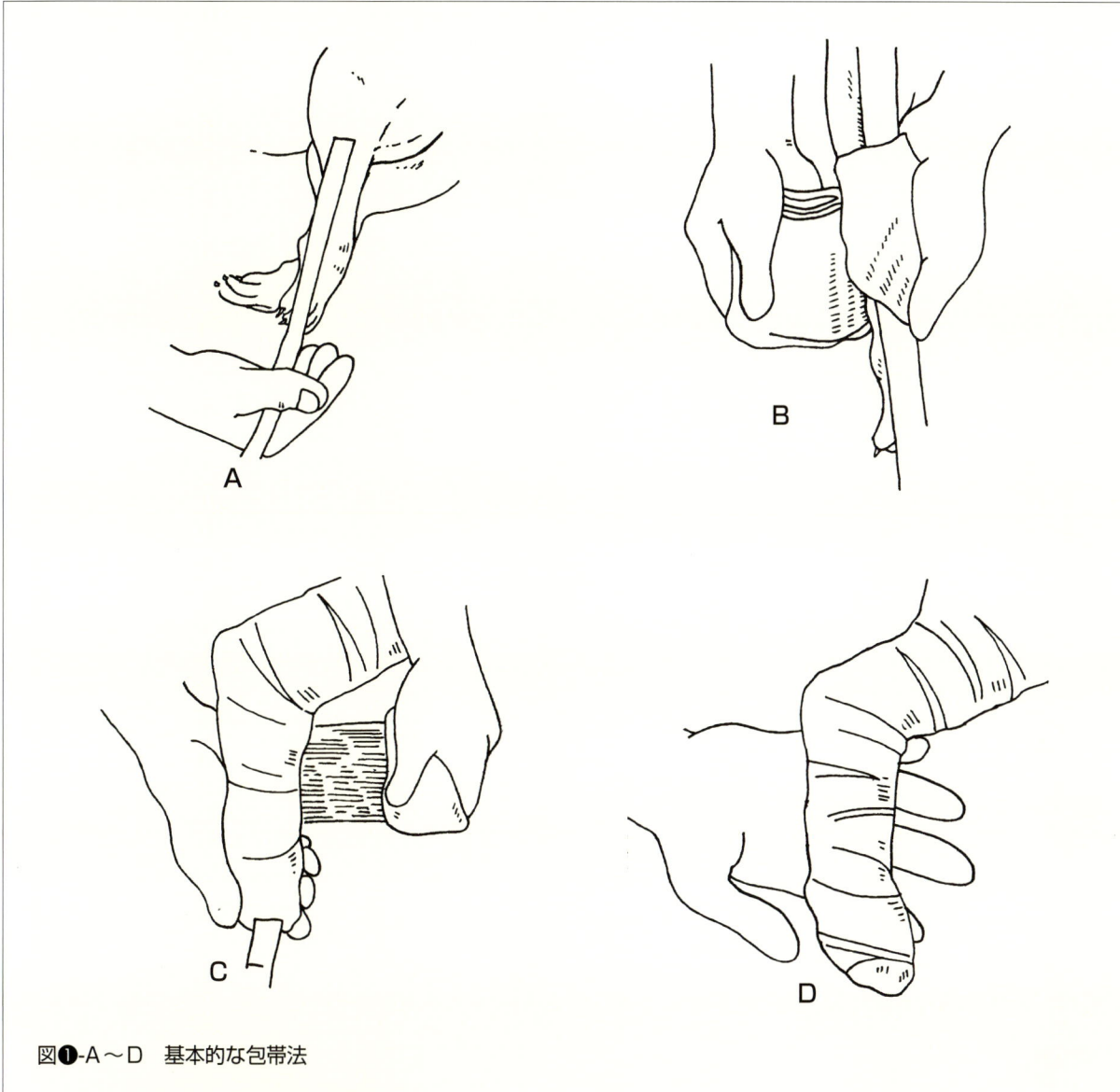

図❶-A〜D　基本的な包帯法
- A．滑り止め用のテープを装着（四肢の場合）する
- B．創傷が存在する場合第一層（接触層）を創傷部に接触させる。その際，創傷面を適切なドレッシング材で保護しなければならない（「24　創面のマネジメント」を参照）
- C．第二層（中間層：パッド層）を巻く。第二層は包帯の形を整え，保持するための十分な厚さが必要である
- D．第三層（外層：保護層）を巻く。第三層は包帯を適切な位置に保持するための層で，外科用粘着テープや伸縮テープ，ガーゼなどを用いる

失敗したときの対処法

　包帯をどのような場所に施すにせよ，失敗は全てやり直すのが原則である。不適切な包帯は，治癒を妨げるばかりか新たな傷害を起こす危険性もある。
　よくみられる技術的な失敗は，抵抗する動物を無理に押さえて（保定して）包帯を施した結果，不完全な包帯に終わることである。無理な保定は動物にとって何の利益にもならず，かえって様々な事故を引き起こす原因となるので絶対に行ってはならない。したがって，その場合は包帯を確実に施すために適切な鎮静不動化麻酔を使用する必要がある。

九鬼正己（ジョイ動物病院）

コツ・ポイント

▶ 包帯を締めすぎることにより患部の血行を阻害しないように注意する。

▶ 中央の指2本がみえるように巻き腫脹や体温, 色調を確認する。指先は常に温かく決して腫れさせてはならない。

▶ 関節の骨端部は圧迫による疼痛が起こらないようにパッドなどのクッションをあてる。

▶ 屋外に動物を出す場合は包帯を防水性の材料で覆う。ただし, 長時間にわたり防水材料で覆うことは包帯の呼吸を妨げるので注意する。

▶ 包帯を巻いている間は動物の運動を制限し, 包帯を噛ませないような工夫(エリザベスカラーの装着)が必要である。

▶ ただし, 動物が包帯部分を執拗に噛んだり舐めたりして嫌がり気にするときは, その部分に何か問題があり動物が不快感を感じている証拠である。

VTに指導するときのポイント

　VTであれ獣医師であれ包帯を施すために留意する点は同じであり, 前記に述べたとおりである。
　最も注意すべき点は, 動物が骨折や外傷を負い苦痛を感じている場合, 飼い主や動物自身, そして, われわれ獣医療従事者に二次的な事故を起こす危険性があるということである。それ故に獣医師は適切な鎮静不動化麻酔を使用し, 動物の状態の正確な報告義務を指示し, 包帯が正しく施されているか責任をもって確認しなければならない。
　また, 包帯を施した動物の注意深いモニタリング(色調, 腫脹, 体温, 臭いなど)と状態の報告を指示する。
　通院患者に対しては, VTが飼い主教育(説明)もできるよう教育指導していかなければならない。

伴侶動物治療指針 Vol.5

臓器・疾患別 最新の治療法33

日本の伴侶動物医療における最新の治療ガイドラインを提供する大好評シリーズの第5巻、ついに登場！

監修　**石田卓夫**
一般社団法人 日本臨床獣医学フォーラム会長

臨床現場でもっとも活用されている獣医学書のベストセラー

前作までに掲載していなかった新規コンテンツを収録。猫の疾患に対する治療法の知識など、ニーズが高まりつつある いま知っておきたい情報が満載のシリーズ！

A4判　440頁　オールカラー
定価：本体12,000円（税別）　ISBN978-4-89531-184-7

全編書き下ろし33コンテンツ

1. **播種性血管内凝固（DIC）の早期診断と治療的介入**
   石田卓夫　赤坂動物病院
2. **犬のリンパ腫のレスキュー治療**
   細谷謙次　北海道大学
3. **放射線治療が可能な腫瘍疾患**
   藤田道郎　日本獣医生命科学大学
4. **Ⅳ型アレルギーによる疾患とその診断治療**
   増田健一　理研ベンチャー動物アレルギー検査株式会社
5. **猫のアレルギー性皮膚炎の治療**
   関口麻衣子　帝京科学大学
6. **舌下免疫療法**
   〜犬のアトピー性皮膚炎の新しい治療オプションの現状〜
   荒井延明　スペクトラム ラボ ジャパン株式会社
7. **マダニ伝播性疾病とマダニの防御**
   佐伯英治　サエキベテリナリィ・サイエンス
8. **犬の口腔内善玉菌を使用した治療**
   齊藤邦史　斉藤動物病院
9. **合理的な抗菌剤の使用法**
   栗田吾郎　栗田動物病院
10. **猫の心筋症の臨床的診断法と内科療法の提案**
    佐藤 浩　猫伝総合診療サポート
11. **ネブライザー療法の理論と治療法**
    城下幸仁　相模が丘動物病院 呼吸器科
12. **後天性門脈体循環シャントの病態生理と内科的治療**
    鳥巣至道　宮崎大学
13. **肝臓腫瘍の外科的治療**
    小出和欣　井笠動物医療センター・小出動物病院
14. **猫の巨大結腸症の診断・治療アプローチ**
    進 学之　しん動物病院
15. **腹膜透析療法の概念と治療**
    竹内和義　たけうち動物病院
16. **脳脊髄液検査の意義・方法・解釈・治療への応用**
    枝村一弥　日本大学
17. **日本で開発された抗てんかん薬ゾニサミドの使用法**
    渡辺直之　渡辺動物病院
18. **免疫抑制療法**
    下田哲也　山陽動物医療センター
19. **骨折の治療**
    〜生体の治癒を阻害しない治療法〜
    遠藤 薫　遠藤犬猫病院
20. **小侵襲の骨折治療**
    岸上義弘　岸上獣医科病院
21. **小腸の基本的な外科治療**
    〜知っておきたいちょっとしたコツ〜
    生川幹洋　三重動物医療センター なるかわ動物病院
22. **尿管閉塞に対する外科的治療**
    〜猫の尿管結石を中心に〜
    岩井聡美　北里大学
23. **眼科診断のまとめ**
    〜系統的眼科検査〜
    安部勝裕　アニマルアイケア東京／安部動物病院
24. **露髄した破損歯の対処法**
    〜歯内療法〜
    戸田 功　とだ動物病院
25. **脊髄損傷に対する細胞移植による治療**
    田村勝久　倉敷芸術科学大学／愛甲田動物病院
26. **犬の尿石症に対する内科的治療ならびに予防法**
    徳本一義　マーク・モーリス研究所
27. **猫下部尿路疾患における管理の進歩**
    J P Lulich　ミネソタ大学　ほか
28. **うさぎの抗生物質療法**
    角田睦子　かくだ動物病院
29. **高齢患者の全身麻酔、モニター、外科手術の留意点**
    今井彩子　麻酔・疼痛管理専門獣医師
30. **帝王切開における適切な対処**
    太田亞慈　犬山動物総合医療センター
31. **キャットフレンドリープラクティスをはじめよう**
    東山 哲　ひがしやま動物病院
32. **犬と猫のクリティカルケア・エマージェンシーにおける違いについて**
    加藤 元　ダクタリ動物病院
33. **獣医療過誤の予防とその対策について**
    小宮山典寛　日本ペッツグループ

株式会社 緑書房　Midori Shobo Co.,Ltd

〒103-0004　東京都中央区東日本橋2-8-3　東日本橋グリーンビル
販売部　TEL.03-6833-0560　FAX.03-6833-0566
webショップ　http://www.pet-honpo.com

24 創面のマネジメント

アドバイス

創面の炎症は異物・壊死物が存在すると起こりやすい。また，創面に異物・壊死物が存在すると細菌が固着しやすくなり，細菌の増殖が促され，過増殖した細菌と異物・壊死物に対して炎症がさらに引き起こされる。炎症を抑えるには細菌を除去することよりも，異物・壊死物を除去することが大事である。感染に対しては全身的な抗生物質の投与が必要だが，異物・壊死物が除去できれば感染は早々に終息する。創面は生理食塩水，あるいは水道水で流水洗浄し痂皮や壊死物，異物，砂などを徹底的に取り除く。創面を洗浄するときは局所麻酔薬，全身麻酔薬を使用し，動物に不必要な痛みを与えない。

傷の治癒過程で創面には各種の細胞成長因子(Platelet-derived growth factor, Transforming growth factor-α, -β, Fibroblast growth factor, Interleukin-1)が分泌され治癒が促進される。乾燥した創面では細胞成長因子は働けなくなり，表皮細胞の遊走を阻害し，痂皮が形成され治癒が遅延する。ドレッシング材で創面をできるだけ密封しドレッシング材を交換するたびに創面および創面周囲を生理食塩水で洗浄し，痂皮や壊死物を取り除き，清潔な湿潤環境を保持しなければならない。

図❶　各種のドレッシング材，テープ，包帯

準備するもの

- 生理食塩水
- ブラシ
- 局所麻酔薬・全身麻酔薬
- ドレーン
- ドレッシング材（図❶）
- 各種包帯・テープ
- 滅菌した外科器具の簡易セット
- 縫合材

手技の手順

1. 受傷後，1〜3時間以内に感染症予防のため抗生物質を静脈注射する。推奨抗生物質セファゾリン20 mg/kg IV。

2. 創傷動物の全身状態を把握し，状態を安定化させる。全身麻酔がかけられるようになるまで創面はドレッシング材で被覆する。

3. 処置するときは局所・全身麻酔薬および鎮静・鎮痛薬を投与し動物のストレスや恐怖心をケアする（図❷）。

4. 受傷後6〜8時間経過した創面はすぐに閉鎖せず細菌培養検査をして，抗生物質を投与し，さらなる損傷と感染を避けるために非固着性ドレッシング材で被覆する。

5. 創面を生理食塩水，もしくは水道水で流水洗浄する。壊死組織は摘除し異物は徹底的に除去する。組織に入り込んだ砂・小石などはブラシを使用する（図❸）。

6. 死腔（図❹）には漿液が貯留し，感染の原因となるのでバンデージなどで十分に圧迫し死腔が形成されないように注意する（図❺）。排液するためドレーンを留置する。非固着性ガーゼをドレーンとして留置することもある。皮膚をメッシュ状切開，あるいは穴を開け排液孔とすることも有効（図❻）。縫合するときは排液を阻害しないように注意する。

7. 感染がコントロールされ，肉芽床が形成されたら創面の辺縁を切除し閉鎖・縫合する（図❼〜図❿）。

8. 炎症が起こっている創面と治癒過程にある肉芽床

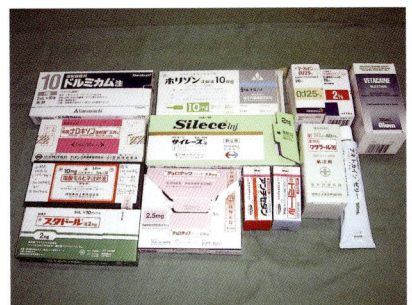

図❷　麻酔剤，鎮静・鎮痛剤各種

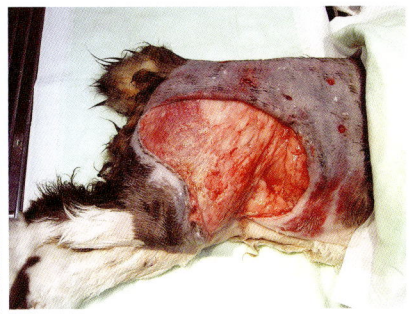

図❸　交通事故による大腿部横断性皮膚離断と皮膚剥離。皮膚洗浄後

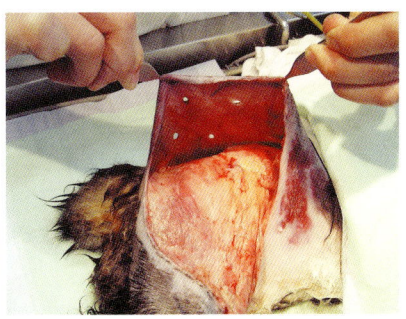

図❹　図❸の症例。広範な死腔。体液の喪失を防ぐため剥離した皮膚を元の位置に仮縫合する。排液用にあけた小孔がみえる

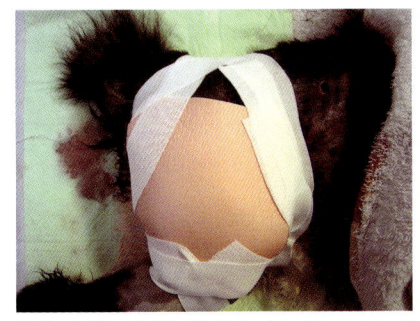

図❺　図❸の症例にポリウレタンドレッシングで圧迫

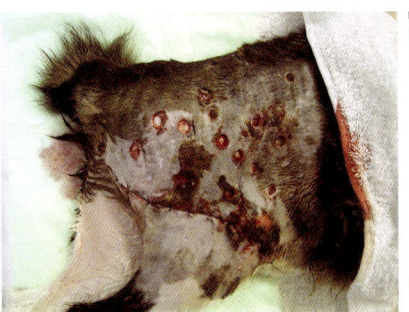

図❻　図❸の1週間後。初期にペンローズドレーンを留置したが3日で除去した。皮膚と皮下織はまだルーズ

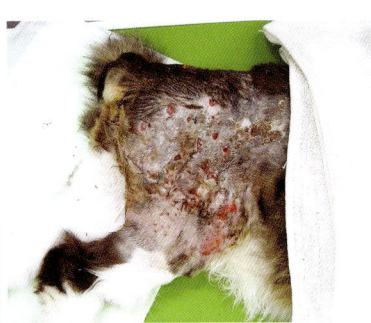

図❼　図❸の2週間後。腰部の皮膚と皮下織は緩く固着しはじめている。大腿部を横断している縫合部は炎症を起こし離解ぎみである

の違いを理解する。肉芽が盛りあがりすぎても表皮が再生しにくいためポリウレタンドレッシングで押さえつけると肉芽床がうすくなり皮膚が再生しやすくなる（図⓫，図⓬）。

失敗したときの対処法

1．治癒遅延や閉鎖創の離解がある場合，現在使用している消毒剤を中止する。創内に異物（縫合糸，骨折用のプレート・スクリュー，草の種，肉芽，腫瘍など）がないか，細菌培養と感受性試験を行う。ドレッシングの材料や方法などを再検討する（図⓭〜図⓱）。

2．治癒遅延の原因に消毒のしすぎがある。代表的な消毒剤であるヨード剤は0.1％で最強の殺菌力を有するが組織傷害も強い。創面では活性が弱まるため実際には7.5〜10％製剤が使われており組織が障害され治癒遅延の原因となる。

3．感染している創面は閉鎖しない。閉鎖創内で感染・炎症が起こった場合は直ちに開放創として洗浄し，壊死組織を排除しドレッシング材で被覆する。

4．抗生物質は肉芽で覆われた創面には十分に分布しないので注意する。

5．創面をガーゼで直接に被わない。ガーゼは創面を湿潤にさせている漿液と細胞成長因子を吸い取り，創面を乾燥させてしまう。また，ガーゼの編み目が創面の肉芽床に食い込みガーゼを交換するときに出血し，治りかけてきた創面を傷つける。さらにガーゼが創面に癒着しているためガーゼ交換ごとに動物に激痛を与えてしまう。

器具の一覧

＜創面被覆材＞
・ベアキチン（ユニチカ）
・キチパック（エーザイ）
・カルトスタット（ブリストルマイヤーズ）

＜非固着性ドレッシング＞
・ハイドロサイト（ポリウレタンドレッシング）：Smith & Nephew
・メロリン（非固着性ドレッシング）：Smith & Nephew
・トリックス（非固着性シリコーンガーゼ）：富士システムズ
・クリニバン（吸収材）：エーザイ
・サージット（ニプロ）
・ワンタッチパッドソフティシモ（市販品）：メディケア

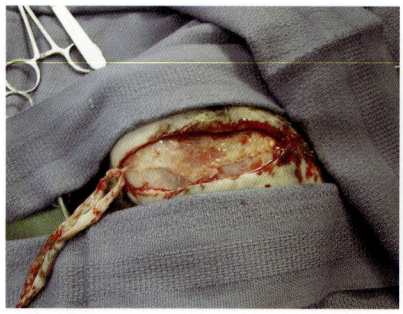

図❽ 図❼の大腿で炎症を起こしている縫合部の辺縁を切除し再縫合

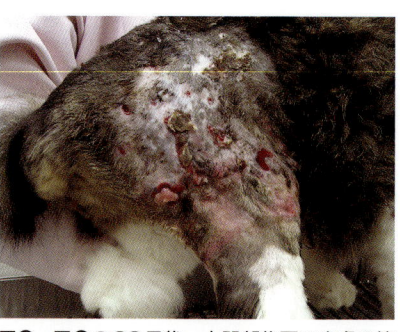

図❾ 図❸の20日後。大腿部後面で皮膚の壊死・融解部が逆Tの字にみられる。局所麻酔で壊死部をていねいに除去。排液用の小孔はほとんど閉鎖している。大腿部屈曲面の大穴周囲は炎症を起こしているが、膝外則の馬蹄状穴は炎症を起こしていないきれいな肉芽床が形成されている

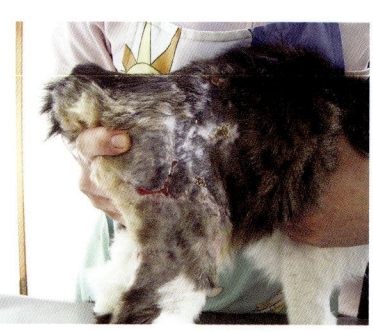

図❿ 図❸の30日後。広範な皮膚剥離にもかかわらず2回の簡単な手術でほぼ完治している。ドレッシング材を上手に活用したおかげである

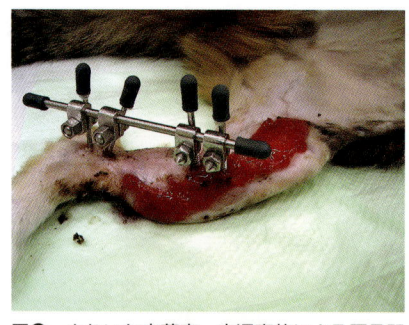

図⓫ きれいな肉芽床。交通事故による脛骨開放骨折および皮膚剥離を縫合せずポリウレタンドレッシングで被覆後30日目。この創面を外科的に閉鎖するには長大な転移性皮弁を作成する必要がある。肉芽床がやや盛りあがりすぎだがポリウレタンドレッシングを少し強めに圧迫固定すればよい

＜ドレーン＞
・ペンローズドレーン（富士システムズ）

＜サージカルテープ，フィルム，バンデージ＞
・オプサイト　フレキシフィックス（Smith & Nephew）
・Steri-Strip（3M）
・Blendermサージカルテープ（3M）
・ヴェトラップ（3M）
・防水フィルム（市販品）：メディケア

太刀川史郎（たちかわ動物病院）

コツ・ポイント

▶さらなる損傷と感染を避けるため非固着性ドレッシング材で創面を被覆する。

▶受傷動物の状態を安定化する。

▶創面および創面周囲を無菌的に扱う。

▶創面の細菌培養をする。

▶創面から壊死組織および異物を除去する。

▶創面を洗浄する。消毒は治癒を阻害するのでなるべくしない。

▶創面にドレナージ処置をする。

▶創面を非固着性ドレッシング材で覆い余分な分泌液を除去する。

▶創面に適切な肉芽床が形成されたら閉鎖する。

創面のマネジメント

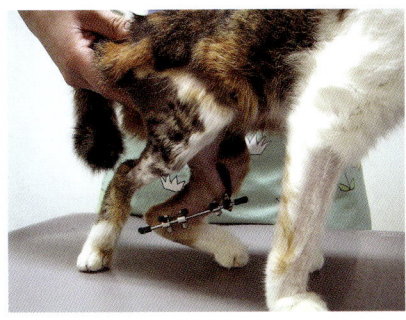

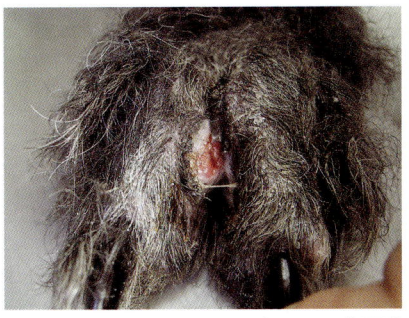

図⑫ 図⑪をポリウレタンドレッシングで被覆後30日目（事故後60日目）。この後固定器をはずした

図⑬ 1カ月間治療しているプードルの指間膿瘍を切開

図⑭ 図⑬の膿瘍から摘出した草のノギ

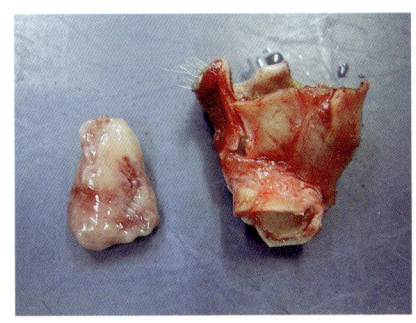

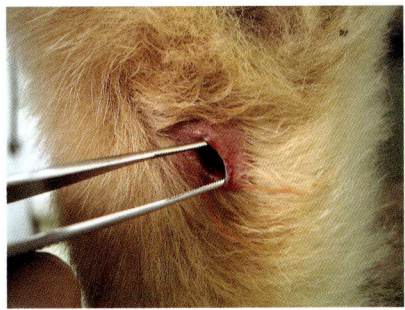

図⑮ 半年にわたる治癒しない耳ダレの病歴の猫から摘出した耳道腫瘍

図⑯ 犬の左肘にできた瘻管（20日間抗生物質で治療後）

図⑰ 図⑯の病変から摘出した猫の歯

VTに指導するときのポイント

1. 受傷動物は痛みで興奮しているため，動物，飼い主，医療スタッフに二次的な事故が起こらないように注意する。

2. 飼い主に受傷した状況を詳しく問診する。

3. 目立つ傷にとらわれず，他に痛む部位はないかどうか，歩行状態，意識，呼吸，排尿・便，出血，発熱など全身状態をよく観察する。

4. 創面の洗浄時やドレッシング材の交換時，動物に無用の痛みを与えないように局所麻酔薬，全身麻酔薬を使用するように獣医師に助言するように指導する。獣医師が無麻酔下で創面を切開したり，ブラシでこすったりしないように注意させる。

5. ドレッシング材交換時に創傷部周囲や全身に発熱がないか注意する。

6. ドレッシング材が濡れないように飼い主に助言する。

25 エマージェンシーへの対応

アドバイス

　エマージェンシーへの対応といっても救急処置を必要とするケースは様々である。医学救急救命の分野では，TVドラマ『ER』のように救急医が診断から処置そして手術へと実施する場合は少なく，救急医にも専門分野があり初療し専門医に振り分けるシステムであることが多い。しかし，われわれ獣医師は救命処置を必要とする患者を前に専門医を紹介している時間はなく，救命処置を身につける必要がある。本稿では心肺停止 (Cardiopulmonary arrest：CPA) への対応を解説する。各疾患別の救急対応はそれぞれの教科書を参照していただきたい。

　CPA動物の蘇生救命は，心肺停止の原因疾患にも左右されるが，報告によると，犬で4.1％，猫で9.6％という低い救命率であった。しかし，獣医師はできる限り手をつくすべきであり，病院内スタッフが心肺蘇生術 (Cardiopulmonary resuscitation：CPR) をマニュアル化し迅速に対応する必要がある。例えばCPA患者を前にして薬剤投与量を計算している暇はない。そこで本稿では初学者向けにCPR処置の流れを解説し，救急薬投与量を表❷に記した。

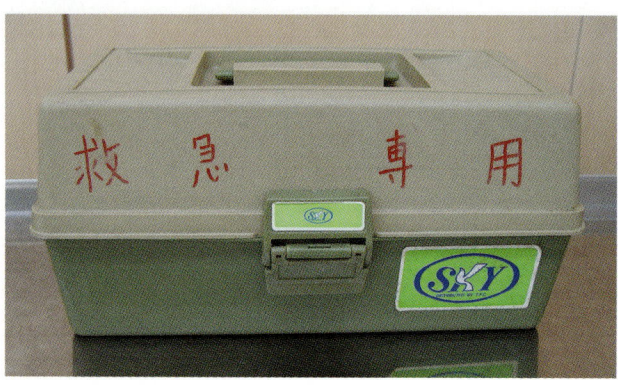

図❶-A　救急セット

図❶-B　救急セットの内容

準備するもの

- 救急セット（救急カート）を準備しておく。常に補充と点検を行う（図❶-A）。
- 救急セットの内容（図❶-B）
  - 気管チューブ各種（図❷）
  - 喉頭鏡
  - 留置針各種
  - 輸液セット
  - 静脈カテーテル（図❸）
  - 注射器と針各種
  - 各種薬剤
- 心電モニターと各種モニター（図❹）
- アンビュバッグ
- 酸素
- 人工呼吸器
- 除細動器（図❺）
- 救急外科セット

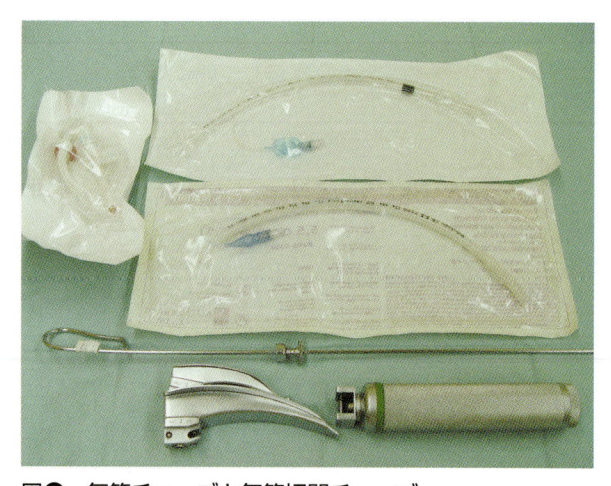

図❷　気管チューブと気管切開チューブ

気管切開チューブは人間用で市販されている。メスや留置に使用する器具がセットになって市販されている。各種サイズがあるが小型犬や猫に使用可能なサイズは本邦では市販されていない。必要であれば各病院で作成する必要がある

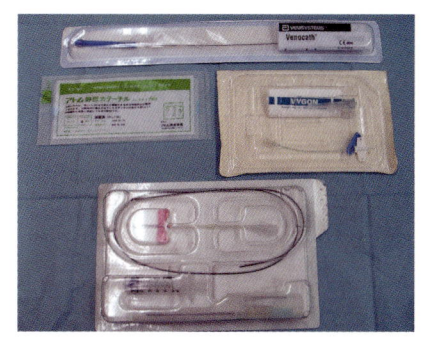

図❸　静脈カテーテル各種

静脈カテーテルも各種市販されている。本邦で市販されている人間用カテーテルはサイズが動物の医療に適するものが少ない。すなわち，血管の太さにあわせて留置しても，カテーテルが細過ぎて短時間での点滴多量投与が不可能であるなどの問題が生じる。外国製品には適当なサイズがある

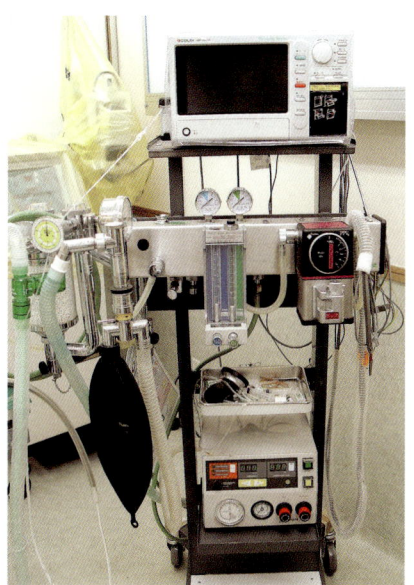

図❹　心電図モニターと各種モニター

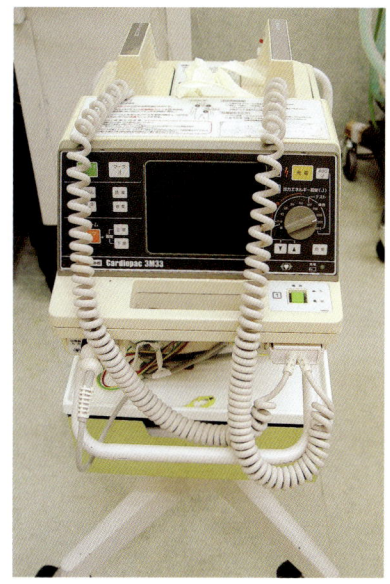

図❺　除細動器

手技の手順

A(Airway), B(Breathing), C(Circulation), D(Drug)について手順を解説する。これらは医学分野ならびに獣医学分野においてもABCかCABで議論中である。筆者の考えはABCでもCABでも速やかに同時に実施できれば問題ないと考えている。

1. 気道確保

気道確保は気道閉塞がない場合には気管内挿管が容易である。開口し舌を真っ直ぐに牽引し，喉頭鏡を用いて，舌根部を腹側に押さえるか直接喉頭蓋を押さえて，喉頭蓋を腹側に押し下げて挿管する(図❻～図❽)。挿管は一人で行うことも可能であるが，CPA症例では口腔内や喉頭部に泡沫液や吐物が貯留している場合も多く，吸引などの処置も必要となることがあり，助手や動物看護師(VT)が口を開いて処置する方が容易である。気管損傷を防ぐため，できるだけ気管内腔径にあう気管チューブを用い，カフの過剰圧に注意する。口腔や咽喉頭部での気道閉塞の場合は，気管切開により気管切開チューブを挿管する。

2. 呼吸

アンビュバックや人工呼吸器と接続して100%酸素を吸入させ気道内圧を15～25cmH$_2$Oで，毎分12～20回の人工呼吸を行う。気道内圧の過剰上昇は肺胞損傷も招くので注意が必要である。呼吸状態は呼気終末二酸化炭素濃度(ETCO$_2$)のモニタリングを指標とする。

3. 循環

1)血管確保を行う。通常，四肢の血管を用いるがCPAでは血管留置が困難な例が多い。この場合は速やかに頸静脈を確保する。頸静脈には長めの留置針か静脈カテーテルを用いて皮膚切開し頸静脈を露出して挿入する。また，幼犬や幼猫には骨髄腔内留置を考慮する。

2)心臓マッサージは，開胸法と胸腔外心臓圧迫法に大別される。開胸心マッサージは素早く毛刈りし消毒して開胸する。一般的な開胸手術と違い時間勝負での開胸であるため，前肢を屈曲させた肘部位置が第4～第5肋間であることをランドマークとして(図❾)，皮膚，筋肉を一気に切開し，肋間を胸腔内臓器に注意し，開胸器などを用いて開く。小型犬や猫では片手で心臓を直接圧迫する。心タンポナーゼが存在する場合や心嚢が心臓圧迫を妨げる場合は心嚢切開を行う。必要に応じて脳血流増加を目的に，後大動脈を動脈鉗子や臍帯テープを用いて一時遮断する。

3)胸腔外心臓圧迫法は，圧迫する手と反対の手を動物の下に位置させ，手で挟むように心臓を圧迫すると，動物と皮膚が固定され心臓に理想的な圧迫を与えることが可能である。胸部圧迫は胸部を25～30%圧迫する程度で80～120回/分で行う。胸部圧迫と換気を同時に行うことは胸腔内圧を増加させ頭側への血流量を増加させる。また，胸部圧迫3～5回に1回の割合で腹部を尾側から頭側に圧迫することも心臓の負荷を軽減し頭側への血流を増加する。

4. 薬剤

人医学界では，米国心臓学会(AHA)がCPRにかかわる全ての手技や薬剤に対して，そのエビデンスの内容

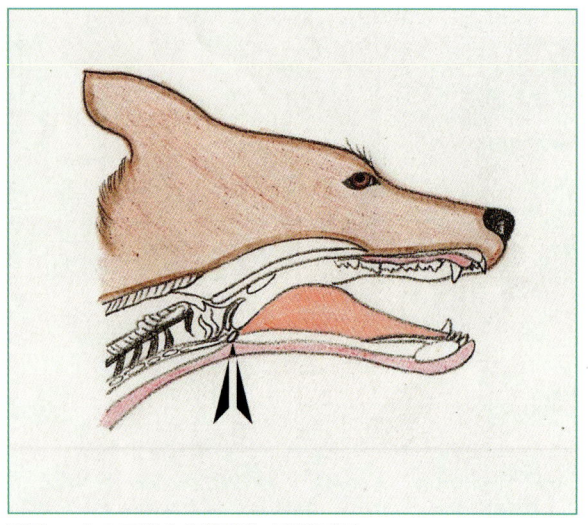

図❻ 犬の口腔と喉頭部矢状断面図
気管挿管時に開口した場合に喉頭蓋が
気管に蓋をしている状態である

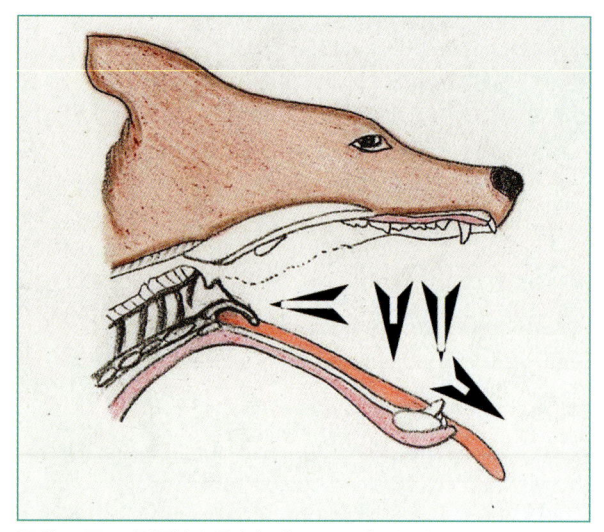

図❼ 同，喉頭蓋を腹側に押し下げた状態
喉頭鏡は図から省いているが，喉頭鏡を用いて
舌または直接喉頭蓋を腹側に押し下げる

が厳密に討議され，新しいガイドライン2000に基づいて処置されている。今回新たに，バソプレシンなどが推奨されている。筆者の使用経験がない薬剤もあるため，参考として現在のCPR時の薬剤についてAHAガイドライン2000を簡単に解説する。

コツ・ポイント

▶CPR患者を前にすると飼い主のみならずVTや獣医師までもパニック状態に陥りやすく，緊急時に冷静に対処できる訓練が必要である。飼い主には最低限の問診を終えたら退室していただく方が円滑で処置がはかどる場合が多い。次にCPRすべきか否かを判断する。これには原因疾患，飼い主の希望，費用など様々な要因を考慮する必要がある。予後不良の原因疾患にCPRを実施する必要はないが，飼い主の精神面へのフォローは重要である。

▶テクニック的なコツとポイントは，心臓マッサージする場合に動物の下に手を入れ両手で挟むように心臓マッサージすることで，動物の位置を固定することが可能であり適切に圧迫できる。心臓マッサージ中は，パルスオキシメーターや股動脈圧触診で適切な圧迫か否かを確認する。心電図や気道内圧ならびにETCO$_2$などの注意深いモニタリングで，変化に迅速に対応できるようにトレーニングしておく必要がある。

a．エピネフリン

停止した心臓が自己心拍を再開するためには，心筋の酸素化が必要不可欠であり，そのためには冠血管灌流圧（拡張期血圧-中心静脈圧）を増加させることが重要である。エピネフリンは，そのα作用により冠血管灌流圧を増加させることで，心蘇生に有効である。一方，β作用により心筋の酸素消費量が増大し，心停止により虚血に陥っていた心筋の負荷をさらに増大させる。近年，大量投与による有害性を示す報告が多く発表され，CPRのエピネフリン投与は議論されている。現在，当院では少量頻回投与を実施している。

b．バソプレシン

抗利尿ホルモンである。平滑筋レセプターに直接作用し平滑筋を収縮させる効果がある。大量投与で，冠動脈や腎動脈よりも皮膚，骨格筋，脂肪などの末梢血管を収縮させるため，冠動脈血流を増加させることや，エピネフリンのβ作用がないために注目されている。

c．炭酸水素ナトリウム

心停止によるアシドーシスを改善する目的で使用する。しかし，細胞内アシドーシスを増強させること，心筋収縮力の抑制作用などの欠点から使用しない場合が多い。長時間のCPA時のみ使用する。気管内投与は禁忌である。

d．塩酸リドカイン

抗不整脈薬として用いる。AHAガイドラインでは，除細動後も持続する心室細動や循環動態が安定している心室性頻拍，循環動態を悪化させる心室性期外収縮

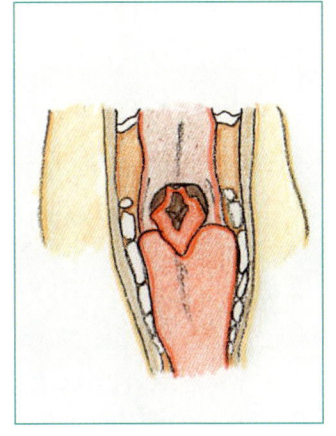

図❽ 喉頭蓋を押し下げた状態の喉頭部

喉頭鏡は図から省いているが，挿入する部位を目視して気管チューブを挿入し，挿入後も確認する

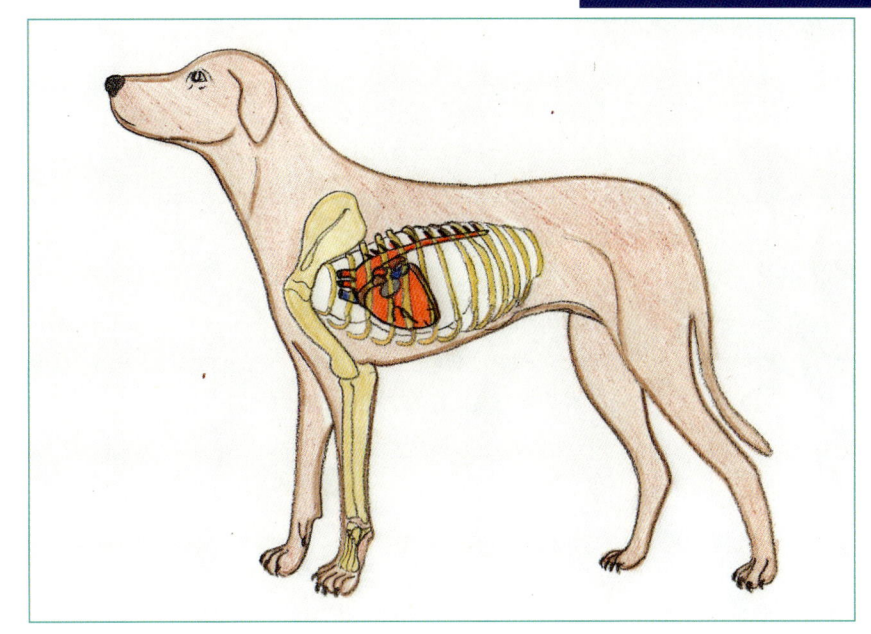

図❾ 犬の肋骨と心臓と肘の関係

肘を直角に曲げた状態がおよそ第4〜第5肋間で開胸部位である。緊急開胸心臓マッサージ時のランドマークとなる

に推奨している。不整脈予防目的の投与は，致死率を増加させるので推奨されない。

e．アミオダロン

日本では注射薬が認可されていない薬剤であるがAHAでは推奨されている。アミオダロンは，α，βアドレナリンレセプターをブロックすると同時にNa, Mg, Caチャンネルに作用し心筋の興奮を防止する作用がある。他剤より高い抗不整脈作用や不整脈再発防止作用を有する。

f．硫酸アトロピン

動物の心停止は，徐脈から不全収縮に移行する場合が多いことからCPR時に投与することが推奨されている。

g．コハク酸ヒドロコルチゾンナトリウム

ショックの改善を目的として用いる。

h．塩酸ドパミン，塩酸ドブタミン

心拍再開後の循環動態を改善する目的として用いる。ドパミンは，アトロピンが無効な徐脈に対して使用する。ドブタミンは，心筋収縮力を増加させることを目的に使用する場合もある。

失敗したときの対処法

CPA患者を前にしての失敗とは死を意味することで，対処法はない。CPRを熟知し誤った処置や投薬を行わないことが重要である。なにより重要なことは患者の心臓を止めないことである。換気障害，心不全，危険な不整脈，低体温，電解質異常，迷走神経反射などの心

VTに指導するときのポイント

1. VTは常に救急カートの手入れと，使用した薬剤などの補充と点検を行う。

2. CPA患者の対応と処置の流れを把握しておく。

3. CPA患者は1秒でも早く処置することが救命率向上への鍵である。

4. 心臓マッサージはハードである。獣医師が薬剤処方中や人工呼吸器を設定する場合や，疲れたときに心臓マッサージを交代できるよう，日頃のトレーニングが必要である。

5. 動物の死について日頃から病院スタッフで話しあう。

停止の原因となるべき要因をチェックし処置することで，心肺停止を回避することが最も重要である。麻酔中の心肺停止を回避するためには前述のモニタリングは必要不可欠である。また，CPRによるトラブルとして肋骨骨折，気胸，血胸，肺挫傷，肝臓損傷などが考えられるが，心肺停止の動物に対して合併症を恐れるあまり心臓マッサージを躊躇してはいけない。

20～30分CPRを行っても蘇生しない場合，それ以上CPRを施行しても蘇生できる可能性はきわめて低い。できれば飼い主がCPRを打ち切ることを望むか，望むような方向に導き，最終的に飼い主の判断でCPR処置を終了する。CPRを終了しても心電図に筋電図や体動による波形がみられるため，飼い主の前では速やかにモニターと人工呼吸器の電源を切ることが望ましい。

入江充洋（入江動物病院）

表❷　救急薬の一覧と用量

CPRに使用する薬剤や投与量は現在議論中のものが多い。とくにエピネフリン低用量投与やドパミンの高用量投与は結論がでていない。また，炭酸水素ナトリウムに関して気管内投与が禁忌であることはわかっているが，実際の投与量は推定投与量である

商品名	薬剤名	剤形・用量	投与経路
ボスミン	エピネフリン	注射薬　1mg/ml	静脈（少量投与量）
			（大量投与量）
			気管内
メイロンP	炭酸水素ナトリウム	注射薬　7％	静脈内
キシロカイン	塩酸リドカイン	注射薬　20mg/ml	静脈内
硫酸アトロピン	硫酸アトロピン	注射薬　0.5mg/ml	静脈内
			気管内
ソル・コーテフ	コハク酸ヒドロコルチゾンナトリウム	注射薬　100mg	静脈内
プレドパ	塩酸ドパミン	注射薬　1mg/ml	静脈内

商品名	投与量（体重別・本剤として）					
	1kg	2kg	3kg	4kg	5kg	10kg
ボスミン（少量投与量）	0.2ml (10倍希釈)	0.4ml (10倍希釈)	0.6ml (10倍希釈)	0.8ml (10倍希釈)	1.0ml (10倍希釈)	2.0ml (10倍希釈)
（大量投与量）	0.2ml	0.4ml	0.6ml	0.8ml	1.0ml	2.0ml
（気管内投与量）	0.6ml	1.2ml	1.8ml	2.4ml	3.0ml	6.0ml
メイロンP	0.2～0.7ml	0.4～1.4ml	0.6～2.0ml	0.8～2.7ml	1.0～3.4ml	2.0～6.0ml
キシロカイン	0.1～0.2ml	0.2～0.4ml	0.3～0.6ml	0.4～0.8ml	0.5～1.0ml	1.0ml～2.0ml
硫酸アトロピン（IV投与量）	0.1ml	0.15ml	0.2ml	0.25ml	0.3ml	0.6ml
（気管内投与量）	0.2ml	0.3ml	0.4ml	0.5ml	0.6ml	1.2ml
ソル・コーテフ	2.0ml	4.0ml	6.0ml	8.0ml	10.0ml	20.0ml
プレドパ	ドパミン投与量（3～20μg/kg/min）計算表が点滴液に一目でわかるように記載されており使用しやすい					

器具の一覧表

器具名	製品名	サイズ・機種	メーカー
気管チューブ		各種	Rusch Inc.
気管切開チューブ			
喉頭鏡		各種	HEINE
留置針		各種	テルモ
輸液セット			テルモ・トップ
静脈カテーテル	シラスコン静脈カテーテル		ダウコーニング社
	プレミキャス		ニプロ
	静脈カテーテル	各種	アトム
	Venocath	各種	Venisystems
注射器・注射針		各種	テルモ・ニプロ
モニター	Propaq 204EL		NEC
	BP-508		日本コーリン
換気量計	Haloscale		Infanta
アンビュバック			
人工呼吸器	Compos β-EV		
除細動器	Cardiopac 3M33		San-ei
救急外科セット		各種	各社
救急薬剤	別表（表❷）		

作用	メーカー
α,βアドレナリン作動薬	第一製薬
アシドーシス補正	大塚製薬
抗不整脈薬	アストラゼネカ
迷走神経遮断薬	田辺製薬
コルチコステロイド	ファイザー
腎血管拡張・腎血流量増加	協和醱酵
心拍出量増加	

20kg	30kg	備考
4.0ml（10倍希釈）	6.0ml（10倍希釈）	最近CPR初期は3〜5分毎に低用量を試みることが推奨
4.0ml	6.0ml	低用量で反応しないときに従来の投与量
12.0ml	18.0ml	気管内投与量
4.0〜12.0ml	6.0〜18.0ml	原則として血液ガスをモニターし投与　気管内投与禁忌
2.0ml〜4.0ml	3.0〜6.0ml	投与後は低用量で持続点滴
1.2ml	1.8ml	
2.4ml	3.6ml	
40.0ml	60.0ml	
0.5〜2.0 µg/kg/min		昇圧効果を期待するには10〜40 µg/kg/min
2.0〜5.0 µg/kg/min		

26 入院動物のケア

アドバイス

伴侶動物の入院看護は家族と離れて病気の治療を受ける動物の身体的，精神的ケアを両面から担う重要な仕事である。それぞれの疾患についての十分な理解と知識，各個体についての情報（年齢，性別，品種，予防歴，病歴，性格，家での生活環境など）の把握も必要とされる。それらの情報をもとに，入院生活が極力ストレスにならないように管理することが大切である。入院看護は主に動物看護師（以後，VT）の仕事であるが，必ず獣医師と相談しながら行われるべきである。なぜなら，看護の流れは刻々とかわる動物の状況を臨床的に捉えて，その状況を把握し，分析，解釈して治療方針をたて，治療を実行するという部分が含まれるからである。したがって入院看護は動物ごとに個別の対応が必要になる。入院中の伴侶動物の環境整備，食事と飲水，排泄，適度な運動の管理，そして状態によって疼痛管理も重要になる。十分な観察を行い，十分に愛情を注ぐことがスムースに看護を行うためのポイントとなる。

図❶　各種の食器類

図❷　猫用のおもちゃの例

準備するもの

- 入院設備としての清潔で安全な鍵のかかるケージ
- ケージ内の敷物
- トイレ（様々なマテリアルを用意する）
- 食器
- ブラシ，くし，つめきりなど日常の身体のケア品
- おもちゃ，ご褒美（必要に応じて）
- 入院動物の名札（プロフィール記入）
- 治療に必要な物品
- 食事（療法食など）
- 運動スペース

a. 入院動物を受け入れる準備をする。環境の消毒，清掃，名札の作成
b. 担当獣医師とVTの決定
c. 敷物のマテリアルの選択
d. 食器のマテリアルと形状の選択（接触性のアレルギーの有無，猫ならヒゲがさわらないような平らなものを選ぶ。図❶）
e. トイレのマテリアルと形状の選択
f. 食事管理のプログラムづくり，水分摂取も含まれる
g. 日常のケア品の確認
h. 温度管理
i. おもちゃやご褒美の必要性と適切なものの選択（図❷）
j. 運動プログラムの作成
k. 治療のプログラムの作成

手技の手順

1. 準備が万端整ったら入院動物を受け入れる。

2. 入院中は観察を続け，ケージ内にいるときでも行動を把握する。

3. 排便，排尿，食欲に異常はないか把握する。

4. 食事を摂取できないときには1日に必要なカロリーを計算し，最も適した食べ物を与える。固形物のときもあるが流動食を強制給与しなくてはならない場合もある。場合によっては各種カテーテルを使用して給与することもある。

5. 日々の適度な運動を安全な場所で行う。ケースによって異なる。

6. 被毛グルーミングなど身体的なケアを行う。

失敗したときの対処法

万が一入院中の動物が環境になじめなかったり，大きなストレス下で食欲がない，排泄がうまくいかない，などの問題がある場合はその原因を考える。まず，動物の品種，性格などから，入院ケージの場所は適切かどうかを考える。基本的には入院ケージは犬と猫は別々の場所に分かれているのが望ましいが，個体によっては犬のケージのそばにいても全くストレスのない猫もいれば，犬の声がするだけでも大きなストレスを抱える猫もいる。

ケージの大きさは動物の大きさや習性，疾患の種類によっても左右される。例えば，絶対安静が必要なケースであれば，動き回われるスペースが広すぎない方がかえってよい場合もある。また，安静が解かれたのちには必要と思われる範囲の無理のない定期的な運動や遊びが重要になることもある。

食事に関しては，自宅でいつも食べている食事を療法食に変更する必要があっても，急にかえるのではなく，はじめは動物の食べ口にあわせて，療法食を全体の1割，2割と増やしていくのがよい。食べ物の性状も缶詰，ドライタイプ，ドライタイプをふやかす，流動食など最も動物の口にあうものをみつけることも重要である。

図❸　カロリー計算に基づいて食事を計量する

猫では強制給与された食べ物に対し，生涯嫌悪感をもつようになる場合があるので，どうしてもその必要がある場合は各種カテーテルの設置（胃チューブ，食道チューブなど）検討が必要である。

排泄に関しては，犬ではいつも排泄している条件をあらかじめ家族から聴取しておき，入院環境での排泄がうまくいかなければ普段の条件にできるだけ近づけて排泄を促す。猫は排泄にはとくにデリケートな動物であ

コツ・ポイント

▶動物に恐怖心を与えない。

▶ストレスを極力与えない。

▶動物には常に声をかけながらコミュニケーションを図る。

▶動物の好きなことと嫌いなことを熟知しておく。

▶病態の把握を行っておく。

▶動物の性格の把握をする。

▶獣医師とVTの連絡を密にとり，情報のもれがないよい連携を図る。

▶担当者と入院動物の信頼関係を築く。入院動物の家族との信頼関係を築く。

る。トイレの材料によっても排泄場所を選ぶ傾向もある。やはりできるだけ普段使っているマテリアルを使用し，常に清潔に保つことが必須である。

また，担当医，担当VTと入院動物との信頼関係が重要なので，できる限り同じ担当者が接するとよい。

柴内晶子（赤坂動物病院）

VTに指導するときのポイント

入院動物の看護はVTの主な仕事である。常に入院動物の担当者は2人以上決めて，1人が休みの場合でもどちらかの担当者が状態を把握する。とくに食事の管理は重要である。食事の処方を獣医師から受けたら，カロリー計算を行い，動物の最も好む，またはそのときの状況にあった，タイプの食感（ドライ，缶，ドライのふやかし，液体など）をみつける（図❸）。食欲のないケースでもハンドフィード（手で口元へもっていく）なら食べる場合や，ほんのひとかけら口内に食べ物を入れることで食欲がよみがえることもある。また食欲増進に使える適切な薬剤を獣医師が処方する場合もある。エリザベスカラーなどをつけている動物では食器の位置を平らな床面から少し高い場所におくことで採食そのものが可能になる場合もある。排泄も含めて，入院中の行動や，性状，外来時にはわからない様々な点をVTがみつけだし，診療そのものに反映することが非常に重要である。

最新の知見とエビデンスを盛り込み、全面改訂！

伴侶動物の臨床病理学 第2版

著者：**石田卓夫**
（一般社団法人 日本臨床獣医学フォーラム会長）

A4判　312頁　オールカラー　定価：本体7,400円（税別）　ISBN978-4-89531-078-9

2008年の初版発行から6年。
診断法や治療薬の使用法などを中心に、
全面的に情報をアップデートした最新版！

主要目次

第1章　POMRによる診断法	第14章　甲状腺疾患の検査
第2章　血液検査法	第15章　副甲状腺疾患の検査
第3章　CBC:白血球系の評価	第15章　上皮小体疾患の検査
第4章　CBC:赤血球系の評価	第16章　貯留液の検査
第5章　骨髄検査と評価法	第17章　水と電解質の異常
第6章　血液凝固系検査と評価法	
第7章　スクリーニング検査	付録　SI単位について
第8章　血漿蛋白の検査	検査の感度と特異性
第9章　腎疾患の検査	CBC正常値
第10章　肝疾患の検査	血液化学スクリーニングの正常範囲
第11章　消化器、膵外分泌疾患の検査	血液化学検査の検体とアーチファクト
第12章　膵内分泌疾患の検査	除外リスト集
第13章　副腎疾患の検査	

旧版からの主な情報のアップデート

■ **血液検査法**
・2010年6月に米国アイデックスラボラトリーズ社から発売された新しいレーザーフローサイトメトリー方式の血球計算機器Pro Cyte DX™について

■ **骨髄検査と評価法**
・急性リンパ芽球性白血球（ALL）について

■ **スクリーニング検査**
・富士フィルムの富士ドライケム7000V"Z"™について

■ **血漿蛋白の検査**
・蛋白漏出性腸症の確定診断について

■ **腎疾患の検査**
・皮下輸液の是非について
・経口投与に使用する水について
・ダルベポイエチン（darbepoietin）について

■ **肝疾患の検査**
・キシリトールについて
・反応性「肝障害」について
・N-アセチルシステインについて

■ **消化器、膵外分泌疾患の検査**
・内視鏡生検材料について
・ヨークシャーテリアの蛋白喪失性腸症発生のリスクについて

■ **膵内分泌疾患の検査**
・Ⅱ型糖尿病について
・糖尿病のインスリン療法

■ **副腎疾患の検査**
・ACTH刺激試験
・高用量デキサメサゾン抑制試験（HDD）について
・トリロスタンについて

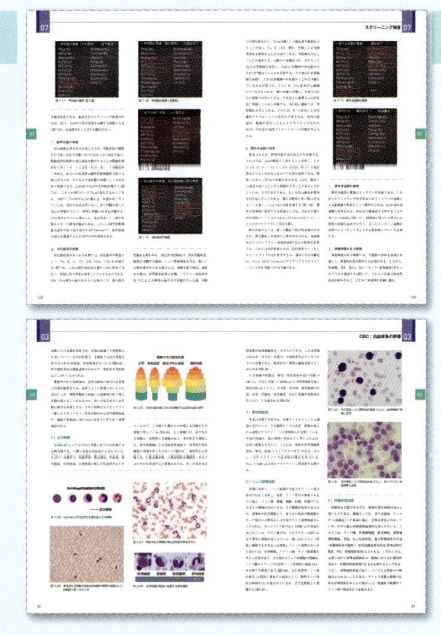

その他、すべての章の全頁にわたり情報を更新。旧版をお持ちの方も、この機会にぜひ！

株式会社 緑書房 Midori Shobo Co.,Ltd

〒103-0004　東京都中央区東日本橋2-8-3　東日本橋グリーンビル
販売部　TEL.03-6833-0560　FAX.03-6833-0566
webショップ　http://www.pet-honpo.com

27 食事療法

アドバイス

　臨床上行われる食事療法には，健康維持と疾病予防のための栄養管理と，疾患の治療を目的とした栄養管理がある。健康動物における栄養管理は，その動物のライフステージと生活環境，運動量から基礎エネルギー要求量を考え，算出して選択し，定期的な身体検査と体重測定で正しいことを確認する。治療を目的とした食事療法には，消化管を機能させる経口的栄養補給と消化管を機能させない経腸および非経口的栄養法の2つがある。必要エネルギー量は個々の様態により詳細な検討が必要である。とくに入院中の動物は食物摂取量の減少や必要以上の絶食により栄養不良の場合が多い。栄養不良は，免疫の低下，薬物代謝の変化，組織再生・修復力の低下を引き起こし，結果として治療の成功を妨げることとなる。入院動物の食事管理は治療の原点であり，飲水量，採食量（グラムなど重量で表示），摂取カロリー，摂取栄養素の記録（療法食の銘柄，一般食の銘柄，フードの形態等々），モニターを習慣づけることが重要である。

準備するもの

- 食事量計算，入院食作成のために準備するもの：
  a. 犬・猫のボディコンディショニンスコア（BCS）（図❶，図❷）
  b. 計算機・計量カップ・料理用秤・裏ごし器
  c. 使用する療法食のカタログ（CD-ROMなど）使用する療法食発売メーカーより取り寄せる
  d. ホームクッキングレシピ
     ホームクッキングの場合は材料の成分表

- 経腸および非経口栄養法のために準備するもの：
  a. シリンジ給与；給与用シリンジ
  b. 鼻栄養カテーテル設置；栄養カテーテル，医療用接着剤，エリザベスカラー，縫合糸
  c. マッシュルームカテーテル（市販胃造瘻セット）

- 非経口栄養法のために準備するもの：
  a. 高カロリー輸液剤
  b. 中心静脈用カテーテル
  c. 末梢循環用留置針
  d. バリカン
  e. 消毒剤
  f. 固定用の包帯，テープ

栄養補助

　入院中の動物は，食事摂取量の減少から一般的に栄養不良に陥っている。入院直後から，ボディコンディショニンスコア（BCS）により体格を評価し記録する。RER（安静時エネルギー要求量）：RER = $70\text{kcal/kg}^{0.75}$：（表❶，表❷）に基づいた食事量を決定し入院カルテに記入する。毎日RERを満たす食事が摂れているかモニターをする。3日以上の飢餓，RERを下回る食事量であった場合，栄養補助を考える。嘔吐・下痢の症状がみられ，経腸栄養補助ができない場合，経静脈栄養補給が必要となる。経腸あるいは非経口的栄養補給を行う前には，電解質，酸-塩基の異常，血糖値は正常値近くになるように調整する。

給与計画

　栄養評価を行い，診断に適合した補助食を選択する。
　消化管が機能していれば，経腸栄養としてはじめに経口給与を考える。嘔吐，下痢，膵炎，消化管閉塞などで消化管が機能していない場合は，非経口的栄養を選択する。その場合RERを満たす量が経口的に摂取できない場合は経腸栄養を考える。経腸栄養経路には，短期の場合，経鼻食道カテーテル。長期の場合，胃造瘻術，腸造瘻術を行う。消化管が機能していない場合は静脈内投与を行うが，短期では末梢循環，長期や水分制限がある場合，中心静脈循環を使用する。胃腸機能が復活した段階で随時，経腸栄養に移行する。胃腸機能が不完全な場合は療法食を半消化食とし，正常な

図❶ 犬のボディコンディションスコア（BCS）5段階制による表現

BCS 1　重度の削痩▶ 
皮下脂肪がないため肋骨が容易にさわれる。尾の付け根は目立って骨が飛び出し，皮膚と骨の間に組織がない。脂肪におおわれていないので，骨の突起を容易にさわれる。6カ月齢以上の犬では横からみると，腹部は著しく巻きあがり，上からみるとカーブの急な砂時計のような形をしている

◀BCS 2　体重低下
皮下脂肪はわずかで，肋骨を容易にさわることができる。尾の付け根は目立って骨が出っ張り，皮膚と骨の間にほとんど組織がない。骨の突起は薄い脂肪を通して容易にさわることができる。6カ月齢以上の犬では横からみると，腹部は著しく巻きあがり，上からみると顕著な砂時計様の形をしている

BCS 3　理想体重▶ 
肋骨は少しの皮下脂肪を通してさわることができる。尾の付け根は滑らかな形をもち，多少厚みがある。全身骨格は薄い皮下脂肪を通してさわることができる。骨の突起もわずかな脂肪を通して容易にさわることができる。6カ月齢以上の犬では横からみると，腹部は著しく巻きあがり，上からみると均整のとれたウエストが観察される

◀BCS 4　過剰体重
肋骨は中等度の皮下脂肪でさわるのが難しい。尾の付け根は，皮膚と骨の間に中等度の組織があるため多少厚くなっている。骨格はまだふれることができる。骨の突起は中等度の脂肪層でおおわれている。6カ月齢以上の犬では横からみると，ほとんど腹部の巻きあげやウエストを観察することができない。上からみると背中が少し広くみえる

BCS 5　肥満▶ 
肋骨は厚い脂肪の下になり非常にさわりにくい。尾の付け根は厚く，厚い脂肪層によって骨をさわることは難しい。骨の突起も中等度から厚い脂肪層によっておおわれる。6カ月齢以上の犬では，横からみると著しい脂肪沈着によって腹部が垂れ下がり，ウエストはない。上からみると背中が著しく広い。体軸に沿って背中側にも肉がつくので樽のようにみえる

図❷ 猫のボディコンディションスコア（BCS）5段階制による表現

BCS 1　重度の削痩▶ 
皮下脂肪がないため肋骨が容易にさわれる。脂肪におおわれていないので，骨の突起を容易にさわれる。6カ月齢以上の猫は横からみると，腹部の著しい巻きあがり，上からみるとカーブの急な砂時計のような形をしている

◀BCS 2　体重低下
皮下脂肪はわずかで，肋骨を容易にさわることができる。骨の突起は薄い脂肪を通して容易にさわることができる。6カ月齢以上の猫では横からみると，腹部は巻きあがり，上からみると顕著な砂時計様の形をしている

BCS 3　理想体重▶ 
肋骨は少しの皮下脂肪を通してさわることができる。全身骨格は薄い皮下脂肪を通してさわることができる。骨の突起もわずかな脂肪を通して容易にさわることができる。6カ月齢以上の猫では横からみると，わずかに腹部は巻きあがり，上からみると均整のとれたウエストが観察される

◀BCS 4　過剰体重
肋骨は中等度の皮下脂肪でさわるのが難しい。骨格はまだふれることができる。骨の突起は中等度の脂肪層でおおわれている。6カ月齢以上の猫では横からみると，ほとんど腹部の巻きあげやウエストを観察することができない。上からみると背中が少し広くみえる。腹部に脂肪塊が中等度についている

BCS 5　肥満▶ 
肋骨は厚い脂肪の下になり非常にさわりにくい。骨の突起も中等度から厚い脂肪層によっておおわれる。6カ月齢以上の猫では，横からみると著しい脂肪沈着によって腹部が垂れ下がり，ウエストはない。上からみると背中が著しく広い。腹部には著しい脂肪塊があり，四肢や顔にも脂肪沈着が認められることがある

場合は完全な食事とする。

　絶食後に給与を再開するときは，最初に消化管粘膜上皮に対する微量経腸栄養から開始する。さらに，絶食期間により，水分，電解質，エネルギー，タンパク質ビタミンB群複合体の比率を調整する必要がある。絶食期間が長いと体内の炭水化物，脂肪，タンパク質は血清濃度維持のために消費され，生命機能の維持が優先される。このための貯蔵成分のバランスは絶食期間の長さにより変化する。給与の再開によりエネルギーやアミノ酸が再導入された場合，細胞外から細胞内へカリウム，リン，グルコースなどが移動する。結果として低カリウム，低リン血症を起こし，強直，心筋不全，不整脈，発作などが起こることがある。5日以上絶食が続いた場合は高脂肪，低炭水化物の療法食を使用する。また，給与再開後は1日1回の電解質のモニターを行う。

手技の手順

1．経口給与：

　食事の固まりを口のまわりに置いたり，唇に擦りつけ，嚥下反射を刺激する。

　流動食のシリンジ給与；犬では，頭部を正常あるい

表❶ 成犬の1日当たりのエネルギー要求量をキロカロリー・代謝可能エネルギーで示す

体重 Kg	lb	RER 70kcal/kg$^{0.75}$
1	2.2	70
2	4.4	118
3	6.6	160
4	8.8	198
5	11.0	234
6	13.2	268
7	15.4	301
8	17.6	333
9	19.8	364
10	22.0	394
11	24.2	423
12	26.4	451
13	28.6	479
14	30.8	507
15	33.0	534
16	35.2	560
17	37.4	586
18	39.6	612
19	41.8	637
20	44.0	662
21	46.2	687
22	48.4	711
23	50.6	735
24	52.8	759
25	55.0	783
26	57.2	806
27	59.4	829
28	61.6	852
29	63.8	875
30	66.0	897

表❷ 成猫の1日当たりのエネルギー要求量をキロカロリー・代謝可能エネルギーで示す

体重 Kg	lb	RER 70kcal/kg$^{0.75}$
2	4.4	118
3	6.6	160
4	8.8	198
5	11.0	234
6	13.2	268
7	15.4	301
8	17.6	333
9	19.8	364
10	22.0	394

※図❶〜❾は,本好茂一監修『小動物の臨床栄養学 第4版』(マーク・モーリス研究所日本連絡事務所,2001年)から許可を得て転載

※表❶,❷は,本好茂一監修『小動物の臨床栄養学 第4版』(マーク・モーリス研究所日本連絡事務所,2001年)から許可を得て一部引用

図❸ 犬のシリンジ給与法で液体または均質化したフードを与える場合

図❹ 猫のシリンジ給与法で液体または均質化したフードを与える場合

図❺ 挿入するチューブの長さは,鼻から最後肋骨までの長さを測って決める。最後肋骨から鼻までの長さの4分の3の位置でチューブに印をつける。これがちょうど食道下部に達するのに必要な長さとなる。印は消えにくいペンでつけるか粘着テープを使用する。テープを用いると,チューブを固定するときのタグとしても利用できる

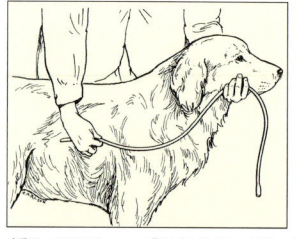

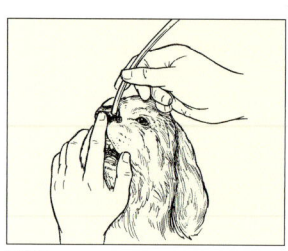

図❻ 外鼻孔を背中に押しあげ,チューブの近位置を引きあげるようにして挿入すると,腹面鼻道を通過しやすい

図❼ ペンの印または粘着テープのタブが鼻先に来るまでチューブを挿入すると,縫合または接着剤でテープを皮膚に固定する

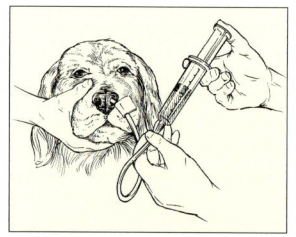

図❽ 滅菌水,または生理食塩水を注入して正しく挿管されたことを確認する

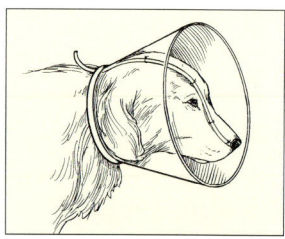

図❾ チューブの数箇所にテープタグをつくり,縫合または接着により皮膚に固定する。また,カラーを使用すると患者が偶然チューブを抜去してしまう事故を減らすのに役立つ

はやや下方に固定しシリンジを臼歯と頬の間に位置させる。猫では4本の犬歯の間に位置させる(図❸,図❹)。自発的に嚥下しない場合は誤嚥を引き起こすので中止する。

2. 経鼻―食道カテーテルの挿入法:

一般に3〜7日間留置が可能である。ポリウレタンあるいはシリコン栄養カテーテルを用いる。犬では8フレンチ,猫では5フレンチが最もよく使用される。挿入するチューブは鼻から最後肋骨までの長さの4分の3の位置でチューブに印をつける。これがちょうど食道下部に達する必要な長さである。外鼻孔を背側へ押しあげ

てチューブの近位端を引きあげるように挿入すると，腹面鼻道を通りやすい。印が鼻先に来るまで挿入し，縫合もしくは粘着テープで皮膚に固定する。チューブが正確に挿管されていることを確認するため，生理食塩液を3～15ml注入し，患者が咳をしないことを確認する。また，レントゲン撮影を行い，位置を確認してもよい。固定を行った後は，とってしまわないようエリザベスカラーを装着する（図❺～図❾）。

3．微量経腸栄養：

LR 3：水1を混合したもの1,000mlに対してグルコースを5～25g，さらに小量のアミノ酸を添加した液体を用意する。0.05～0.2ml/kg/hrで持続的に経鼻─食道カテーテルより入れる。6時間毎に胃内容を確かめ，一杯なら量を減らす。

4．咽頭造瘻チューブ・胃造瘻チューブ：

数週から数ヶ月の給与が可能で，自宅での給与も可能である。設置手技については，成書を参考にされたい。

5．経腸食の選択と給与法：

チューブの大きさとどの部位に入るのかで決定される。胃造瘻チューブであれば，通常の療法食（a/d，日本ヒルズ・コルゲート）をブレンダー（ミキサー）で軟化させてそのまま投与できる。経鼻カテーテルは最も細いため液状タイプしか投与できない。液状タイプと混合ペットフードの2種がある。可能であれば給与開始24時間以内にRERに等しい食事量を給与することが推奨されている。最初の給与をRERの3分の1とし，24時間ごとに3分の1量を増加するのがより慎重なアプローチと考えられている。与える食事は室温に温める必要があるが，給与前に体温以上に温めるべきではない。

失敗したときの対処法

誤嚥させてしまった場合，二次的な誤嚥性肺炎を軽減するために，二次感染を防ぐ抗生物質や消炎剤の投与を行う。また，経時的に胸部レントゲンを撮影し悪化していないことを確認する。咽喉頭瘻，胃造瘻チューブでは設置部位に感染を起こす可能性があるが，設置部位の包帯交換と消毒用ゼリーを使用することでほとんどの場合予防が可能である。

内田恵子（ACプラザ苅谷動物病院　市川橋病院）

犬・猫用療法食一覧表

（Appendix.Ⅲとして162ページに掲載しました。編集部）

コツ・ポイント

▶猫では食欲がないときに無理やり食べさせられたフードは，その後自力で食べることを拒否するようになるという考えもあり，最近では食事を摂らないときは基本的に咽喉頭瘻か胃造瘻チューブがよいとされている。

▶給与前後はチューブに生理食塩液を通し，設置が正しいことを毎回確認する。また，清潔にすることを忘れない。鼻カテーテルの場合は，生理食塩液を流したときに嚥下動作があることをじっくりと確認すべきである。

VTに指導するときのポイント

動物の入院が決定した時点で，入院時に与える食事の種類，給与量をすぐに計算をさせ，カルテやケージに記入させる。さらに，実際に食べているかを確認をさせ，摂取量をモニターさせる。食事や水は，毎回計量するように習慣づけることが大切である。このときカップやさじでの計量ではなく，秤を使用することを義務づける。

カテーテルやチューブの設置は，獣医師が行う手技となる。毎日の給与は，カロリー計算をしっかり行い，給与量が適切に与えられているかを常時監督する必要がある。給与は実際には獣医師自身で行い，手技をみせてから，次にVTに行わせ，間違いがないことを確認しながらの指導が必要である。

栄養カテーテル

アドバイス

小動物領域で利用される栄養カテーテルには鼻食道チューブ，咽頭食道チューブ，胃チューブなど様々な方法がある（表❶）。その中でも，鼻食道チューブは迅速，簡便，安価に装着することが可能で，一過性の食欲不振に対する積極的給与法として非常に有用性が高い。したがって，全ての小動物臨床獣医師は鼻食道チューブの装着法および活用法を確実に習得しておくべきである。

表❶ 各種栄養チューブの適応，利点，禁忌，合併症の比較

	鼻食道チューブ	食道チューブ	胃チューブ
適応	数日間から数週間程度の給与	数週間～数カ月の給与	
利点	手早く装着可能であるため動物に対するストレスが最小 装着に鎮静あるいは麻酔は不要	特殊な器具を使用することなく装着可能 装着直後から給与開始可能	チューブの直径が比較的太いためほとんど全ての種類の療法食で使用可能 内視鏡による装着も可能
禁忌	血液凝固障害あるいは血小板減少症を伴う動物での使用	巨大食道症など食道疾患を患う動物 深鎮静あるいは全身麻酔が禁忌の動物	胃に病変が存在する動物 全身麻酔が禁忌の動物
合併症	チューブの気管内挿入による誤嚥 異物性鼻炎 嘔吐によるチューブの吐出	チューブ装着部周辺の炎症 嘔吐によるチューブの吐出	まれに胃内容物の腹腔内流出および腹膜炎

準備するもの

・栄養カテーテル
  猫および小型犬：4～6Fr（40～100cm），
  中型犬以上：6～8Fr（100cm）
・眼科用局所麻酔薬
・瞬間接着剤（あるいは3-0のナイロン糸，23Gの注射針，持針器）
・2.5cm幅の紙テープ
・滅菌生理食塩水を5ml入れた注射筒
・エリザベスカラー
・キシロカインゼリー
・油性マーカーペン

手技の手順

1．患者の鼻を真上に向けて鼻孔内に眼科用局所麻酔薬を数滴滴下（図❷）。

2．挿入するチューブの長さを計測。患者の頸を伸展させた状態で，外鼻孔から胸部の中間付近（第7～8肋間）まで測定し，油性マーカーペンでチューブに印をつける。チューブ先端が胃内まで到達してしまうと，チューブと噴門のわずかな隙間から胃液が逆流し，食道下部の食道炎のリスクが高まるので，チューブは食道内に留めること。

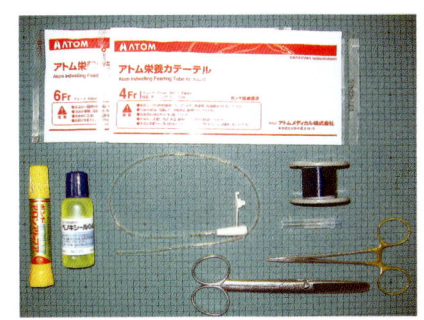

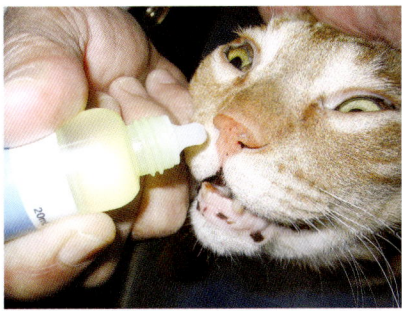

図❶　筆者が使用している器具の一覧写真

図❷　患者の鼻腔内に眼科用局所麻酔薬を滴下

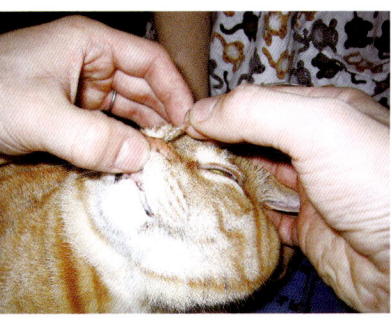

図❸　動物の鼻先を真上に押しあげた状態で，チューブの先端を上顎切歯方向に向けて挿入するテクニック

3．キシロカインゼリーをチューブの先端に塗布する。

4．保定者が患者の頭部をしっかり固定し，術者は外鼻孔からチューブをゆっくり挿入。片手で動物の鼻先を天井方向に押しあげ，上顎切歯方向にチューブ先端を進めると，咽頭に直接続く一番大きな腹側鼻道内にチューブが挿入される（図❸）。腹側鼻道内にチューブが挿入された場合，ほとんど抵抗なくチューブの送達が可能。鼻腔内1〜2cm程度の部分で強い抵抗を感じた場合は，チューブが背側鼻道に挿入された可能性が高いため，一度チューブを抜去し再挿入を試みるとよい。

5．油性マーカーペンで印をつけた部位までチューブを挿入。

6．チューブから滅菌生理食塩水をゆっくり注入。食道内にチューブが挿入されている場合（図❹）は発咳反応が確認されない。もし動物が咳をしはじめたら気管内にチューブが挿入されていると判断し，チューブの再挿入を試みること（図❺）。

7．外鼻孔外側の溝にチューブを這わせ，瞬間接着剤あるいはナイロン糸でチューブをしっかりと固定（図❻）。この部位を確実に固定すると，動物が煩わしさを感じることが少なくなり，結果的に鼻食道チューブの長期間維持が可能。また，猫のヒゲにチューブが接触した状態でチューブを固定することは避けること。

8．外鼻腔孔の外側部，両目の中間付近，前頭部の3点でチューブを固定（図❼および図❽の矢印部）。残りのチューブは頸部に紙テープで固定する。

9．エリザベスカラーを装着。チューブの陰が動物の視野に入らないように固定された場合は，エリザベスカラーの装着が不要な場合も多い。

10．必要に応じてチューブの位置をX線にて確認。

失敗したときの対処法

鼻食道チューブ装着時の併発症として下記の現象があげられる。

・鼻甲介の損傷による鼻出血：チューブを若干長めにもって挿入を試みると，チューブ固有の弾力性が緩衝し，鼻粘膜を傷つけるほど強く挿入できない。原則的に，凝固異常あるいは重度の血小板減少症（血小板数＜50,000/μl）を有する動物に対して鼻食道チューブの挿入は避けること。

・チューブの長期留置によって引き起こされる鼻炎：定期的に鼻食道チューブを反対側鼻腔内につけかえる。

・チューブの気管内挿入による誤嚥：鼻食道チューブ挿入後は滅菌生理食塩水をチューブに流し込み，発咳反応の有無を確認する。X線によってチューブの位置を確認するとより安全な装着が可能（図❹，図❺）。

器具の一覧

・アトム栄養カテーテル（4〜6Fr，40cm）：［アトムメディカル，あるいはサフィードフィーディングチューブ（5〜8Fr，100cm），テルモ］
・ベノキシール0.4%液（塩酸オキシプロカイン）：参天製薬
・キシロカインゼリー（藤沢-アストラゼネカ）
・アロンアルファ（東亞合成）

小林哲也（公益財団法人 日本小動物医療センター）

栄養カテーテル

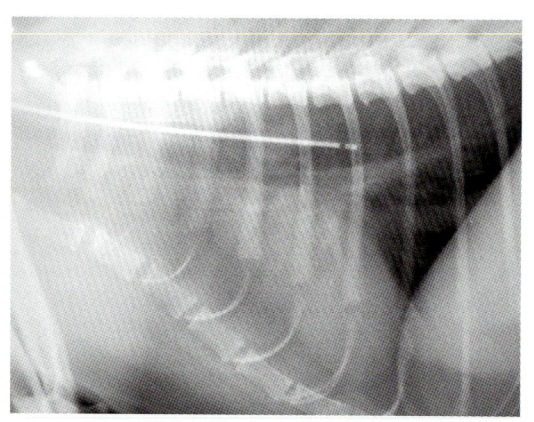

図❹ 食道内にきちんと挿入された栄養カテーテル(X線撮影用にチューブ内に造影剤が注入されている)

図❺ 誤って気管内に挿入された栄養カテーテル(矢頭部)

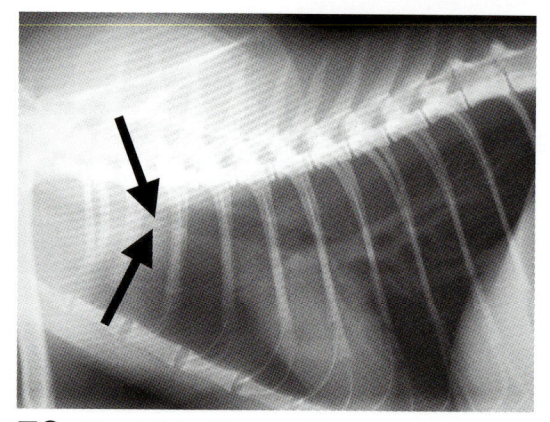

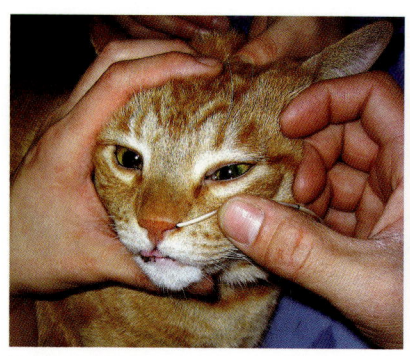

図❻ 外鼻孔外側の溝はチューブを留置する際に最も重要な固定点

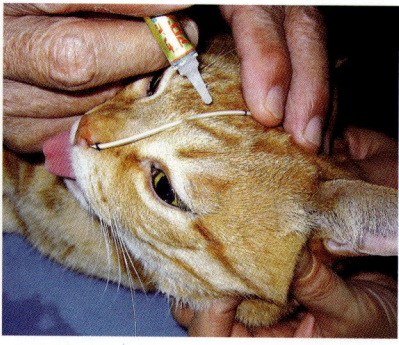

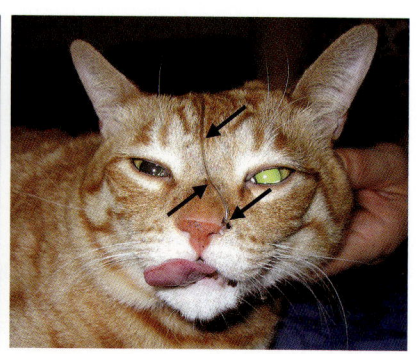

図❼ 最も手早くチューブを顔面に固定する場合は瞬間接着剤を用いるとよい。ただし,チューブを抜去する際,瞬間接着剤付着部の毛も抜けてしまうのが難点

図❽ 矢頭は瞬間接着剤で固定された部分を示す

コツ・ポイント

▶片手で動物の鼻先を天井方向に押しあげ,上顎切歯方向を目指してチューブを進めると,腹側鼻道内にチューブを挿入しやすい。

▶瞬間接着剤を用いると,落ち着きがない動物でも迅速にチューブを顔面に固定することが可能。

▶チューブの陰が動物の視野に入らないように固定された場合は,エリザベスカラーの装着が不要な場合も多い。

VTに指導するときのポイント

VTが本手技を実施する場合も「コツ・ポイント」の留意点に相違はない。ただし,VTによる装着後はチューブが気管内に装着されていないことを獣医師が責任をもって確認すること。

ウェルネスのガイドライン

アドバイス

伴侶動物医療は，ヒューマン‐アニマル・ボンド（HAB：人と動物の絆）のために存在する。すなわち，HABを護り，讃え，推進することで，社会を支える医療分野である。このため，経済性や安全性を優先する産業動物医療とは異なるアプローチが必要となる。直接的には，動物の福祉・医療を最優先に，全ての動物の幸せな一生，健康な一生を保証し，それを通じて家族の安心，心配の解消，動物と暮らす喜びを追求して，幸せな社会づくりに貢献する。そのため，動物が病気になったら治療を行うという従来の獣医学的アプローチでは，その目的を達成することはできない。もちろん，産業動物医療分野にも，伝染病の予防という先手を打つアプローチは存在するが，伴侶動物医療では，単なる伝染病の予防だけでなく，ヘルスケアとウェルネスという観点から，広範なプログラムが計画され，提供されなくてはならない。ウェルネスとは，重大な病気はもとより細かな異常もない状態，そして予防しようとすればできる異常は全てない状態と定義される。これらの異常には，栄養学的問題，歯科疾患，遺伝性疾患，感染症，寄生虫病，行動学的問題が含まれ，獣医師はこれらの疾患予防の知識と技術をもち，そして，疾病予防の責任をもつ。このようなウェルネスプログラムの実践を通じて，獣医師は疾病の治療のみならず，予防できる病気は予防する，伴侶動物の健康を促進する，伴侶動物とそこに存在するHABにとってのベストを尽くすといった，倫理的責任を自覚しなくてはならない。

準備するもの

- 病院として提供できるウェルネスプログラムを組み立てる。
- ウェルネスプログラムとして提供すべき内容には以下のものがある。
    - 動物の購入前カウンセリング
    - ヒューマン‐アニマル・ボンドのカウンセリング
    - 小児科医療
    - パピーパーティー
    - しつけ教室
    - 行動学カウンセリング
    - 感染症予防
    - 寄生虫コントロール
    - 検診プログラム
    - 不妊，去勢
    - 予防歯科
    - 繁殖カウンセリング
    - 栄養学カウンセリング
    - 肥満のコントロール
    - 定期健康診断
    - 預かり
    - グルーミング
    - 老齢動物ケア
    - ペットロスサポート
- これらを単独，あるいはグループ化してパッケージをつくる。
- 各パッケージについて，実施法，料金，飼い主向け文書などを作成する。

手技の手順

1. 幼齢動物ウェルネスプログラムの例

目的：最初のワクチネーションに来た幼齢動物と家族に対し，幼若動物のケア，トイレのしつけ，社会化，栄養指導，運動指導を教え，あわせて動物病院でできることの紹介を行う。

内容：
- ワクチンプログラムとパピーパーティーへの参加を同時進行させ，伝染病予防と社会化という，この時期の最優先課題を達成させる。
- 家庭内で生活する上での最低限のしつけを達成させる。
- 幼齢動物に推奨できる食事を教える。
- 初年度ワクチン終了後の散歩，運動について教える。

- 別プログラムでのしつけ教室への参加をすすめる。
- 引き続き小児科ヘルスケアプログラムへの参加をすすめる。

2. 小児科ヘルスケア

目的：0～1歳の間の病気予防，先天的疾患の発見を徹底させる。

内容：
- 健康診断を行い，先天的疾患の発見に努める。
- この時期の栄養について推奨できる食事を教え，肥満や栄養不良が起こらないようにする。
- 予防歯科について教え，家庭でのはみがきのトレーニング，推奨製品の販売を行う。
- 室内，屋外での生活形態にあわせた散歩，運動について教える。
- 家庭でできるグルーミング，病院でのグルーミングについて教える。
- 繰り返しの糞便検査による寄生虫駆除，外部寄生虫駆除を行う。
- フィラリア予防，猫のウイルス検査などを実施する。
- 不妊・去勢手術の目的，重要性について教え，できるだけ早期に実行する。
- 手術と同時にマイクロチップを入れる。
- しつけ・行動について問題があれば，別プログラムへの参加を促す。
- 1歳齢でのワクチン追加接種を行う。

3. 成年期ヘルスケア

目的：1～7歳の動物における病気予防，健康維持，病気の早期発見。

内容：
- 年1～2回の健康診断を行い，病気の早期発見に努める。
- 歯科検診も定期的に行い，必要に応じて歯科処置を行う。
- 適切な間隔でワクチン追加接種を行う。
- 毎年フィラリア予防を行う。
- 繰り返しの糞便検査による寄生虫駆除，外部寄生虫駆除を行う。
- 病院でのグルーミングを定期的に行う。
- この時期に適した食事指導を行い，とくに肥満が起こらないようにする。
- しつけ・行動について問題があれば，別プログラムへの参加を促す。

4. 老齢動物ヘルスケア

目的：対象は7歳以上（大型犬は5歳以上）で，拡大スクリーニング検査により病気の早期発見に努め，老齢疾患（内臓の疾患，歯科，関節・骨の異常）が認められた場合には，それらの治療，コントロールを行う。あわせて，栄養，運動に関する指導を行う。

コツ・ポイント

▶ 病院との最初の出会いが重要である。ワクチンなどで初診の動物が来た場合，十分な時間をとって，病院の伴侶動物医療に対する取り組みを説明する。

▶ ウェルネスプログラムを実施すると，どのようなよいことがあるのかを徹底的に説明する。

▶ 個々の検査などを別々に飼い主が選択するのは難しく，また料金的にも膨大になることがある。このため，飼い主が承諾しやすいパッケージをつくっておく。

▶ 病院の暇な時期を利用して，機器や人員の有効利用をはかり，それによりパッケージ料金の設定が可能になる。

▶ 獣医師は常に診療料金が高くなると飼い主がついて来なくなるという危惧をもっている。その自分の経営上の危惧を，高いと飼い主がかわいそうだから，といった「よい子」の思想に置き換えて正当化する傾向がある。そのために通常とる手段は，検査項目を減らすというものである。これで診療報酬は確かに低額になるが，これでは獣医師は何一つ痛みを分かち合っていない。一番迷惑するのは，病気を発見してもらえない動物であり，飼い主である。そのような場合は，検査項目はそのままで，パッケージ化や合理化の努力で診療報酬を下げるべきである。

ウェルネスのガイドライン

内容：
- 年2回の総合検診を行う。

  身体検査，体重測定に加え，歯科検査，眼科検査，外部寄生虫，真菌の検査も行う。拡大スクリーニング検査としては，CBC（赤血球，白血球，血小板，血漿蛋白），尿検査，糞便検査，フィラリア抗原検査，猫のウイルス検査，血液化学スクリーニング検査（蛋白，肝臓，腎臓，副腎，膵臓，甲状腺，脂質，電解質），内分泌検査（甲状腺／副腎），心電図検査，血圧測定，X線検査，超音波検査を行う。

- 予防

  フィラリア予防を行う。内部寄生虫症，外部寄生虫に対して駆虫・予防を行う。適切な間隔でワクチン接種を行う。

- その他の指導

  食事指導／ダイエットを行う。運動指導を行う。定期的に病院でのグルーミング，爪切り，耳のクリーニングを行う。

失敗したときの対処法

1. 病院のウェルネスの概念に飼い主が何ら興味を示さない場合もある。残念ながら，繁殖のため，見栄のため，単なる番犬として，といった理由で動物を飼育している人も，まだ少数ながら存在する。動物に対する価値観をかえられない場合は，深入りして時間を無駄に費やす必要はない。

2. ウェルネスの項目が多すぎて，説明が煩雑になると，わからなくなってしまう人，面倒くさいと思ってしまう人も存在する。このため，単純明快な説明が必要である。自分の母親に一度説明してみるとよい。自分の母親を説得できなければ，一般の飼い主は説得できないだろう。

石田卓夫（赤坂動物病院）

VTに指導するときのポイント

1. ウェルネスのほとんどは，VTが実際に行うものである。病気でない動物の飼い主に病気や予防の説明をするのは，獣医師である必要はない。

2. 病院内で獣医師とVTが共同して，プログラムづくりから行い，文書作成，説明の練習など，VTは積極的に参加するべきである。

3. VTはウェルネスを入り口に，病気や健康について学びはじめるのがよい。

動物を喪った飼い主の心のケア

アドバイス

　動物と暮らしている以上，別れを避けることはできず，飼い主が大きなダメージを受けることはとても自然なことである。また，動物を喪った後または死期が近づいたとき，悲しみや不安を感じ，ときには怒りがこみあげ，そして克服していくという過程をうまく乗り越えられないでいる飼い主がいるのも確かである。しかしながら，動物を喪った飼い主の心のケアを支援してくれる社会的なシステムは，残念ながら日本ではまだ十分とはいえない。

　動物病院のスタッフは，動物の死，飼い主の動物に対する愛着，動物が病気になったときの不安，亡くなったときの悲しみなど，とても複雑な問題に日頃から直面している。加えて，動物の死の前後には，飼い主ととても近い関係にあるので，助けや理解を求められたり，支援をしなければいけないような状況におかれたりする傾向がある。

　ここで，専門カウンセラーではない私たち獣医師や動物看護師は，「悲しみ」と「悲しみの過程」についてよく理解し，思いやりのある対応を心がけることがとても重要となる。

悲しみについて

　人と動物の関係は，近年まちがいなく親密さが増し，飼い主の日々の生活に欠かせない存在として絆は深まっている。動物を喪ったとき，その重大さとそれに続く悲しみの大きさは，愛着（または絆）の強さと生活をともにした時間の長さによって決まる。人と動物の絆は，日々のふれあう回数，ふれあうときの心地よさ，愛嬌のある行動，表情などから生まれ，お互いの幸福感を感じさせてくれる。動物の死によってこの絆が途絶え，これらすべてを喪うことにより，「悲しみ」が生じる。ここで多くの場合，動物の死を悲しむ人間は，飼い主自身だけという状況であり，そのことが動物の死をさらに印象強く，個人的なものにしている。また，ひとつの家族の中でさえ，悲しみはひとりひとり異なる。

悲しみの過程

1. 否認の段階：現状を認められず，思うように理解できない状態。

（亡くなる前）
- 落ち着いて話ができる場所で，否認が悲しみの正常な気持ちの反応であることを伝える。
- わかりやすい言葉で説明（会話）をする。
- 飼い主の反応や理解が遅いことがあるが，急がず飼い主のペースで判断してもらう。
- 飼い主に必要なのは悲しみを処理する時間である。

（亡くなった後）
- 可能なら，遺体と対面してもらい別れを告げてもらう。
- 人の葬儀のように動物霊園に埋葬するなど，「別れのプロセス」を踏むことで気持ちを整理する機会をすすめる。
- 悲しみを表に出すことはとても自然であることを伝える。
- 状況に応じて，個人的な経験をシンプルに打ち明け，自分だけではないことを理解してもらう。

2. 代案の段階：現状をなんとか他の方法で改善させようと試みる状態

- 動物の病態が末期の場合に，飼い主が民間療法や別の適切でない治療方法を求めて来たときには強く反対せず，情報を提示したり，他の人の意見などを伝えるとその後の治療が容易になる。
- 動物が亡くなった後，早くに新しい動物を飼い主が求めた場合は，同一のかわりはいないことを伝える一方で，他の家族の準備が整っていれば，受け入れるとよい。
- 亡くなった動物の食器やおもちゃを置いたままにしている場合も代案の段階と考える。

3. 怒りの段階：怒りを感じる時期で，この段階から出たり入ったりすることがあり，その対象は「飼い主自身」「病院スタッフ」「不特定」の場合がある。

- 落ち着いて話ができる場所で，飼い主に感情を表に出してもらう。積極的に耳を傾け，相手の言葉に相づちを打ち，相手の気持ちは理解していることを伝える（怒っていらっしゃるのはよくわかります。別の治療方法があったはずだとお考えなのですね？　など）。
- 病院スタッフに直接怒りをもっている場合は，スタッフが落ち着いて対応することが大切で，寛大さと忍耐が必要になることもある
- 対象の違いにかかわらず，飼い主は動物のためにできることは全てやったし，最も正しい決定をしたということを理解してもらえるよう伝える。

4. 悲観の段階：人との接触を拒み仕事を休む，睡眠が不規則になる，落ち着きがなくなる，集中力がなくなる状態。また，自分の気持ちを制御できずに発作的に泣き出すこともある。

- 家族や友人，同じ立場の人などと話をすることをすすめる。
- 抑鬱状態の場合は，「がんばって」のような励ます行為は症状をひどくする場合もあるので避ける。
- 会話ができるときには，積極的に耳を傾ける。
- 泣くことは正常なことであることを伝える。
- 抑鬱状態が何週間も続く場合は専門家の助けを検討する。

　上記の段階を，順番にもしくは変則的に踏んで，またときには進んだり戻ったりしながら動物の死を容認する段階まで来て，別れを克服できたと考えられる。

悲しみの過程を複雑にする可能性のある要因

（専門カウンセラーの助けが必要となる可能性のある要因）

- 特別な人や出来事に関連していた動物の死。
- 防ぐことができたかもしれない原因による動物の死。
- 高額の治療費を用意できなかった経済的理由。
- 全く予期していなかった突然の死。
- 動物の失踪（遺体を確認できなかった場合）。
- 動物の臨終に立ち会えなかった場合。
- 話し相手が全くいない場合。
- 以前飼っていた動物と同じ病気・原因で亡くなった場合。

ケアにあたって

　動物を喪った飼い主が，悲しんで落ち込むことはとても自然な現象である。「食事ものどを通らない」「仕事が手につかない」「あの子の物が捨てられない」「ああすればよかったと後悔が絶えない」「眠れない」などの状態を，はじめから病気や異常と考えるのは適切ではなく，「悲しみの過程」の中で「動物の死」を克服するためのプロセスを進んでいる途中と考えるべきである。

　そのケアとして「お悔やみ状を送る」「お花を送る」「電話で会話の機会をつくる」ことなどが可能であるが，このとき「悲しみの過程」を考慮することで，より適した内容やタイミングで対応でき，効果的な飼い主へのフォローアップが期待できる。加えて，ケアを成功させるためには，日頃から次の2つを実践しておくことがとても重要である。

①家族と病院スタッフとの信頼関係がしっかりしていること。
②思いやりのある対応をしていること。

　日頃から，獣医師と動物看護師がともに，飼い主とのコミュニケーションを進め，絆を深めることが必要である。そして，病院スタッフ全員が「悲しみの過程」をよく理解し，思いやりのあるケアを心がけることで，飼い主は心を強く痛めることなく，悲しみを乗り越えられるはずである。

吉村徳裕（あいち動物病院）

MY VET HOSPITAL
動物病院のつくりかた

本書は、小動物獣医業界の現状を分析した上で病院開業に必要な基礎知識や手順をステップアップ別に紹介。また、新規開業、リニューアル、移転の実例をケーススタディで紹介するとともに『animal hospital design』シリーズで好評の『ホスピタルデザイン』も掲載している。そして、動物病院づくりで欠かせない獣医師が最も多くの時間を過ごし、病院面積で最も大きな面積を占める「ワークゾーン」の在り方について解説した一冊。

定価：本体7,800円（税別）
A4判　290頁　オールカラー
ISBN978-4-89531-032-1

動物病院にもっと魅力を！
本書はそんな想いを抱く院長、
そして未来の院長へ向けた一冊です‼

本書の4大ポイント

1 競争時代を勝ち抜くヒントを最新データから読み取り、開業のポイントを具体的に解説
動物病院経営の在り方や戦略を最新データから捉え、動物病院の開業準備に入る前に押さえておくべきポイントをステップ別に具体的に解説。

2 新規開業・リニューアル・移転のケーススタディ13例
開業までの様々なドラマに満ちた事例の紹介や周囲から支持され、実績を重ねてきた動物病院の移転・リニューアル例を紹介。また、災害対策の取り組み事例も収録。

3 全国34の動物病院のデザイン実例を公開
『animal hospital design』シリーズで好評を博した『ホスピタルデザイン集』は病院専用の建物から住居併用、ビルインまでと大小様々な規模の動物病院を掲載。加えて、建物外観や受付・待合、診察室などをシーン別にまとめて掲載。

4 快適なワークゾーンを提案
働きやすく機能性に優れた医療環境（ワークゾーン）を実現するための基礎知識を動物病院を数多く手掛ける一級建築士グループが解説。また、防音や防臭など動物病院が必ず対応しなければならないポイントもわかりやすく紹介。

株式会社 緑書房
Midori Shobo Co.,Ltd

〒103-0004　東京都中央区東日本橋2-8-3　東日本橋グリーンビル
販売部　TEL.03-6833-0560　FAX.03-6833-0566
webショップ　http://www.pet-honpo.com

Appendix

I ワクチネーションプロトコール　　石田卓夫　　146

II 開業時に最低限必要な薬剤リスト　　竹内和義　　150

- ・内用薬　　150
- ・抗菌・抗生剤　　154
- ・抗腫瘍薬　　155
- ・注射薬　　156
- ・点眼薬　　159
- ・外用薬　　160
- ・検査用薬剤　　161

III 主要メーカー別 犬・猫療法食適応表　　内田恵子　　162

Appendix I
ワクチネーションプロトコール

犬　用

1. 全ての犬に生ウイルス混合ワクチンおよび狂犬病不活化ワクチンを接種する。

2. レプトスピラ入り混合ワクチンはレプトスピラ感染のリスクのあるものに接種する。

3. 接種部位は記録する。

4. 狂犬病ワクチンは生後91日齢以降に1回接種し，以降毎年1回接種する。

5. 狂犬病ワクチンと混合ワクチンの同時接種は原則として行わないが，万一行わなくてはならない場合には別部位に接種して実質上問題はない。

6. 生ウイルス混合ワクチン初年度接種は，8週，11週，14週齢の3回接種を原則とする。

7. 11週，14週の追加接種は，移行抗体による干渉の可能性を考慮して行うものである。

8. レプトスピラに対する防御が必要なものでは，8週と11週齢は生ウイルス混合ワクチン，14週齢はレプトスピラ入り混合ワクチン，17週齢にレプトスピラのみの死菌ワクチンを接種する。または，8週齢を生ウイルス混合ワクチン，12週と15週齢をレプトスピラ入り混合ワクチン接種とする。

9. それより早く予防が望まれる症例では，例えば，6週齢から接種するものでは，6週，9週齢を生ウイルス混合ワクチン，13週と16週齢をレプトスピラ入り混合ワクチン接種とする。

10. レプトスピラのワクチンは12週齢未満では接種しない。とくに9週齢未満のものや，小型犬ではアナフィラキシーが多いので注意が必要である。

11. 1歳齢での再接種は，レプトスピラに対する防御が不要なものでは生ウイルス混合ワクチン，必要なものではレプトスピラ入り混合ワクチン接種とする。

12. その後の追加は，原則として3年に1回，生ウイルス混合ワクチンを接種する。

13. レプトスピラに対する防御が必要なものでは，レプトスピラのみの死菌ワクチンを1年ごと，あるいは山に行く前など，必要に応じて接種する。

14. 8週を過ぎて来院したものは，そのときにまず接種して，その後は原則として3～4週間隔で14週まで接種する。その場合も1歳齢で再接種する。

15. ワクチン未接種で14週齢以降，1歳未満で来院したものは，まず1回接種し，3～4週後にもう1回，さらに1年後に再接種する。

16. ワクチン未接種で1歳齢以降に来院したものには，レプトスピラに対する防御が不要なものでは生ウイルス混合ワクチンを1回接種する。レプトスピラに対す

る防御が必要なものではレプトスピラ入り混合ワクチンを1回接種し，4週後に同じ混合ワクチンまたはレプトスピラのみの死菌ワクチンを追加接種する。

17．初回接種時には身体検査や，必要に応じて糞便検査を行うが，発熱性疾患，ジステンパーやパルボの発症を思わせる症状，消耗性疾患でない限り，できるだけ生ウイルス混合ワクチンの接種は行う。便の中に虫卵が発見された場合も，重大な症状がない限り，接種は可能である。

18．ワクチンは原則として健康な犬に接種するが，外科的疾患や，それほど消耗が激しくはない内科的疾患で，入院時などに接種するのは構わない。

19．必要と判断されたときには，3年未満でも生ウイルス混合ワクチンを再接種することはある。

20．危険と判断された場合など（アレルギーの危険性など），3年以上経過しても再接種を見合わせることがある。

21．ダックスフントやその他小型犬で，アレルギー疾患が多いものは，できる限りレプトスピラを含まないワクチンを使用し，その使用頻度もできるだけ少なくする。

22．しつけはワクチン接種同様に重要なので，ワクチン1～2回接種から1週間以上経過したものでは，同年齢で同条件の犬だけを集めたパピーパーティーに参加させてもよい。その場合，他の犬は入れず，床の消毒など予防措置をとること。

23．注射後の反応として1時間以内に発症するアナフィラキシーショック（血圧低下）の可能性も低いながらあるので，注射後はすぐに帰らないよう注意する。

24．その他の反応として，顔が腫れる（血管浮腫），蕁麻疹，発熱，元気消失，注射部位の疼痛や硬結がある。また，ワクチンから1～2カ月で免疫介在性溶血性貧血や免疫介在性血小板減少症が起きることがある。

25．いかなる注射でも，1カ月後に注射部位が腫脹や硬結している場合，慎重な経過観察として，ワクチンの場合は再接種は行わない。

26．腫脹や硬結は2カ月を超えて放置されていることがないように，持続していれば2カ月未満で切除して病理検査を行う。

猫　用

1．全ての猫に3種混合ワクチンを接種する。接種部位は，肩甲間は禁止。体幹皮筋があり皮膚にゆとりのある部位に接種して記録する。

2．3種混合ワクチンの初年度接種は8週，12週，16週齢を原則とする。その後1歳齢で再接種する。回りに感染源がいるような状況では4週，8週，12週，16週の4回接種も可能。

3．12週を過ぎて1歳未満で来院したものは，原則として3～4週間隔で2回接種とする。その場合1年後に再接種する。

4．ワクチン未接種で1歳以降に来院したものは，1回接種し，さらに1年後に再接種する。

5．以降の再接種は原則として3年ごととする。

6．原則として健康な猫に接種するが，外科的疾患や，それほど消耗が激しくはない内科的疾患で，入院時などに接種するのは構わない。

7．必要と判断されたときには3年未満でも再接種することはある。

8．危険と判断された場合など（アレルギーの危険性など），3年経過しても再接種を見合わせることがある。

9．1歳齢までの猫でFeLV感染の危険性のある猫には不活化FeLVワクチンを接種することがある。

10．その場合，初年度の接種を3種混合と一緒にしたい

場合は，3種とFeLVを同時に接種してはならない。むしろFeLVを含む猫用5種混合ワクチンを，8週，12週，1歳に接種した方がよい。

11. FeLVワクチンを別に接種する場合には，3種混合とは1週間以上離して，別の部位に接種する。

12. 1歳を超えた動物のFeLVワクチン接種に関しては，感染猫との同居など，リスクが非常に高い場合にのみ考慮する。この場合，FeLVワクチンの追加接種間隔は1年ごとである。

13. 注射後の反応として，1時間くらいで発症するアナフィラキシーの可能性も低いながらあるので，注射後はすぐに帰らないよう注意する。

14. その他の反応として，顔が腫れる（血管浮腫），蕁麻疹，発熱，元気消失，注射部位の疼痛や硬結がある。

15. いかなる注射でも，1カ月後に注射部位が腫脹や硬結している場合，慎重な経過観察として，ワクチンの場合は再接種は行わない。

16. 腫脹や硬結は2カ月を超えて放置されていることがないように，持続していれば2カ月未満で切除して病理検査を行う。

17. FIVワクチン接種の際にはマイクロチップの使用が勧められる。

石田卓夫（赤坂動物病院）

■参考文献

・Elston T, Ford R, Gaskell R, et al. The 2006 American Association of Feline Practitioners Feline Vaccine Advisory Panel Report. JAVMA, 229 (9), 2006.Available at:www.aafponline.org/resources/guidelines/2006_Vaccination_Guidelines_JAVMA.pdf

・Green CE, Schultz RD, Ford RB.2001.Canine vaccination.Vet.Clin.North Am.31, 473-492

・Kingborg DJ et al.2002.AVMA Council on Biologic and Therapeutic Agents' report on cat and dog vaccines.JAVMA 221, 1401-1407.

・Lappin MR et al.2004.Use of serologic tests to predict resistance to feline herpes virus 1, feline calicivirus, and feline parvovirus infection in cats. JAVMA 220.38-42.

・Mouzin DE, Lorenzen MJ, Haworth JD, King VL. 2004. Duration of serologic response to three viral antigens in cats.JAVMA 224.61-66.

・Mouzin DE, Lorenzen MJ, Haworth JD, King VL. 2004. Duration of serologic response to five viral antigens in dogs.JAVMA 224. 55-60.

・Paul MA et al.2003.Report of the American Hospital Association (AAHA) canine vaccine task force: Executive summary and 2003 canine vaccine guidelines and recommendations.JAAHA 39, 119-131.

・Scott FW, Geissinger CM.Long-term immunity in cats vaccinated with an inactivated trivalent vaccine. Am J Vet Res 1999;60:652-658.

・石田卓夫，2004．犬・猫のワクチネーションプログラムと衛生管理，清水悠紀臣他編，動物の感染症，近代出版

正確な血液検査を実施するために手元においておきたい一冊

犬と猫の血液アトラス

好評発売中

著者 **石田卓夫** 一般社団法人 日本臨床獣医学フォーラム会長

A5判　304頁　オールカラー
定価：本体4,800円（税別）
ISBN978-4-88500-684-5

細胞写真250点をクローズアップし、日常的に臨床で遭遇するすべての異常を網羅

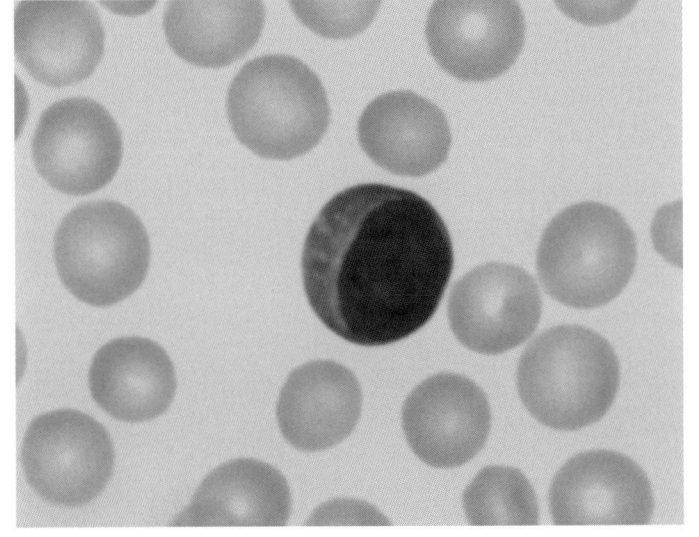

図170

🐕 **犬の免疫刺激リンパ球** 50

白血球異常　リンパ球異常

　これも中型のリンパ球で，細胞質がかなり青みの強い色に染まっています。核の周囲には白く抜けた核周明庭がみられます。核はクロマチン結節が成熟して暗くみえます。このようなリンパ球を異型リンパ球とも呼びますが，悪性の細胞という意味ではなく，反応性という意味です。ワクチンを接種した後や，感染症の回復期によくみられます。

本書の特長

1 良い塗抹の引き方、染色方法、顕微鏡の見方を実際の血液写真を基にわかりやすく解説。知っておきたい基本用語の再チェックもできる。

2 大型で鮮明な細胞写真を1頁1点取り上げ、わかりやすく解説。136点の異常細胞と114点の正常細胞を比較することで、異常な部分が一目で理解できる。

3 形状と色から目的の血液細胞にたどりつくことができる便利な索引付き。

写真が大きく簡潔な説明！
コンパクトで使いやすい！

株式会社 緑書房　Midori Shobo Co.,Ltd

〒103-0004　東京都中央区東日本橋2-8-3　東日本橋グリーンビル
販売部　TEL.03-6833-0560　FAX.03-6833-0566
webショップ　http://www.pet-honpo.com

Appendix II
✚内用薬

※当院の棚卸し表を参考に薬剤を抽出してあります。各病院によって，得意分野があり，必ずしも当院の薬剤が一般的とは考えられませんが，開業時の薬品仕入れチェックリストとして参考になればと思います。在庫ランクは便宜上，筆者が独断と偏見で定めたものであり，あくまでも目安としてください（Aが最重要です）。

区分	大分類	小分類	薬剤名(成分)	商品名	組成・剤形	会社名(製造-販売)	コメント	在庫ランク
内用薬	栄養補助剤・食品	関節保護	動物用グルコサミン加工食品	グルコサミン	錠	ケンテック	関節保護剤	A
			緑イ貝抽出エキス	テオタブ	錠	三共ライフテック	関節保護剤	B
		抗腫瘍補助	アガリクス	アガリーペット-サメ軟骨	顆粒 1g/包	協和発酵-共立		C
			βグルカン蛋白複合体	犬猫用D-フラクション	液 30, 60ml	日本全薬		C
		脂肪酸製剤	リノール酸・γ-リノレイン酸・エイコサペンタエン酸・ドコサヘキサエン酸	エファベットレギュラー	カプセル	明治製菓	アレルギー治療補助	A
		フラボノイド		プロアントゾン	錠 10, 20, 50mg	共立	抗酸化作用剤，関節保護作用など	C
		肝治療補助	S-アデノシルメチオニン	プロヘパゾン	腸溶剤 100, 200mg	共立	肝細胞内のグルタチオン増加作用	A
		ミネラル	グルコン酸亜鉛	サンファンZ	末	東洋発酵	亜鉛反応性皮膚炎	B
	駆虫薬	回虫	アジピン酸ピペラジン	クーペン錠	450mg/錠	共立	回虫駆除	A
		条虫	プラジクアンテル	ドロンシット	錠 50mg	バイエルメディカル	条虫駆除（マンソン裂頭条虫，メンディスト属条虫，猫壺型吸虫にも効果）	A
		複合	プラジクアンテル・パモ酸ピランテル	ドロンタール錠（猫用）	錠	バイエルメディカル	回虫，鉤虫，瓜実条虫，猫条虫	B
			プラジクアンテル・パモ酸ピランテル・フェンバンテル	ドロンタールプラス錠（犬用）	錠	バイエルメディカル	回虫，鉤虫，鞭虫，瓜実条虫	B
			フルベンダゾール	フルモキサール 錠・散	散 5%, 錠	藤沢	総合消化管寄生虫駆除	A
		原虫	メトロニダゾール	フラジール	錠 250mg	塩野義	抗消化管内原虫薬，抗菌作用薬	A
			アセチルスピラマイシン	アセチルスピラマイシン	錠 100, 200mg	協和発酵	マクロライド系 抗ジアルジア，抗原虫作用	C
		フィラリア予防	イベルメクチン	カルドメック	錠，チュアブル，FX (猫用)	メリアル-大日本		A
			ミルベマイシンオキシム	ミルベマイシンA	錠 1.25, 2.5, 5, 10mg 顆 2.5, 10mg	三共ライフテック		A
			モキシデクチン	モキシデック	錠 7.5, 15, 30, 60, 136μg	共立		A
			ミルベマイシンオキシム・ルフェヌロン	システック	錠	三共ライフテック	ルフェヌロンの合剤でノミ予防を兼ねる	B
	抗ヒスタミン	抗アレルギー・精神安定	塩酸ヒドロキシジン	アタラックス	錠 10, 25mg	ファイザー 他	精神安定作用あり	B
		抗アレルギー薬	塩酸シプロヘプタジン	ペリアクチン	散 1% 錠 4mg シロップ 0.04%	万有 他	猫の食欲増進作用	A
		合剤	d-マレイン酸クロルフェニラミン・ベタメタゾン配合剤	セレスタミン	錠 シロップ	シェリング・プラウ		A
		三環抗うつ薬	塩酸アミトリプチリン	トリプタノール	錠 10, 25mg	万有	精神安定，夜鳴き	A
		鎮暈制吐性	ジメンヒドリナート	ドラマミン	錠 50mg	ファイザー	酔い止め，前庭障害治療	A
		フェニラミン系	塩酸ジフェンヒドラミン	レスタミン	錠 10mg	興和 他		A
			塩酸クロルプロマジン	ウインタミン	錠 12.5, 25, 50, 100mg 細 10%	塩野義		B

Appendix II
➕内用薬

区分	大分類	小分類	薬剤名（成分）	商品名	組成・剤形	会社名（製造-販売）	コメント	在庫ランク
内用薬	抗ヒスタミンス	ベンツヒドリエーテル系	フマル酸クレマスチン	タベジール	散 0.1, 1% 錠 1mg シロップ 0.01%	ノバルティスファーマ		B
	呼吸器系	去痰薬	塩酸ブロムヘキシン	ビソルボン	細 2% 錠 4mg 吸入液 0.2%	ベーリンガー 他	気道細胞よりリゾチームを遊離して去痰	C
		鎮咳薬	臭化水素酸デキストロメトルファン	メジコン	散 10% 錠 15mg シロップ 0.25%	塩野義 他	コデインに次ぐ鎮咳作用	A
			リン酸コデイン	リン酸コデイン	錠, 末, 散	三共 他	延髄核中枢抑制作用	C
	止血	対血管性止血薬	カルバゾクロムスルホン酸ナトリウム	アドナ（AC-17）	錠 10, 30mg 散 10%	田辺	細血管に対して血管透過性を抑制して止血作用を示す	B
		抗プラスミン薬	トラネキサム酸	トランサミン	錠 250, 500mg カプセル 250mg シロップ 5% 顆 注	第一	線溶亢進を抑制して止血作用を示す。DICには禁忌	B
	循環器	キサンチン系	アミノフィリン	ネオフィリン	錠 100mg 末 原末	サンノーバ-エーザイ		A
		ACE阻害薬	塩酸ベナゼプリル	フォルテコール	錠 2.5, 5, 10mg	ノバルティスアニマルヘルス		B
			カプトプリル	カプトリル, R	錠 12.5, 25mg 細 5%,	三共, ブリストル		A
			マレイン酸エナラプリル	エナカルド	錠 1, 2.5, 5, 20mg	メリアル-大日本		A
		Ca拮抗薬	塩酸ジルチアゼム	ヘルベッサー, R	錠 30, 60mg	田辺		B
			ベシル酸アムロジピン	アムロジン	錠 2.5, 5mg	住友		C
		β遮断薬	塩酸プロプラノロール	インデラル, LA	錠 10, 20mg 注 2mg 2ml	住友-アストラゼネカ		B
		亜硝酸系	硝酸イソソルビド	ニトロール	錠 5mg	エーザイ	血管拡張	C
		カリウム保持性利尿薬	スピロノラクトン	アルダクトンA	錠 25, 50mg 細 10%	ファイザー 他		B
		キサンチン系	テオフィリン徐放剤	テオドール	錠 50, 100, 200mg シロップ 20mg 1ml	三菱ウェルファーマ-日研化学		A
		強心薬	ジゴキシン	ジゴシン	錠 0.125, 0.25mg 散 0.1% エリキシル 0.005%	中外 他		A
		抗凝固薬	ジピリダモール	アンギナール	錠 12.5, 25mg	山之内		B
		ループ利尿薬	フロセミド	ラシックス	錠 20, 40mg 細 4% 注 20mg 2ml 100mg 10ml	アベンティス		A
	消炎鎮痛	COX2選択性	カルプロフェン	リマダイル	錠 25, 75, 100mg チュアブル 25, 75, 100mg	ファイザー大日本		A
			メロキシカム	メタカム0.5％注射液	注 10ml	メリアル-日本全薬	関節疾患の長期連用が可能とされている	A
		インデン系	ピロキシカム	バキソ	カプセル 10, 20mg	富山化学-大正富山	移行上皮癌に効果あるとされている	C
		サリチル酸系	アスピリン小児用バファリン	アスピリン錠・末	錠・末	各社		A
		消炎酵素薬	ブロメライン	キモタブ, -S	錠 4万ブロメライン単位	持田 他	変性蛋白を分解吸収促進。プラスミン系を活性化	B
			塩化リゾチーム	①アクディームノイターゼ	錠 30mg カプセル 90mg 細 10, 45% シロップ 0.5, 1%	①グレラン-武田 他	消炎酵素薬と違い，血液凝固因子に影響を与えない	A

Appendix II
✚内用薬

区分	大分類	小分類	薬剤名(成分)	商品名	組成・剤形	会社名(製造-販売)	コメント	在庫ランク
内用薬	消炎鎮痛	フェニル酢酸系	ジクロフェナクナトリウム	ボルタレン	錠 25mg 坐 12.5, 25, 50mg	ノバルティスファーマ 他		B
		プロピオン酸系	ケトプロフェン	ケトフェン	錠 5, 10, 20mg	メリアル-日本全薬		B
	消化器	H₂ブロッカー	シメチジン	タガメット	細 20% 錠 200, 400mg	グラクソ・スミスクライン-住友	胃酸分泌抑制, ペプシン分泌抑制作用	A
			ファモチジン	ガスター	散 2, 10% 錠 10, 20mg	山之内	胃酸分泌抑制, ペプシン分泌抑制作用	A
		胃酸中和薬	合成ケイ酸アルミニウム	シリカミン	末	丸石 他	胃酸を中和・保護	B
		胃腸機能調整・制吐薬	メトクロプラミド	プリンペラン	細 2% 錠 5mg シロップ 0.1%	藤沢	中枢性・末梢性制吐。胃腸運動調節・促進作用	A
		潰瘍性大腸炎治療薬	サラゾスルファピリジン	サラゾピリン	錠 500mg 坐 500mg	三菱ウェルファーマ-ファイザー	炎症性腸疾患の治療	A
		潰瘍病巣保護薬	スクラルファート	①アルサルミン テイガスト	錠 250mg, 細 90% 液 10%　10ml	①中外 他	胃粘膜保護, 制酸作用, ペプシン活性抑制作用	A
		肝疾患治療薬	グリチルリチン製剤	グリチロン	錠	ミノファーゲン-鳥居	慢性肝疾患の肝機能改善。湿疹・皮膚炎(ヒスタミン遊離抑制作用)	B
		下剤	センナ 他漢方	アローゼン	顆 0.5, 1g (センナ葉, センナ実含有)	科薬	漢方処方, 大腸刺激性下剤	B
		高アンモニア血症治療薬	ラクツロース	モニラック	散 100% シロップ 65%	中外	腸管内pHを低下させ浸透圧性下痢・アンモニア低下作用により肝性脳症の症状を改善	B
		止痢・整腸薬	塩化ベルベリン配合剤	フェロベリンA	錠	オルガノン	ベルベリンは抗菌作用・蠕動抑制作用。ゲンノウショウコウは粘膜保護作用	A
			ジメチコン	ガスコン	錠 40, 80mg 散 10%	キッセイ	界面活性張力抑制による胃腸のガス抑制	C
			タンニン酸ベルベリン・ロートエキス・ゲンショウコ末・ウルソデズオキシコール酸	デルクリアー	錠	明治製菓	動物用止痢薬	A
			タンニン酸ベルベリン・ロートエキス・次硝酸ビスマス	テスミンS	錠 400mg	佐藤	動物用止痢薬	A
		総合消化酵素		エクセラーゼ	錠, カ, 顆	明治製菓	複合消化酵素薬	B
		胆石溶解薬	ウルソデオキシコール酸	ウルソ	顆 5% 錠 100mg	三菱ウェルファーマ	コレステロール系胆嚢内結石の溶解, 肝内胆汁うっ滞の治療	A
		蛋白分解酵素阻害薬	メシル酸カモスタット	フオイパン	錠 100mg	小野	(慢性) 膵炎の治療	C
		鎮痙薬	臭化ブチルスコポラミン	ブスコパン	錠 10mg	ベーリンガー-田辺	副交感神経遮断作用により, 消化管運動抑制, 胃液分泌抑制, 胆嚢収縮抑制	A
		乳酸菌整腸薬	ラクトミン製剤	ビオフェルミン	散 0.6% 錠	ビオフェルミン-武田 他	腸内細菌叢の正常化	A
	神経系	抗うつ薬	マレイン酸トリミプラミン	スルモンチール	錠 10, 25mg 散 10%	塩野義		C
			塩酸アミノトリプチリン	トリプタノール	錠 10, 25mg	万有 他	問題行動・夜鳴き, 三環抗うつ薬	B
			塩酸クロミプラミン	クロミカルム錠	錠 5, 20mg	ノバルティスアニマルヘルス	問題行動・夜鳴き, 三環抗うつ薬	C

Appendix II
✚内用薬

区分	大分類	小分類	薬剤名（成分）	商品名	組成・剤形	会社名（製造-販売）	コメント	在庫ランク
内用薬	神経系	抗てんかん薬	ジアゼパム	ホリゾン	錠 2, 5, 10mg シロップ 散 1% 注 10mg 2ml	山之内	猫の食欲増進効果，精神安定，ベンゾジアゼオイン系	A
			フェノバルビタール	フェノバール	エリキシル 0.4% 錠 30mg	藤永-三共 他	てんかん様発作治療	A
			臭化カリウム	臭化カリウム	末	各社	てんかん様発作治療 大脳皮質の知覚・運動中枢の興奮を抑制する	C
		抗めまい薬	ジメンヒドリナート	ドラマミン	錠 50mg	ファイザー	前庭障害治療 抗ヒスタミン系薬剤	B
		脳圧降下薬	グリセリン	日局グリセリン	84～87%	各社	脳圧降下，眼圧降下，潤滑薬	A
	腎泌尿器	高尿酸血症改善	アロプリノール	①ザイロリック ②アロシトール	錠 50，100mg	①グラクソ・スミスクライン ②田辺 他	高尿酸血症治療	C
		尿毒症改善補助	球形吸着炭	クレメジン	細2g/包 カ200mg	呉羽-三共	慢性腎不全治療補助	B
		尿酸性化薬	メチオニン	DL-メチオニン	末	岩城	尿酸性化薬	B
			フマル酸他	ゼンラーゼU	錠	日本全薬	尿酸性化薬	B
	ビタミン・ミネラル類	代謝改善	アミノエチルスルホン酸（タウリン）	タウリン散『大正』	散 98%	大正-大正富山	拡張型心筋症 肝機能補助	A
			リノール酸・γ-リノレイン酸・エイコサペンタエン酸・ドコサヘキサエン酸	エファベットレギュラー	カプセル	明治製菓	ビタミンE，脂肪酸，アトピー性皮膚炎の治療補助	B
			硫酸鉄	スローフィー	錠 50mg	ノバルティスファーマ	鉄欠乏疾患治療	B
		電解質	グルコン酸カリウム	グルコンサンK	錠 2.5, 5mEq 細 4mEq/g	科薬-科研	低カリウム血症治療	B
		ビタミン	パルミチン酸レチノール（ビタミンA）	チョコラA	錠 10000単位 末 10000単位 滴 30000単位	サンノーバ-エーザイ	ビタミンA反応性皮膚炎	C
			パントテン酸カルシウム リボフラビン 塩酸ピリドキシン ニコチン酸	パンカルG	散 10%	第一	複合ビタミン剤	C
			ビタミンB₁, B₂, B₆, B₁₂ 混合	ノイロビタン	錠	藤沢 他	複合ビタミン剤	B
			ビタミンB₁, B₆ B₁₂ 配合薬	①ビタメジン ネオラミンスリービートリドセラン	錠，散，カプセル	①三共 他	複合ビタミン剤	B
			ビタミンK₁（フィトナジオン）	①ケーワン ②カチーフN	錠 5, 10mg カプセル 10, 20mg 散 1%	①エーザイ ②日本製薬-武田 他	殺鼠薬中毒治療	B
			フラビンアデニンジヌクレオチドナトリウム（ビタミンB₂）	FAD	5mg	協和発酵	ビタミンB₂	C
			酢酸トコフェロール（ビタミンE）	ユベラ	錠 50mg 顆 20%	エーザイ	ビタミンE	A
			総合ビタミン薬	ポポンS	細 30ml	塩野義	総合ビタミン薬	A
			酪酸リボフラビン（ビタミンB₂）	ハイボン	錠 20, 40mg 細 10, 20%	三菱ウェルファーマ	ビタミンB₂	C
	ホルモン剤	甲状腺	レボチロキシンナトリウム	チラージンS	錠 25, 50, 100μg 散 0.01%	帝臓-武田 他	甲状腺機能低下症の治療	A
			チアマゾール	メルカゾール	錠 5mg 注 10mg 1ml	味の素ファルマ-中外	甲状腺機能亢進症の治療	A
		性ホルモン	メチルテストステロン	エナルモン	錠 25mg	帝臓-武田 他		C
		副腎皮質ホルモン	コハク酸メチルプレドニゾロンナトリウム	①ソル・メドロール ②デカコート	注 40, 125, 500mg, 1g	①ファイザー	各種ショック，急性脊髄・脳損傷などに	A

153

Appendix II
✚内用薬

区分	大分類	小分類	薬剤名（成分）	商品名	組成・剤形	会社名（製造-販売）	コメント	在庫ランク
抗菌・抗生剤	ホルモン剤		デキサメタゾン	①デカドロン ②コルソン	錠 0.5mg エリキシル 0.01%	①万有 ②武田	ミネラルコルチコイド作用はほとんどない。長期連用は不可	A
			プレドニゾロン	プレドニゾロン 錠	錠 5mg	武田 他		A
			ベタメタゾン	リンデロン	錠 0.5mg 散 0.1% シロップ 0.01%	塩野義		B
	漢方	外耳炎治療補助	複合処方（サイコ・オウヒ・キキョウ・センキュウ・ブクリョウ・カンゾウ他）	十味敗毒湯	錠	共立	細菌・酵母による外耳炎の治療補助	C

Appendix II
✚抗菌・抗生剤

区分	大分類	小分類	薬剤名（成分）	商品名	組成・剤形	会社名（製造-販売）	コメント	在庫ランク
抗菌・抗生剤	抗生剤（内服）	アミノグリコシド系	硫酸フラジオマイシン	フラジオ	軟膏 0.35%, 100, 500g	日本化薬	細菌性腸炎，消化管手術の前処置など	C
		クロラムフェニコール系	クロラムフェニコール	クロロマイセチン	錠 50, 250mg	三共		A
			パルミチン酸クロラムフェニコール	クロロマイセチンパルミテート	小児用液 3.125%, 125mg/4ml	三共		A
		合剤	アモキシシリン：クラブラン酸カリウム	オーグメンチン	錠 375mg S錠 187.5mg 小児用細粒 15%	グラクソ・スミスクライン		B
			スルファメトキサゾール・トリメトプリム	①バクタ ②トリブリッセン	錠 480mg, スルファメトキザール(S) 400mg, トリメトプリム(T) 80mg 含有 顆粒 1g (S 400mg, T 80mg)	①塩野義 ②共立	コクシジウム・バベシア	B
		サルファ薬	スルファジメトキシン	アプシード	シロップ 5% 錠	第一 他	コクシジウム	B
		セフェム系	セファレキシン	①ケフレックス ②シンクル ③ラリキシン	①細粒 10, 20% ②錠 250mg ③ドライシロップ 10, 20%	①塩野義 ②旭化成ファーマ ③富山化学-大正富山		A
		テトラサイクリン系	塩酸ドキシサイクリン	ビブラマイシン	錠 50, 100mg	ファイザー	妊娠中・新生子には禁忌。猫の上部気道感染症に効果的	A
			塩酸ミノサイクリン	ミノマイシン	錠 50, 100mg	ワイス-武田		C
		ニューキノロン系	エンロフロキサシン	バイトリル	錠 15, 50, 150mg	バイエルメディカル		A
			オフロキサシン	動物用タリビッド	錠 15, 50, 100mg 粒 10%	明治製菓		B
			オルビフロキサシン	ビクタスS錠	錠 10, 40mg	大日本		A
		ペニシリン系	アモキシシリン	パセトシン	錠 50, 250mg	シグマファーマスーティカルズ-協和発酵		A
		ホスホマイシン系	ホスホマイシンカルシウム	ホスミシン	ドライシロップ 20, 40% 錠 250, 500mg	明治製菓		C
		マクロライド系	アセチルスピラマイシン	アセチルスピラマイシン	錠 100, 200mg	協和発酵	抗ジアルジア，抗原虫作用	B
			エリスロマイシン	①エリスロマイシン ②アイロタイシン	錠 100, 200mg	①日本全薬 ②塩野義		B
		リンコマイシン系	塩酸クリンダマイシン	アンチローブ 25	錠 25mg	ファイザー	歯周病	C
	抗真菌薬（内服）	ポエリン系	ナイスタチン	ナイスタチン	錠 50万単位	明治製菓	カンジダ，原虫	C
		その他	グリセオフルビン	ポンシルFP	錠 125mg	武田	皮膚糸状菌症	A
		トリアゾール系	フルコナゾール	ジフルカン	カプセル 50, 100mg	ファイザー	深部糸状菌，クリプトコッカス症	D

Appendix II ✚抗菌・抗生剤

区分	大分類	小分類	薬剤名（成分）	商品名	組成・剤形	会社名（製造-販売）	コメント	在庫ランク
抗菌・抗生剤	抗菌・抗生剤（注射剤）	アミノグリコシド系	硫酸ゲンタマイシン	エルタシン	注 40mg/A	富士製薬	腎不全，脳神経系作用に注意	B
		クロラムフェニコール系	クロラムフェニコール	①動物用クロマイ注射液 ②クロロマイセチンサクシネート	①3g/V, 250mg/ml ②注 1g	①三共エール ②三共	造血機能低下時には注意。サクシネートは脳関門を通過しやすい	A
		セフェム系第1世代	セファゾリンナトリウム	セファメジンα	注 0.25, 0.5, 1, 2g/V	藤沢	腎毒性，消化器系副作用に注意	A
		セフェム系第3世代	セフォタキシムナトリウム	セフォタックス	注 0.5, 1, 2g/V	中外 他	腎毒性，消化器系副作用に注意	B
		テトラサイクリン系	塩酸ミノサイクリン	点滴静注用ミノマイシン注	注 100mg/V	ワイス-武田 他		C
		ニューキノロン系	エンロフロキサシン	バイトリル2.5%注	注 2.5, 5, 10%	バイエルメディカル		A
			オルビフロキサシン	ビクタスS注射液5%	注 50mg/ml	大日本		A
		ペニシリン系	アンピシリン	ビクシリン	注 250, 500mg 1,2g	明治製菓 他		A
		ペニシリン系（広域）	ピペラシリンナトリウム	ペントシリン ヒシヤクロリン注 2g	注 1,2g/V 2g キット（生食 100ml）	富山化学-大正富山，三共 他		A
		ホスホマイシン系	ホスホマイシンカルシウム	ホスミシンS	注 500mg, 1, 2g/V	明治製菓		C
		リンコマイシン系	クリンダマイシン	ダラシン，S	S注（リン酸塩） 300mg 2ml 600mg 4ml	ファイザー		C

Appendix II ✚抗腫瘍薬

区分	大分類	小分類	薬剤名（成分）	商品名	組成・剤形	会社名（製造-販売）	コメント	在庫ランク
抗腫瘍薬	抗癌剤	アリキル化薬	メルファラン	アルケラン	錠 2mg	グラクソ・スミスクライン		C
			シクロホスファミド	エンドキサン	P錠 50mg 注 100, 500mg	塩野義		A
		抗腫瘍性抗生物質	塩酸ドキソルビシン	アドリアシン	注 10mg	協和発酵		A
			塩酸ブレオマイシン	ブレオ	注 5, 15, 30mg	日本化薬		C
		代謝拮抗薬	メトトレキサート	メソトレキセート注射用	錠 2.5mg 注射用 5, 50mg 注射液 200mg 8ml	ワイス-武田		B
		ビンカアルカロイド	硫酸ビンクリスチン	オンコビン	注 1mg	イーライリリー，塩野義		A
		プラチナ製剤	シスプラチン	ランダ	注 0.05%（0.5mg/ml）10mg 20ml, 25mg 50ml, 50mg 100ml	日本化薬	猫は禁忌	B
			カルボプラチン	パラプラチン	注 50mg 5ml, 150mg 15ml, 450mg 45ml 注射用 150mg	ブリストル		B
	ホルモン剤		プレドニゾロン	プレドニン	錠 5mg 末	塩野義		A
	免疫抑制剤		アザチオプリン	イムラン	錠 50mg	グラクソ・スミスクライン		A
	その他		op'-DDD（ミトタン）	オペプリム	カプセル 500mg	アベンティス-ヤクルト	副腎皮質機能亢進症・腫瘍	B
			L-アスパラギナーゼ	ロイナーゼ	注 5,000, 10,000KU	協和発酵	膵炎・アナフィラキシーに注意	A

Appendix II
✚注射薬

区分	大分類	小分類	薬剤名(成分)	商品名	組成・剤形	会社名(製造-販売)	コメント	在庫ランク
注射薬	駆虫剤	鉤虫	ジソフェノール	アンサイロール	注 45mg/ml	武田シェリング	とくに鉤虫の駆虫	C
		条虫	プラジクアンテル	ドロンシット	注 56.8mg/ml	バイエルメディカル	条虫駆虫	A
		フィラリア症	イベルメクチン	アイボメック注	10mg/ml 50, 200, 500ml	メリアル-日本全薬	外部寄生虫・フィラリア	C
			メラルソミン二塩酸塩	イミトサイド	注 50mg	メリアル-共立	フィラリア成虫駆虫	C
		鞭虫	メチリジン	トリサーブ	注 360mg/ml	住友	とくに鞭虫駆虫	B
	血清・抗体製剤	ウイルス抗体	抗猫ウイルス性鼻気管炎ウイルス・抗カリシウイルス混合抗体	キメロン-HC	注 40mg/V	大日本	猫の上部気道ウイルス感染症治療	E
	呼吸促進薬	末梢性呼吸刺激薬	塩酸ドキサプラム	ドプラム	400mg 20ml	キッセイ	新生子の呼吸促進ほか	A
	サイトカイン	造血(赤血球)	エポエチンアルファ	エスポー	注 750IU 0.5ml, 1,500IU 2ml, 3,000 IU 2ml	キリンビール-三共	エリスロポエチン補充による貧血治療	B
		インターフェロン	猫遺伝子組み替えインターキャット	インターキャット	注 10MU/V	東レ-共立	カリシウイルスなどウイルス疾患治療	A
		造血(顆粒球)	レノグラスチム(ヒト遺伝子組み換えG-CSF)	ノイトロジン	注 50, 100, 250μg	中外	白血球減少症の治療	B
	止血・抗凝固	抗血栓剤	ウロキナーゼ	ウロキナーゼ	注 6, 12, 24万 U/V	日本製薬-武田 他	抗血栓作用,プラスミノーゲン・プラスミン活性	C
			ヘパリンナトリウム	ノボ・ヘパリン	注 5,000U 5ml/V	アベンティス-持田	凝固防止(輸血時・血液検査時・DIC 治療など)	A
		止血剤	カルバゾクロムスルホン酸ナトリウム	アドナ(AC-17)	注 0.5% 2ml(皮下・筋注用), 5ml, 10ml, 20ml(静注用)	田辺	細血管に対して血管透過性を抑制して止血作用を示す	B
			トラネキサム酸	バソラミン注	注 50mg/ml	第一	抗プラスミン剤,抗炎症作用も多少あり	B
	循環器	Ca拮抗薬	塩酸ジルチアゼム	ヘルベッサー,R	錠 30, 60mg 注 10,50,250mg/A	田辺	Ca拮抗薬,上室性不整脈,猫肥大型心筋症	B
		Naチャンネル抑制	塩酸プロカインアミド	アミサリン	注 10% 1, 2ml	第一	心室性不整脈,上室性頻拍	B
		カテコールアミン	エピネフリン	ボスミン	注 1mg 1ml	第一	アナフィラキシー,心蘇生	A
			プクラデシンナトリウム	アクトシン	注 300mg	第一	陽性変力作用	C
			塩酸ドパミン	イノバン	注 2%(20mg/ml), 2.5ml, 5ml, 10ml 注(シリンジ) 0.1%(1mg/ml), 0.3%(3mg/ml) 各50ml	協和発酵	陽性変力作用 腎血管拡張	A
			塩酸ドブタミン	ドブトレックス,K	注 100mg 5ml(持田) K注 200mg, 200ml, 600mg, 200ml(高田)	持田,高田-塩野義,イーライリリー,トーアエイヨー 他	陽性変力作用	A
		キサンチン系	アミノフィリン	ネオフィリン	注 250mg 10ml	サンノーバ-エーザイ 他	気管支拡張,血管拡張・利尿	A
		ループ利尿剤	フロセミド	ラシックス	注 20mg 2ml, 100mg 10ml/A	アベンティス	ループ利尿剤	A
	消炎鎮痛(NSAID's)	プロピオン酸系	ケトプロフェン	ケトフェン	注 1%	メリアル-日本全薬	NSAID's	B
		ピラゾロン系	スルピリン	メチロン	注 200mg 2ml, 250mg 1ml, 500mg 2ml	第一	NSAID's	A
		その他	フルニキシンメグルミン	フィナジン	注 1%	大日本	NSAID's	A
		COX2選択性	メロキシカム	メタカム	注 0.5%	メリアル-日本全薬	COX2選択性	B

Appendix II
＋注射薬

区分	大分類	小分類	薬剤名（成分）	商品名	組成・剤形	会社名（製造-販売）	コメント	在庫ランク
注射薬	消化器	H₂ブロッカー	シメチジン	タガメット	注 10% 2ml/A	グラクソ・スミスクライン-住友	食道炎，胃炎，十二指腸潰瘍，肥満細胞腫の治療補助など	A
			塩酸ラニチジン	ザンタック	注 50mg 2ml, 100mg 4ml/A	グラクソ・スミスクライン-三共	シメチジンの8倍の効力	A
		強肝剤	グリチルリチン	①強力ネオミノファーゲンシー ②グリチロン	①注 5, 20ml/A, ②注 2% 5ml/A,	①ミノファーゲン-鳥居 ②ミノファーゲン		A
			グルクロン酸ナトリウム	グロンサン	注 200, 500mg/2ml/A	中外	高ビリルビン血症時の肝機能改善	B
			チオプロニン	動物用チオラ注射液	注 100ml/V	協和発酵	酸化還元反応による肝機能の改善	B
		抗コリン作動薬	臭化ブチルスコポラミン	ブスコパン	注 20mg 1ml	ベーリンガー-田辺	鎮痙性作用	A
		膵臓α細胞ホルモン	グルカゴン	注射用グルカゴンG・ノボ	注 1mg	ノボ-エーザイ 他	低血糖発作時インスリノーマ診断	E
		制吐・消化管運動調節	メトクロプラミド	プリンペラン	注 10mg/2ml/A	藤沢	制吐，消化管運動調節	A
		蛋白分解酵素阻害剤	メシル酸ガベキサート	エフオーワイ	注 100mg/V	小野	蛋白分解酵素阻害剤，急性膵炎	C
		利胆薬	ウルソデオキシコール酸	動物用ウルソH注射液	注 947mg/V	三菱ウェルファーマ	胆汁酸利胆薬	B
	ビタミン	複合ビタミン	塩酸チアミン，塩酸ピリドキシン，シアノコバラミン	ダイビタミックス	注 2ml/A	原沢	複合ビタミン	A
			ビタミンB，C配合剤	シーパラ	注 2ml/A	高田	複合ビタミン	C
		B₁₂	酢酸ヒドロキソコバラミン	フレスミンS	注 1,000μg 1ml	清水-味の素ファルマ，三鷹 他	ビタミンB₁₂の補給，神経障害，造血機能障害	B
		B₁	フルスルチアミン	アリナミンF	注 5mg 1ml, 10mg 2ml, 25mg 10ml, 50mg 20ml, 100mg 20ml	武田	ビタミンB₁	A
	補液・電解質	高カロリー輸液	ブドウ糖7.5%加アミノ酸製剤	アミカリック	注 200, 500ml	テルモ-田辺	末梢静脈から点滴可能な栄養補給液，真の高カロリー輸液ではない	B
				ハイカリック1号，2号，3号	注 700, 1400ml	テルモ	中心静脈より点滴が必要	C
		晶質補液剤	補液開始液	ソルデム1	バッグ 200, 500	テルモ	補液開始液	A
			脱水補給液	ソルデム2	バッグ 200, 500	テルモ	脱水補給液	B
			維持液	ソルデム3	バッグ 200, 500	テルモ	維持液	A
			術後回復液	ソルデム4	バッグ 200, 500	テルモ	術後回復液	B
			術後回復液	ソルデム5	バッグ 200, 500	テルモ	術後回復液	B
			乳酸リンゲル液	ソルラクト	バッグ 250, 500, 1000	テルモ	乳酸リンゲル液	A
			補液開始液	デノリリン1	バッグ 200, 500	テルモ	補液開始液	A
			生理食塩液	テルモ生食	バッグ 500, 1000	テルモ 他	生理食塩液	A
			リンゲル液	リンゲル液	バッグ 50, 100, 250, 500	各社	リンゲル液	A
		電解質	L-アスパラギン酸カリウム	アスパラK	注 1712mg 10ml	田辺	血中カリウム濃度補正	A
			グルコン酸カルシウム	カルチコール	注 8.5% 5, 10ml/A	大日本	低Ca血症，心室不全収縮	A
			蒸留水	注射用蒸留水 5ml	アンプル	各社	蒸留水	A

Appendix II
✚ 注射薬

区分	大分類	小分類	薬剤名(成分)	商品名	組成・剤形	会社名(製造-販売)	コメント	在庫ランク
注射薬	補液・電解質	電解質	炭酸水素ナトリウム	メイロン	注 7, 8.4% 各 20, 50, 250ml/A	大塚	アシドーシス, 薬物中毒	A
		糖質補液剤	キシリトール	キシリトール	5% 200, 500ml 10% 20, 200, 500ml 20% 20ml	扶桑 他	糖尿病時の水分・エネルギー補給	B
			ブドウ糖	大塚糖液	注 5, 20, 30, 40, 50, 70%	大塚	ブドウ糖	A
		輸液剤	マンニトール製剤	マンニゲン	20% 500ml	武田	脳圧降下剤	B
			デキストラン製剤	デキストラン40	10% 500ml	小林薬工	循環血液量の補充	C
	ホルモン	膵臓	インスリン	ノボリン R・N	注 1,000U/10ml/V	ノボ	メーカはいろいろあるが, 短時間作用型・中時間作用, 長時間作用型までほぼ3種類は在庫が必要	A
				ヒューマリン R・N		イーライリリー		
		下垂体	オキシトシン	アトニン-O	注 1単位1ml, 5単位1ml	帝臓-武田, 住友	子宮収縮	A
		グルココルチコイド	コハク酸ヒドロコルチゾンナトリウム	ソル・コーテフ	注 100, 250, 500, 1000mg	ファイザー		B
			コハク酸メチルプレドニゾロンナトリウム	ソル・メドロール	注 40, 125, 500, 1000mg/V	ファイザー		A
			プレドニゾン	プレドニゾロン注射液「ミタカ」	200mg/20ml/V	三鷹 他		A
			メタスルホ安息香酸デキサメタゾンナトリウム	デキサメサゾン注水性動物用	注 10mg/10ml/V	日本全薬		B
			リン酸デキサメタゾンナトリウム	オルガドロン	注 0.5% 0.5, 1, 5ml	オルガノン-三共		C
	麻酔前処置薬・神経用薬	抗コリン作動薬	硫酸アトロピン	硫酸アトロピン	注 0.5mg 1ml	田辺 他		A
		鎮静薬	ジアゼパム	セルシン	注 5mg 1ml, 10mg 2ml/A	武田		A
			フェノバルビタール	フェノバール	注 100mg 1ml	藤永-三共		A
			フルニトラゼパム	サイレース	注 2mg 1ml/A	エーザイ		B
			ミダゾラム	ドルミカム	注 10mg 2ml/A	山之内	メデトミジンと併用すると効果的	B
		非麻薬性オピオイド	酒石酸ブトルファノール	スタドール	注 1mg 1ml/A 注 2mg 1ml/A	ブリストル		A
	麻酔薬	麻酔拮抗薬	アチパメゾール	アンチセダン	注 5mg/ml	明治製菓	ドミトールの拮抗薬	A
		シクロヘキサミン系	塩酸ケタミン	ケタラール	注 10, 50mg/ml	三共エール-三共		A
		α2作動薬	塩酸メデトミジン	ドミトール	注 1mg/ml	明治製菓		A
		バルビツール系	ペントバルビタール塩	ネンブタール	注 5% 50ml	大日本		B
		局所麻酔薬	塩酸リドカイン エピネフリン	キシロカイン 2%E	2%/10ml/V	ニプロファーマ-アストラゼネカ	注:局所麻酔専用 (不整脈にはエピレナミンが入っていないものを使用すること)	A
	ミネラル	鉄剤	シデフェロン	フェリコン	注 50mg 2ml/A	日本臓器	鉄剤・鉄分補給	B
	ワクチン	犬用ワクチン	各種	犬用混合ワクチン		各社	各種	A
		猫用ワクチン	各種	猫用混合ワクチン		各社	各種	A
		犬用ワクチン	狂犬病組織培養不活化ワクチン	狂犬病ワクチン	注 10ml	各社		A
	その他	関節保護剤	多硫酸グルコサミノグリカン	アデクァン	注 5ml 500mg	三共ライフテック	関節炎治療薬	B

Appendix II
✚ 点眼薬

区分	大分類	小分類	薬剤名（成分）	商品名	組成・剤形	会社名（製造-販売）	コメント	在庫ランク
外用薬	点眼薬	角膜保護	アセチルシステイン	パピテイン	点眼液	千寿-大日本	創傷性角膜炎 角膜潰瘍	A
			コンドロイチン硫酸ナトリウム	①コンドロン ②アイドロイチン	点眼液 1, 3% 5ml	①科研 ②参天	角膜表層の保護	C
			シクロスポリン	オプティミューン	眼軟	武田シェリング	角膜潰瘍	B
			ヒアルロン酸ナトリウム	ヒアレイン	点眼液 0.1% 5ml	参天	角膜上皮障害	A
			フラビンアデニンジヌクレオチド	FAD点眼液	点眼液	参天	角膜炎・眼瞼炎	B
		抗菌・抗生物質	コリスチンメタンスルホン酸ナトリウム配合剤	エコリシン	眼軟膏 3.5g	参天		A
			塩酸オキシテトラサイクリン	テラマイシン	眼軟膏 0.5% 3.5g	ファイザー		A
			オフロキサシン	タリビット	点眼液 0.3% 5ml	参天		A
			コリスチンメタンスルホン酸ナトリウム配合剤	コリマイC	点眼液 5ml	科研		A
		散瞳薬	トロピカミド配合剤	ミドリンP	点眼液 0.5% 5, 10ml	参天	検査のための散瞳薬	A
			硫酸アトロピン	硫酸アトロピン	点眼液 1% 1, 5ml	千寿-武田	散瞳・毛様体麻痺剤	A
		消炎	デキサメタゾン	サンテゾーン	眼軟膏 0.05% 3.5g	参天		B
			メタスルホ安息香酸デキサメタゾンナトリウム	サンテゾーン	点眼液 0.02% 5ml, 0.1% 5ml	参天		A
			ブラノプロヘン	ティアローズ	点眼液	千寿-大日本		B
			フルオロメトロン	フルメトロン	点眼 0.02%, 0.1% 各5ml	参天		A
			リン酸ベタメタゾンナトリウム	リンデロン	点眼液 0.01% 5ml	塩野義		B
		消炎・抗菌	メチルプレドニゾロン硫酸フラジオマイシン配合剤	ネオメドロールEE	軟膏 0.1% 3g	ファイザー	アレルギー性眼・結膜炎	A
			リン酸ベタメタゾンナトリウム・硫酸フラジオマイシン配合剤	リンデロンA	点眼・点耳・点鼻 0.1ml 5ml	塩野義		A
		点眼麻酔	塩酸オキシブプロカイン	ベノキシール	点眼液 0.4% 5, 20ml	参天	点眼麻酔・眼科検査時	A
		白内障治療薬	ゲルクチオン	タチオン チオグルタン	点眼液 2%	山之内 参天	老年性初発白内障 角膜潰瘍・角膜保護	C
			ピレノキシン	ライトクリーン	点眼液	千寿-大日本	老年性初発白内障	C
		緑内障治療薬	イソプロピルウノプロストン	レスキュラ	点眼液 0.12% 5ml	アールテック・ウエノ-藤沢	代謝型プロスタグランジン系	C
			塩酸ピロカルピン	サンピロ	点眼液 0.5, 1〜4% (5ml)	参天	緑内障	A
			ラタノプロスト	キサラタン	点眼液 0.005% 2.5ml	ファイザー	代謝型プロスタグランジン系	C

Appendix II ✚ 外用薬

区分	大分類	小分類	薬剤名（成分）	商品名	組成・剤形	会社名（製造-販売）	コメント	在庫ランク
外用薬	一般外用薬	皮膚外皮系薬剤	アミトラズ	プレベンティック	液	ビルバック	外部寄生虫駆除（薬浴剤）	A
			アルクロキサ	ベテファリン 25g	散	武田シェリング	褥創・皮膚びらん治療	B
			アレスリン	ゲネスチン50ml	液	佐藤	外部寄生虫（耳ダニ）	A
			オルビフロキサシン・硝酸ミコナゾール・トリアムシノロンアセトニド	ビクタスS MTクリーム	クリーム 5,20g	大日本	皮膚炎・外耳道炎の治療	A
			ミコナゾール	フロリードD	液	持田	皮膚糸状菌症の治療	B
			トリアムシノロンアセトニド・ナイスタチン・硫酸フラジオマイシン・チオストレプトン	ドルバロン軟膏	軟膏	ノバルティス アニマルヘルス	皮膚炎・外耳道炎の治療	A
			ピマリシン	ミミーナ	液	千寿-大日本	真菌性外耳道炎の治療薬	B
			フルオシノロンアセトニド	フルコートソリューション 10ml	液	田辺	皮膚炎・外耳道炎の治療	B
			硫酸ゲンタマイシン	ゲンタシンクリーム	クリーム0.1%（ゲンタシン軟膏0.1%）	シェリング・ブラウ	外用抗生物質	A
		外用駆虫薬	イベルメクチン イミダクロプリド	アドバンテージハート	スポットオン	バイエルメディカル	フィラリア症・外部寄生虫	C
			フィプロニル	フロントライン スポット 犬用 フロントライン スポット 猫用 フロントライン スプレー	スポットオン スプレー	メリアル-日本全薬	ノミ・マダニの予防・治療	A
		消毒薬	76.9〜81.4%	消毒用エタノール	液	局方 他		A
			塩化ベンザルコニウム	塩化ベンザルコニウム	液	日興		A
			過酸化水素	オキシドール	液	局方 他		B
			グルコン酸クロルヘキシジン	ヒビテン ヒビスクラブ	液	住友		A
			グルタラール	①サイデックス ②ステリハイド	①液 2.25% ②液 2,20%	①ジョンソン ②丸石	ウイルス・真菌・芽胞菌にも効果	A
			次亜塩素酸ナトリウム	テキサント	液 6%	日本新薬, メルク・ホエイ		A
			ポピドンヨード	PVPヨード液	液	フジタ		A
			ヨードチンキ	ヨードチンキ	液	局方 他		B
			ヨウ素・ヨウ化カリウム・硫酸亜鉛・グリセリン	歯科用ヨードグリセリン	液	昭和薬品化工業		B
		その他	グリセリン	グリセリン 500ml	液	日興	脳圧降下剤, 浣腸, 潤滑剤	A
		呼吸器	アセチルシスティン	ムコフィリン液 2ml	液 20% 2ml/包	サンノーバー・エーザイ	ネブライザー治療	B
			硫酸オルシプレナリン	アロテック吸入液 2% 20ml	液 2% 20ml	日本ベーリンガーインゲルハイム	ネブライザー治療	B
		局所麻酔	塩酸リドカイン	キシロカインゼリー	ゼリー 2% 30ml	アストラゼネカ	潤滑剤・表面麻酔	A
			塩酸リドカイン	キシロカインスプレー	スプレー 8% 80g	アストラゼネカ	気管挿管時	A
		循環器	ニトログリセリン	バソレーター軟膏	軟膏 2% 30g	三和化学	血管拡張剤	C

Appendix II
✚検査用薬剤

区分	大分類	小分類	薬剤名(成分)	商品名	組成・剤形	会社名(製造-販売)	コメント	在庫ランク
検査薬	簡易検査キット			スナップFeIV・FIV	キット	IDEXX	FeLV抗原/FIV抗体同時検査用キット	A
				スナップハートワーム	キット	IDEXX	犬糸状虫成虫抗原検査用キット	A
				クリアガイド TLI	キット	明治製菓	犬TLI検出キット,膵外分泌機能検査	B
				クリアガイド TLI-H	キット	明治製菓	犬TLI検出キット,膵炎の診断	B
				チェックマン CPV	キット	共立-アドテック	犬パルボウイルス抗原検査	A
				チェックマン CDV	キット	共立-アドテック	犬ジステンパーウイルス抗原検査	A
				ラピッドベット-H 犬用	キット	共立	犬の血液型判定キット	A
				ラピッドベット-H 猫用	キット	共立	猫の血液型判定キット	A
				ウイットネスFHW	キット	メリアル-日本全薬	猫のフィラリア抗体検査	C
	眼科検査			ラボステインS 5mg	染色液	武藤化学	sternheimer stain, 角膜の検査	C
				フルオル試験紙	試験紙	参天	フルオレセインナトリウム,角膜検査	A
造影剤		血管造影・静脈性尿路造影・逆向性尿路造影	イオタラム酸ナトリウム	①アンギオコンレイ ②コンレイ	①注 80%, 20ml/A ②注 66.8%, 20ml/A	第一		B
			アミドトリゾ酸ナトリウムメグルミン	ウログラフィン	注 60%:20, 100ml/V 76%:20, 100ml/V	シェーリング		A
		消化管造影	硫酸バリウム	バリトゲンゾル	ゲル 100, 120, 145%	伏見		A
			アミドトリゾ酸ナトリウムメグルミン	ガストログラフィン	液 76% 100ml	シェーリング	消化管造影。狭窄・穿孔のおそれのある場合に使用可能	B
		脳槽・脊髄造影	イオヘキソール	オムニパーク240	10ml/V	第一	イオヘキソール,脊髄造影剤 オムニパークは240と300があるが,240の方が粘稠性が低く使いやすい	B
		経口胆嚢造影	イオパノ酸	シストビル	錠	東菱	50mg/kg 高脂肪食と一緒に経口投与。10〜60分後に撮影	E
		静脈性胆嚢造影	イオトロクス酸メグルミン	ビリスコピン DIC50	注 10.55% 100ml	シェーリング	点滴静注	E

Appendix III 主要メーカー別療法食適応表 （五十音順）

各疾患の詳細な療法食の選択にあたっては，発売元メーカーの製品説明書を参考に検討する。

メーカー名 \ 適応疾患例	口腔衛生	消化器疾患 下痢・便秘（繊維反応性）	消化器疾患 下痢・便秘（低残渣・高消化性）	消化器疾患 消化不良・吸収不良	消化器疾患 食物アレルギー性腸炎・炎症性腸疾患など	食物有害反応（アレルギー）・皮膚疾患系	心血管系疾患	肝疾患系
アイムス・ジャパン　ユーカヌバ・ベテリナリーダイエット	・犬用FP ・犬用KO ・成犬用LRF ・猫用LRF ・犬用RCF ・犬用GC ・猫用GC ・猫用低pH/S ・猫用中pH/O ・犬用シニアプラス ※上記ドライ製品	・成犬用LRF ・子犬用LRF ・猫用LRF	・成犬用LRF ・子犬用LRF ・猫用LRF	・成犬用LRF ・子犬用LRF ・猫用LRF	・成犬用LRF ・子犬用LRF ・猫用LRF ・犬用FP ・犬用KO ・猫用LB	・犬用FP ・犬用KO ・猫用LB ・成犬用LRF ・子犬用LRF ・猫用LRF	・犬用RF ・犬猫用NRF	・犬用RF ・犬猫用NRF
三共ライフテック　ドクターズケア								
武田シェリング・プラウ　アニマルヘルス　スペシフィック		・CRD（犬用） ・CRW（犬用） ・FRW（猫用） ・FRD（猫用）	・CID（犬用） ・CIW（犬用） ・FDW（猫用）	・CID（犬用） ・CIW（犬用） ・CDD（犬用） ・CDW（犬用） ・FDW（猫用）	・CDD（犬用） ・CDW（犬用） ・CΩD（犬用） ・FDW（猫用）	・CDD（犬用） ・CDW（犬用） ・CΩD（犬用） ・FDW（猫用）	・CKD（犬用） ・CKW（犬用） ・FKD（猫用） ・FKW（猫用）	・CKD（犬用） ・CKW（犬用） ・FKD（猫用） ・FKW（猫用）
日本ヒルズ・コルゲート　プリクションダイエット	・t/d犬用・猫用	・w/d犬用・猫用	・i/d犬用・猫用	・i/d犬用・猫用	・z/d低アレルゲン犬用・猫用 ・z/d ULTRA犬用 ・d/d犬用・猫用	・z/d低アレルゲン犬用・猫用 ・z/d ULTRA犬用 ・d/d犬用・猫用	・g/d犬用・猫用 ・h/d犬用・猫用 ・k/d犬用・猫用	・l/d犬用・猫用
マスターフーズリミテッド　ウォルサム			・犬用ウェイトコントロール	・犬用　消化器サポート（ファイバー） ・犬用　消化器サポート（低脂肪）	・犬用　消化器サポート（ファイバー） ・犬用　消化器サポート（低脂肪）	・犬用・猫用低分子プロティン ・犬用・猫用セレクトプロテイン	・犬用・猫用低分子プロティン ・犬用・猫用セレクトプロテイン ・犬用スキンサポート	・犬用心臓サポート1 ・犬用心臓サポート2	・犬用肝臓サポート ・猫用腎臓サポート

Appendix III 主要メーカー別 療法食適応表 (五十音順)

腎疾患系	尿石症系	猫下部尿路疾患系	肥満	代謝障害系	関節疾患系	がん/新生物	脳の加齢にともなう行動異常	術後や病中・病後の回復
・犬用KF初期用 ・犬用KF第II期用 ・猫用KF	・猫用低pH/S ・猫用中pH/O	・猫用低pH/S ・猫用中pH/O	・犬用RCF ・猫用RCF ・犬用GC ・猫用GC	・犬用RCF ・猫用RCF ・犬用GC ・猫用GC	・犬用シニアプラス	・犬用RF ・犬猫用NRF		・犬用RF ・犬猫用NRF
・猫用キドニーケア		・猫用ストルバイトケア	・犬用オベシティケア					
・CKD（犬用） ・CKW（犬用） ・FKD（猫用） ・FKW（猫用）	・CCD（犬用） ・CDD（犬用） ・CKD（犬用） ・CKW（犬用） ・FCD（猫用） ・FCW（猫用） ・FXD（猫用） ・FSW（猫用） ・FKD（猫用） ・FKW（猫用）	・FCD（猫用） ・FCW（猫用） ・FSW（猫用） ・FXD（猫用）	・CRD（犬用） ・CRW（犬用） ・FRD（猫用） ・FRW（猫用）	・CRD（犬用） ・CRW（犬用） ・FRD（猫用） ・FRW（猫用）	・CΩD（犬用）			・CPW（犬用） ・FPD（猫用） ・FPW（猫用）
・k/d犬用・猫用 ・u/d犬用（尿毒症期）	・c/d犬用・猫用 ・r/d犬用・猫用 ・s/d犬用・猫用 ・u/d犬用・猫用 ・w/d犬用・猫用 ・x/d犬用・猫用	・c/d犬用・猫用 ・r/d犬用・猫用 ・s/d犬用・猫用 ・w/d犬用・猫用 ・x/d犬用・猫用 ※全ての製品において尿pHの調節（目標尿pH）あり	・m/d猫用 ・r/d犬用・猫用 ・w/d犬用・猫用	・w/d犬用・猫用 ・m/d猫用 ・l/d犬用・猫用 ・k/d犬用・猫用	・サイエンスダイエット犬用シニアドライ ・サイエンスダイエット大型犬種用グロース, メンテナンス	・n/d犬用	・b/d犬用	・a/d犬用・猫用 ・p/d犬用・猫用
・犬用・猫用腎臓サポート ・犬用ミディアムプロテイン	・犬用・猫用pHコントロール ・猫用pHコントロール（フィッシュテイスト） ・猫用pHコントロール（スターター）	・犬用・猫用pHコントロール ・猫用pHコントロール（フィッシュテイスト） ・猫用pHコントロール（スターター）	・犬用・猫用減量サポート ・犬用ウェイトコントロール	・犬用・猫用腎臓サポート ・犬用ウェイトコントロール ・犬用消化器サポート（低脂肪） ・犬用ミディアムプロテイン ・猫用糖コントロール	・犬用関節サポート			・犬用・猫用高栄養ダイエット ・犬用消化器サポート（ファイバー） ・猫用消化器サポート

Index

【あ】
亜急性（慢性活動型）炎症	81
悪性所見	77
アスパラギン酸トランスフェラーゼ [AST（GOT）]	63
アミオダロン	125
アミラーゼ（Amy）	64
アラニンアミノトランスフェラーゼ [ALT（SGPT）]	63
アルカリフォスファターゼ（ALP）	64
アルブミン（Alb）	65
安静時エネルギー要求量（RER）	134（表❶，表❷）
アンモニア（NH₃）	64

【い】
意識状態	27
異常音	13
胃チューブ	136

【う】
ウェット－ドライ（乾－湿）包帯	114
ウェルネス	139

【え】
栄養不良	132
エキスプローラー	18
エチレンオキサイドガス滅菌	103
X線撮影タイミング	86
エピネフリン	124
MCHC（平均赤血球血色濃度）	52（表❷），53（表❹）
MCV（平均赤血球容積）	52（表❷），53（表❹）
塩酸ドパミン	125
塩酸ドブタミン	125
塩酸リドカイン	124
炎症	80, 98
遠心分離	44
円柱	47

【お】
黄疸	98
オートクレーブ滅菌（高圧蒸気滅菌）	102

【か】
過形成	80
活性化部分トロンボプラスチン時間（APTT）異常	98
カリウム（K）	67
カルシウム（Ca）	67
カルテの記入法	8
肝細胞障害	98
癌腫	78
肝不全	98
γグルタミルトランスフェラーゼ（GGT）	64

【き】
寄生虫検査直接法	56
気道確保	123
逆行性尿路造影	40
逆行性尿路造影法	92
急性炎症	81
キュレット	18
鏡検	69
狂犬病不活化ワクチン	146
去勢（手術の手順）	111
筋肉内注射	31

【く】
屈曲反射	27
クレアチニン（Cre）	63
クレアチニンキナーゼ（CK）	67
クロール（Cl）	67
グロブリン（Glob）	65

【け】
経口投与	133
鼻食道チューブ	136
経腸栄養	132, 135
経鼻－食道カテーテル	134
結紮	107
結紮止血	108（図❹）
結晶	47
血小板減少	98
血小板数	54
血小板の評価	53
血中尿素窒素（BUN）	63
血糖（Glu）	66
ケトン体	46
顕微鏡の調整	68

【こ】
呼吸（エマージェンシー）	123
呼吸音	13
骨髄内注射	31
骨膜起子	18
コハク酸ヒドロコルチゾンナトリウム	125

【さ】
細菌	48
採血部位	30
細胞成長因子	118

【し】
歯科用レントゲンフィルム	18
歯周炎	22
歯周プローブ	18
歯周ポケット	21
姿勢	27
姿勢反応	27
膝蓋腱反射	27, 28
腫瘍	77
循環（エマージェンシー）	123
消化管造影法	90
消毒	107
静脈性尿路造影法	91
静脈注射	31
触診	27
食道チューブ	136
初診	6
シルマー涙液試験	14

心雑音	12	トリプシン様免疫反応物質（TLI）	65	飽和食塩水浮遊法	56
診察順序	6	ドレッシング材	118	保定	30
身体検査	9			ボディコンディションスコア（BCS）	
心肺蘇生術（CPR）	122	【な】			133（図❶, 図❷）
心肺停止（CPA）	122	内分泌異常	98	歩様	27
腎障害	98	ナトリウム（Na）	66	ポリッシング	22
【す】		【に】		【ま】	
スケーリング	22	肉芽腫性炎症	81	マイクロエンジン（電動モーター）	18
		肉腫	79	麻酔	107
【せ】		乳犬歯抜歯	25	慢性炎症	81
脊髄反射	27	尿試験紙検査	44, 46		
赤血球系の評価	52	尿沈渣	44, 47	【み】	
絶食	133			ミニマムデータベース	6
切離	107	【の】			
潜血	46	脳神経検査	28	【め】	
潜在精巣	111			メス（メスホルダー）	18
		【は】		滅菌尿道カテーテル	38（図❶）
【そ】		排尿	29		
総コレステロール（TCho）	65	（猫の）破歯細胞性吸収病巣（FORL）	20	【も】	
総胆汁酸（TBA）	64	バソプレシン	124	モイストウンドヒーリング	
総蛋白（TP）	65	白血球系の評価	51	（湿潤環境下創傷治療）	114
総ビリルビン（TBil）	64	抜歯鉗子	18	網赤血球実数	52（表❶）, 53
		抜歯用エレベーター	18	問診（SR）	9
【た】		針吸引生検（陰圧を利用せず）	72		
代謝異常	98	〃 （陰圧を利用）	73	【ら】	
多根歯	24	伴侶動物医療	139	卵巣子宮摘出術	110
単根歯	24			卵巣摘出術	110
炭酸水素ナトリウム	124	【ひ】			
胆道系障害	98	POMR	6	【り】	
蛋白	46	皮下注射	31	リパーゼ（Lip）	64
蛋白異常	98	比重	44, 47	硫酸亜鉛遠心浮遊法	57
		ヒストリー質問表	9	硫酸アトロピン	125
【ち】		皮内注射	31	リン（P）	63
知覚	28	泌尿器造影法	91	リンパ腫	83
腟鏡	40（図❸）	被覆	107	リンパ節炎	83
超音波スケーラー	22	ビリルビン	47	リンパ節反応性過形成	83
聴診器	10	貧血	52～53（表❶～表❹）, 98	リンパ節病変	83
聴診部位（左側胸壁）	12（図❻）				
直像検眼鏡検査	14	【ふ】		【る】	
		伏在静脈（への留置針）	34	ルートプレーニング	23
【て】		不妊（手術の手順）	111		
剃毛	107	プロプリオセプション	27	【れ】	
電位図（心電図の記録の原理）	95（図❶）	フルオレセイン染色（検査）	15, 16	Levineの6段階	12
転移性腫瘍	84	フルクトサミン	66	レプトスピラワクチン	146
電解質異常	98	プロフィペースト	18		
デンタルミラー	18	プロフィーカップ	18	【わ】	
		分化度	80	ワクチン（犬用，生ウイルス混合）	146
【と】				〃 （猫用，5種混合）	148
糖	46	【へ】		〃 （猫用，3種混合）	147
倒像鏡検眼検査	15	pH	46	〃 （不活化FeLV）	147
橈側皮静脈（への留置針）	34	ヘモグロビン値	53		
独立円形細胞腫瘍	80	ヘルスケア	139, 140		
跳び直り反応	27				
塗抹標本作製	50	【ほ】			
ドライ−ドライ（乾−乾）包帯	114	縫合	107		
トリグリセライド（TG）	66	縫合止血	109		

執筆者一覧

【監修】

石田卓夫	一般社団法人 日本臨床獣医学フォーラム会長

【執筆者】（50音順）

安部勝裕	安部動物病院, 東京都
石田卓夫	赤坂動物病院, 東京都
市川美佳	日本動物高度医療センター, 神奈川県
入江充洋	入江動物病院, 香川県
内田恵子	ACプラザ苅谷動物病院 本部明治通り病院, 東京都
大村知之	おおむら動物病院, 東京都
茅沼秀樹	麻布大学獣医放射線学研究室, 神奈川県
苅谷和廣	ACプラザ苅谷動物病院, 東京都
九鬼正己	ジョイ動物病院, 東京都
草野道夫	くさの動物病院, 埼玉県
小林哲也	公益財団法人 日本小動物医療センター, 埼玉県
是枝哲彰	藤井寺動物病院, 大阪府
柴内晶子	赤坂動物病院, 東京都
竹内和義	たけうち動物病院, 神奈川県
太刀川史郎	たちかわ動物病院, 神奈川県
戸田 功	とだ動物病院, 東京都
長江秀之	ナガエ動物病院, 東京都
福岡 淳	西荻動物病院, 東京都
藤井洋子	麻布大学獣医外科学第一研究室, 神奈川県
松村 靖	稲員犬猫香椎病院, 福岡県
松本英樹	まつもと動物病院, 北海道
吉村徳裕	あいち動物病院, 愛知県
渡辺直之	渡辺動物病院, 静岡県

Advertisers
（アイウエオ順）

アイデックス ラボラトリーズ株式会社 …………37

共立製薬株式会社 ……………………………43

協和発酵工業株式会社 ………………………49

シスメックス株式会社 …………………………55

千葉商事株式会社 ……………………………105

東芝医療用品株式会社 ………………………89

日本光電工業株式会社 ………………………101

日本ヒルズ・コルゲート株式会社 …………目次対向

株式会社ランス …………………………………105

■監修者プロフィール

石田卓夫（いしだ　たくお）
1950年東京生まれ　農学博士
国際基督教大学卒，日本獣医畜産大学(現・日本獣医生命科学大学)獣医学科卒，東京大学大学院農学系研究科博士課程修了。米国カリフォルニア大学獣医学部外科腫瘍学部門研究員を経て，1998年まで日本獣医畜産大学助教授。現在は，日本獣医病理学専門家協会会員，一般社団法人日本臨床獣医学フォーラム(http://www.jbvp.org)会長、日本獣医がん学会（JVCS）会長，日本猫医療学会（JSFM）会長および赤坂動物病院医療ディレクター。研究専門分野は，小動物の臨床病理学，臨床免疫学，臨床腫瘍学と猫のウイルス感染症。今後の研究課題として，幹細胞培養による再生医療がある。

勤務獣医師のための臨床テクニック

2004年　9月20日　第1刷発行
2015年　3月20日　第4刷発行

監修者	石田卓夫
発行者	森田　猛
発　行	チクサン出版社
発　売	株式会社 緑書房 〒103-0004 東京都中央区東日本橋2丁目8番3号 TEL　03-6833-0560 http://www.pet-honpo.com
デザイン	野村弥生，有限会社クルーク
カバーイラスト	堀　隆夫
印　刷	株式会社カシヨ

Ⓒ Takuo Ishida
ISBN978-4-88500-647-0　Printed in Japan
落丁・乱丁本は、弊社送料負担にてお取り替えいたします。
本書の複写にかかる複製、上映、譲渡、公衆送信（送信可能化を含む）の各権利は株式会社緑書房が管理の委託を受けています。

JCOPY 〈(一社) 出版者著作権管理機構 委託出版物〉
本書を無断で複写複製（電子化を含む）することは、著作権法上での例外を除き、禁じられています。本書を複写される場合は、そのつど事前に、(一社) 出版者著作権管理機構（電話 03-3513-6969、FAX 03-3513-6979、e-mail：info@jcopy.or.jp）の許諾を得てください。また本書を代行業者等の第三者に依頼してスキャンやデジタル化することは、たとえ個人や家庭内での利用であっても一切認められておりません。